U0208315

偃麦草属植物种质资源研究

孟　林　毛培春　郭　强　田小霞　著

科学出版社
北京

内 容 简 介

　　偃麦草属植物是人工草地建设和天然草地改良的优良草种,是固土护坡、改良盐碱地等生态环境建设的理想草本植物,也是改良小麦不可缺少的野生基因库。本书采用概述与专题研究相结合的方式,系统介绍了偃麦草属植物种质资源收集、评价及创新利用研究的理论、方法及最新成果。内容包括偃麦草属植物研究概述,偃麦草属植物种质资源植株形态结构解剖特征、细胞染色体核型分析、同工酶及光合特性分析、抗逆生理评价和遗传多样性分析,长穗偃麦草组培快繁再生体系建立,长穗偃麦草耐盐基因克隆及功能分析,长穗偃麦草耐盐转录组特征分析和偃麦草新品种选育。

　　本书可作为草学、生物学、植物遗传学和生态学等相关专业教学和科研工作的参考书。

图书在版编目(CIP)数据

偃麦草属植物种质资源研究 / 孟林等著. —北京:科学出版社,2020.3
ISBN 978-7-03-063184-8

Ⅰ. ①偃… Ⅱ. ①孟… Ⅲ. ①禾本科牧草－种质资源－研究
Ⅳ. ① S543

中国版本图书馆CIP数据核字(2019)第256730号

责任编辑:吴卓晶　武仙山 / 责任校对:王　颖
责任印制:吕春珉 / 封面设计:金舵手世纪

斜 学 出 版 社 出版

北京东黄城根北街 16 号
邮政编码:100717
http://www.sciencep.com

北京虎彩文化传播有限公司 印刷

科学出版社发行　各地新华书店经销

*

2020 年 3 月第 一 版　开本:B5(720×1000)
2020 年 3 月第一次印刷　印张:17 1/2
字数:347 000
定价:179.00 元
(如有印装质量问题,我社负责调换(虎彩))

偃麦草属植物是禾本科小麦族多年生根茎疏丛型草本植物，全世界约有 40 种。有的种因产量高、营养价值高、适口性好，适合作饲草利用；有的种是建立人工草地和改良天然草地的优良草种；有的种具有强抗旱抗寒性、强耐盐碱性，具有长而发达的地下横走根茎，有极强的侵占能力，是进行固土护坡、水土保持和改良盐碱地等生态环境建设的理想草本植物。偃麦草属植物既可作饲用型和生态型草本植物，也是小麦的近缘种，已成为改良小麦不可缺少的野生基因库。

　　本书作者研究偃麦草属植物种质资源 20 余年，主持完成国家自然科学基金面上项目"长穗偃麦草 HKT1;4 基因的克隆及其对烟草遗传转化的研究（项目编号：31272489）"和"偃麦草属植物优异耐盐种质材料筛选与鉴定研究（项目编号：30571321）"，北京市自然科学基金面上项目"偃麦草属植物细胞学特征及其遗传多样性分析研究（项目编号：6082009）"和"长穗偃麦草 EeHKT1;4 与 EeSKOR 在 K^+/Na^+ 选择性中的作用机制研究（项目编号：6182013）"，"十一五"国家科技支撑计划子课题"抗旱、优质高产偃麦草新品种选育研究（项目编号：2008BADB3B05）"，北京市农林科学院科技创新能力建设专项"草种质资源收集、评价与创新（项目编号：KJCX201101003、KJCX20140103）"及"草种质资源保存、评价与创新（项目编号：KJCX20170110）"等，在偃麦草属植物种质资源收集、评价及创新利用领域开展了较为系统的研究，获得了大量翔实的试验数据和科学结果。现整理成册，出版该书，以飨读者。

　　全书内容共分 10 章，包括偃麦草属植物研究概述，偃麦草属植物种质资源植株形态结构解剖特征，偃麦草属植物种质资源细胞染色体核型分析，偃麦草属植物种质资源同工酶及光合特性分析，偃麦草属植物种质资源抗逆生理评价，偃麦草属植物种质资源遗传多样性分析，长穗偃麦草组培快繁再生体系建立，长穗偃麦草耐盐基因克隆及功能分析，长穗偃麦草耐盐转录组特征分析，偃麦草新品种选育。各章节撰写分工如下：孟林前言、第 1 章、第 6 章、第 7 章，毛培春第 2 章、第 3 章、第 10 章，田小霞第 4 章、第 5 章，郭强第 8 章、第 9 章。孟林研究员完成全书的内容设计，提出全书的结构布局，并对全书进行审校与统稿。

衷心感谢中国科学院植物研究所陈文俐副研究员对偃麦草属植物分类地位的核校，感谢硕士研究生张琳、周妍彤、尚春艳、史广东、张晓燕及研发团队成员郑明利、张国芳、张晨、李杉杉等在数据采集、试验操作和结果分析等过程中付出的大量辛勤劳动。

本书是对作者多年来在偃麦草属植物种质资源基础研究和实践应用方面成果的总结。本书力求条理清晰，文字简洁，通俗易懂，简单实用。

因时间仓促，作者水平有限，书中不妥之处，诚挚希望广大读者批评指正。

孟　林

2019 年 2 月于北京

偃麦草属植物研究概述

 内容提要

本章重点梳理偃麦草属植物的分类简史，综合评述偃麦草属植物种质资源细胞染色体倍性和核型、同工酶特性、非生物逆境胁迫及抗逆性评价、优异功能基因（抗旱耐盐基因、耐低磷营养胁迫基因、抗病基因等）的挖掘与功能分析、新种质创制等的研究进展及成果。

偃麦草属（*Elytrigia*）植物是禾本科小麦族多年生根茎疏丛型草本植物，全世界已知 40 余种，我国野生分布和有栽培历史的约有 11 种。有的种如中间偃麦草〔*Elytrigia intermedia*（Host）Nevski〕和长穗偃麦草〔*Elytrigia elongata*（Host）Nevski〕等，以其强抗旱性、耐寒性、耐盐碱性及强抗病性等成为小麦（*Triticum aestivum* L.）远缘杂交的重要亲本材料；有的种如中间偃麦草和偃麦草〔*Elytrigia repens*（L.）Nevski〕等，是我国干旱半干旱地区重要的优质牧草资源，也是防风固沙、水土保持和改良盐碱地的理想植物。已经证实偃麦草属植物细胞染色体复杂多样，具有 6 个染色体倍性（二倍体、四倍体、六倍体、八倍体、十倍体和十二倍体）（Mao *et al.*，2010；杨艳，2016）。偃麦草属植物具有较强的抗旱性和耐盐性，已克隆到多个优异抗旱耐盐功能基因，这些基因在草类和小麦新品种的生物育种领域必将发挥重要作用。

1.1 偃麦草属植物的分类简史及常见植物种

1.1.1 分类简史

1753 年林奈在 *Species Plantarum* 中，将小麦族分为山羊草属（*Aegilops*）、披碱草属（*Elymus*）、大麦属（*Hordeum*）、黑麦属（*Secale*）、小麦属（*Triticum*）、黑麦草属（*Lolium*）和 *Nardus* 7 个属，凡是一个穗节上只有一个小穗的种归于小麦属（包括现在划分出的偃麦草属）（胡志昂等，1997）。

Desvaux（1810）认为偃麦草属植物具有蔓生根茎，将其划分为一个独立的属更为合适。他将小麦属中的 *Triticium repens* 划分出来，作为属模式建立了偃麦草属，该属还包括传统冰草属（*Agropyron*）中具根状茎的物种，但当时的许多学者并不承认，仍将偃麦草属的各个种划分在冰草属中。1812 年 Beauvios 对小麦族作了较大的调整与修改，将一个穗节上只有一个小穗的种从林奈分类系统的小麦属中分离出来归于冰草属，扩大了冰草属的物种数，直到现在仍有一些国家（如美洲国家）将偃麦草属归入冰草属或者干脆称偃麦草为冰草（胡志昂等，1997）。

1823 年 Dumortier 将偃麦草属归为冰草属的一个组。直到 1933 年，Nevski 对冰草属进行了分类学研究，将其中的 12 个种保留在冰草属中，并将旱麦草属（*Eremopyrum*）、鹅观草属（*Roegeria*）和偃麦草属均单独划分为一个属，进一步从形态学、解剖学和植物地理学，特别是细胞核型分析方面提出了偃麦草属的系统发育关系，即赖草属（*Leymus*）→偃麦草属→冰草属（Barkworth，1992；Dewey，1984）。该分类系统当时在苏联和亚洲国家较为流行。

我国的耿以礼（1959）和郭本兆（1987）两位分类学家最早接受了 Nevski（1933）的分类系统，认为中国分布有冰草属及近缘类群共 4 个属，即偃麦草属、鹅观草属、冰草属和旱麦草属，承认偃麦草属为一个独立属。Tzvelev 1973 年将偃麦草作为一个属，1976 年认定偃麦草属有 30 种，并把分布在苏联的偃麦草属物种划分为四组：Sect. *Caespitosae*、Sect. *Elytrigia*、Sect. *Hyalolepis* 和 Sect. *Juncea*。然而，Melderis（1980）认为 Tzvelev 所提供的分类特征价值不大，并不能作为披碱草属与偃麦草属划分的证据。因此，他在《欧洲植物志》中，将偃麦草属合并到披碱草属中，认为在分类实践中，披碱草属和偃麦草属中部分物种从形态上难以区分。

美国的 Dewey（1984）和 Löve（1984）几乎同时利用细胞学资料对小麦族进行了研究，均提倡依据染色体组的信息建立小麦族属的概念，即属应是含有某一特定染色体组或数个染色体组的种的集群。Dewey 通过 30 多年大量种间和属间杂种染色体的配对分析，确定了冰草属的分类范围及偃麦草属与披碱草属的细胞学界限，明确指出冰草属仅限于含 P 染色体组，偃麦草属和披碱草属分别含 S、J、E 和 S、H、Y 3 个染色体组的小麦族植物，从而结束了三属长期分类混乱的局面（Dewey，1984）。Löve（1984）摆脱了单纯依靠外部形态进行偃麦草属植物分类的做法，创建了外部形态特征与细胞学资料有机结合的分类方法，一定程度上体现了类群间的演化级次和亲缘关系（黄帅，2017），并按照"相同染色体组组成的物种应划分为一个属"的原则，把偃麦草属植物重新划分，分配在 5 个属中：①具有 St 染色体组的物种划分在拟鹅观草属（*Pseudoroegneria*），含

19 种 17 变种；②具有 E 染色体组的物种划分在冠毛麦草属（*Lophopyrum*），含 Sect. *Caespitosae* 和 Sect. *Lophopyrum* 2 组 11 种；③具有 J 染色体组的物种划分在 *Thinopyrum*，含 6 种 1 变种；④具有 E、J、St 染色体组组成的物种划分在偃麦草属，含 Sect. *Elytrigia*、Sect. *Lodioides* 和 Sect. *Trichophorae* 3 组 8 种 12 变种；⑤具有 StH 染色体组的物种划分在披碱草属，还包括 Tzvelev 所划分的偃麦草属中 Sect. *Hyalolepis* 组的 3 个物种。在第二届国际小麦族会议中，将小麦族植物染色体组符号进行了规范和修订，将 E 染色体组改名为 E^e，J 染色体组改名为 E^b，S 染色体组修订为 St（Wang *et al.*，1994）。

偃麦草属自建立以来，属的范畴一直存在很大争议。Nevski 的支持者基于形态性状，将一些含其他染色体组（如 H、P 等）的植物也划分在偃麦草属；而 Dewey 和 Löve 的支持者根据染色体组的构成进行划分，限定偃麦草属植物只含有 S（St）、J（E^b）、E（E^e）（刘玉萍等，2013）。因此，关于偃麦草属的界定问题至今还没有一个完全统一的观点。

由于分类观点的差别，偃麦草属主要涉及的拉丁属名有 *Elytrigia*、*Thinopyrum*、*Pseudoroegneria* 和 *Lophopyrum* 等。考虑工作实践中应用的方便，尽量减少植物拉丁学名的变动，本书沿用耿以礼（1959）和郭本兆（1987）的观点，采纳 Nevski（1933）分类系统中偃麦草属的概念，同时给出物种的常用异名，以便查对关联信息。

偃麦草属植物按照生长土壤的类型有盐土、中生、旱生 3 种。本属植物的生境复杂，通常生长在山地的干旱环境或盐土中。全世界有 40 余种，主要分布在寒带和温带，如在欧洲、西伯利亚、地中海、伊朗、中国等地区都有分布。我国约有 6 种，包括偃麦草、费尔干偃麦草〔*Elytrigia ferganensis*（Drobow）Nevski〕、曲芒偃麦草〔*Elytrigia aegilopoides*（Drobow）Peshkova〕、毛稃偃麦草〔*Elytrigia alatavica*（Drobow）Nevski〕、巴塔偃麦草〔*Elytrigia batalinii*（Krasn.）Nevski〕、芒偃麦草（*Elytrigia repens* subsp. *longearistata* N. R. Cui）（仲干远，1984；新疆八一农学院，1987），主要分布于新疆、内蒙古、西藏、青海、甘肃、陕西、东北、秦岭等地区。我国还引入栽培了在生产中应用广泛的偃麦草属植物，如中间偃麦草、长穗偃麦草、毛偃麦草〔*Elytrigia trichophora*（Link）Nevski〕、硬叶偃麦草〔*Elytrigia smithii*（Rydb.）Nevski〕、脆轴偃麦草〔*Elytrigia juncea*（L.）Nevski〕。

按照《中国植物志》（郭本兆，1987），偃麦草属植物（包括我国野生和常见栽培的 6 个种）分类检索如下。

被子植物门 Angiospermae

单子叶植物纲 Monocotyledoneae

禾本目 Graminales

　　禾本科 Gramineae

　　　　早熟禾亚科 Pooideae

　　　　　　小麦族 Triticeae

　　　　　　　　偃麦草属 *Elytrigia*

1. 颖与外稃先端渐尖，突尖或具短尖头

　　2. 颖具 5～7 脉，边缘膜质，外稃长于内稃约 1mm；叶片质软，基部叶鞘常具向下柔毛 ·······················1. 偃麦草 *E. repens*（L.）Nevski

　　2. 颖具 3～5 脉，无膜质边缘，外稃与内稃几等长；叶片质硬，基部叶鞘无毛 ·······················2. 硬叶偃麦草 *E. smithii*（Rydb.）Nevski

1. 颖与外稃先端截平或钝圆形

　　3. 穗轴成熟后易断落，其侧棱光滑无毛；颖长 14～16mm；第一外稃长约 16mm ·······················3. 脆轴偃麦草 *E. juncea*（L.）Nevski

　　3. 穗轴成熟后不断落，其侧棱具细刺毛；颖长 10mm 以下；第一外稃长 12～15mm

　　　　4. 颖先端平截；叶鞘边缘膜质，光滑无毛 ······················· ·······················4. 长穗偃麦草 *E. elongata*（Host）Nevski

　　　　4. 颖先端钝圆，或较平而偏斜，叶鞘边缘具纤毛

　　　　　　5. 颖先端平截而偏斜，外稃长 8～9mm，颖及稃体平滑无毛 ····· ·······················5. 中间偃麦草 *E. intermedia*（Host）Nevski

　　　　　　5. 颖先端钝圆，外稃长 10～11mm，颖及稃体密被糙毛 ··········· ·······················6. 毛偃麦草 *E. trichophora*（Link）Nevski

1.1.2　偃麦草属常见植物种的介绍

1）偃麦草〔*Elytrigia repens*（L.）Nevski〕

多年生，疏丛型草本植物（图 1-1）。具长而发达的地下横走根状茎。茎秆光滑、直立，高 60～80cm，具 3～5 节。叶片质地柔软、扁平，长 10～20cm，宽 5～10mm。叶鞘无毛或分蘖的叶鞘具柔毛。穗状花序直立，长 10～18cm，宽 8～15mm，小穗单生于穗轴之每节，含 6～10 小花，长 12～18mm，成熟时脱节于颖之下。颖披针形，具 5～7 脉，边缘膜质，长 10～15mm，外稃具 5～7 脉，顶端具短尖头，第一外稃长约 12mm，内稃短于外稃，脊生纤毛。细胞染色体数 $2n=2X=14$、$2n=4X=28$、$2n=6X=42$。

主要分布于中国新疆、青海、西藏、甘肃、内蒙古和东北各省，蒙古国、中

亚和西伯利亚、朝鲜、日本、印度等国家和地区也有分布。偃麦草根茎系统相当发达，地面侵占能力极强，再生速度快，根茎多分布于 20cm 左右的土层深度；主要生长于新疆山地草甸、河漫滩草甸，东北松嫩平原和西辽河平原等草地、平原低洼地、湖滨、山沟或沙丘间低地等较湿润生境。

2）长穗偃麦草〔*Elytrigia elongata*（Host）Nevski〕

中文别名高冰草、长麦草（图 1-2），多年生，疏丛型禾草。具地下横走短根茎，须根坚韧。茎秆直立，具 3～5 节，高 100～120cm，在水肥充足条件下高可达 130～150cm。叶片灰绿色，较粗硬，长 15～40cm，宽 6～15mm。叶鞘边缘膜质，叶舌长约 0.5mm，顶端具细毛。穗状花序直立，长 10～30cm，小穗长 1.5～3cm，每小穗含 5～11 小花。颖矩圆形，顶端稍平截，具 5 脉。外稃宽披针形，先端钝或具短尖头，具 5 脉，内稃稍短于外稃。细胞染色体数 2n＝4X＝28、2n＝6X＝42、2n＝8X＝56、2n＝10X＝70。

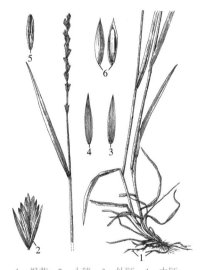

1. 根茎；2. 小穗；3. 外颖；4. 内颖；
5. 内稃和雄蕊（内）；6. 小花。

图 1-1　偃麦草形态图

（引自：WU Z and RAVEN P H, 2007. Flora of China
Illustrations 22. Beijing: Science Press，604）

1. 小穗；2. 花序。

图 1-2　长穗偃麦草形态图

（引自：WILSON A, 2009. Flora of Australia 44A:
Poaceae. Melbourne: CSIRO Publishing，117）

原产于欧洲南部和小亚里亚，目前在北美洲西部温暖地带多有种植。我国于 20 世纪 80 年代从世界各地引入新疆、内蒙古、甘肃等省区及东部沿海盐碱地上种植。

长穗偃麦草在北美地区和澳大利亚常被鉴定为 *Thinopyrum elongatum*（Host）D. R. Dewey（Wilson，2009），或者 *Thinopyrum ponticum*（Podpera）Barkworth & D. R. Dewey。

3）中间偃麦草〔*Elytrigia intermedia*（Host）Nevski〕

多年生，疏丛型禾草（图 1-3）。具地下横走短根茎。茎秆直立，粗壮，具 6~8 节，高 70~130cm。叶片条形，绿色，质地较硬，长 20~30cm，宽 5~12mm。穗状花序直立，长 20~30cm，穗轴节间长 6~16mm，小穗长 1.0~1.5cm，每小穗含 3~6 小花。颖矩圆形，先端截平而稍偏斜，具 5~7 脉。外稃宽披针形，无毛，内稃与外稃等长。细胞染色体数 2n=2X=14、2n=4X=28、2n=6X=42。

原产于东欧，天然分布于高加索、中亚东南部的草原地带。1932 年从苏联引入美国，后又引入加拿大，先成为北美西部干旱地区的重要栽培牧草。19 世纪 80 年代引种到我国青海、内蒙古、北京、新疆和东北地区。

中间偃麦草在北美地区常被表述为 *Thinopyrum intermedium*（Host）Barkworth & D. R. Dewey（Barkworth *et al.*，2007）。

4）脆轴偃麦草〔*Elytrigia juncea*（L.）Nevski〕

多年生，根茎疏丛型草本植物（图 1-4）。茎秆质硬，光滑无毛，株高 30~65cm。叶鞘具短柔毛，下部褐色，上部或绿色；叶舌质硬，平截，长约

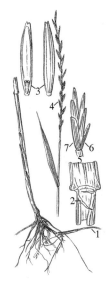 

1. 根茎；2. 叶耳；3. 小花；4. 花序；
5. 小穗；6. 外颖；7. 内颖。

图 1-3　中间偃麦草形态图
（引自：BARKWORTH M E, ANDERTON L K, CAPELS K M, et al., 2007. Manual of Grasses for North America. Logan：Utah State University Press，386）

1. 根茎；2. 外颖；3. 内颖；4. 小花；
5. 花序；6. 舌状叶。

图 1-4　脆轴偃麦草形态图
（引自：BARKWORTH M E, ANDERTON L K, CAPELS K M, et al.,2007. Manual of Grasses for North America. Logan：Utah State University Press，386）

1mm；叶片质硬，边缘内卷，宽约 2mm，长达 20cm，下面光滑无毛。穗状花序长 10～20cm，穗轴粗而脆，成熟后逐节断落，扁平，侧棱光滑无毛，节间长 1.5～2.5cm；小穗长 2～2.5cm，浅黄绿色，含（3）4～8 小花；小穗轴被短柔毛，节间长约 3mm。颖长椭圆形，先端钝，第一颖稍短于第二颖或等长，长 11～16mm，具 5～9 脉，光滑无毛；外稃钝，无毛，第一外稃长约 16mm；内稃短于外稃 1～2mm，脊上具短刺毛；颖果腹面具深的纵沟。花果期 6～7 月。

原产葡萄牙海岸地区、地中海地区和黑海地区，美国加利福尼亚州南部和加拿大东部新斯科舍省海岸地区。

脆轴偃麦草在北美地区常被鉴定为 *Thinopyrum junceum*（L.）A. Löve（Barkworth *et al.*，2007）。

5）毛偃麦草〔*Elytrigia trichophora*（Link）Nevski〕

多年生，疏丛型禾草（图 1-5）。具地下横走短根茎。茎秆直立，通常具 3 节，高 40～150cm。叶片长披针形，长 20～30cm，宽 3～12mm，上面粗糙或疏生柔毛。穗状花序直立，长约 30cm，小穗长 1～2cm，每小穗含 4～12 小花。颖矩圆状披针形，先端钝或稍尖，具 7 脉及细刺毛；外稃具 7 脉，上部及边缘密生柔毛，内稃短于外稃。细胞染色体数 2n＝6X＝42。

主要分布于中国新疆，高加索山地，哈萨克斯坦南部的吉尔吉斯斯坦、乌兹别克斯坦、土库曼斯坦等山地栗色土壤及生荒地上也有分布。北美地区开展水土保持和植被恢复工程时引入，在西部广泛逸为野生，并向东部扩散。

毛偃麦草在北美地区常被鉴定为中间偃麦草的一个亚种，即 *Thinopyrum intermedium* subsp. *barbulatum*（Schur）Barkworth & D. R. Dewey 或 *Elytrigia intermedium* subsp. *barbulata*（Schur）A. Löve（Barkworth *et al.*，2007）。

6）硬叶偃麦草〔*Elytrigia smithii*（Rydb.）Nevski〕

中文别名牧冰草（谷安琳等，1998）、蓝茎冰草（王佺珍等，2006）。

多年生草本，具根茎，秆直立，基部具宿存枯死叶鞘，株高 40～100cm，径

1. 根茎；2. 小花；3. 小穗；
4. 外颖；5. 内颖。

图 1-5　毛偃麦草形态图
（引自：BARKWORTH M E,
ANDERTON L K, CAPELS K M, et
al., 2007. Manual of Grasses for North
America. Logan：Utah State University
Press, 386）

粗 1～3mm，具 5～6 节（图 1-6）。叶鞘无毛，下部者长于节间，具线状、膜质叶耳；叶舌干膜质，截平或钝圆，长 0.5～1mm；叶片质硬，干后常内卷，上面粗糙，有时疏生细毛，下面较平滑，长 6～20cm，宽 3～5mm。穗状花序直立，长 8～18cm，宽 6～12mm；穗轴节间长 7～13mm；小穗覆瓦状排列，长 14～28mm，含 5～12 小花；小穗轴节间长约 2mm，微粗糙。颖线状披针形，上部渐窄，有时第一颖稍短，具 3～5 脉；外稃质硬，无毛，上部具不明显的 5 脉，先端延伸成芒状尖头，第一外稃长 10～13mm；内稃与外稃近于等长或稍短，脊的上部具细短纤毛。花药黄色，长约 5.5mm。

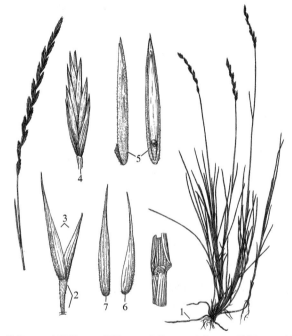

1. 根茎；2. 小穗柄；3. 颖片；4. 小穗；5. 小花；6. 外颖；7. 内颖。

图 1-6 硬叶偃麦草形态图

（引自：BARKWORTH M E, ANDERTON L K, CAPELS K M, et al., 2007. Manual of Grasses for North America. Logan：Utah State University Press，383）

原产北美，我国引种栽培。

硬叶偃麦草在北美地区常被鉴定为 *Pascopyrum smithii*（Rydb.）Barkworth & D. R. Dewey（Barkworth *et al.*，2007）。

7）费尔干偃麦草〔*Elytrigia ferganensis*（Drobow）Nevski〕

多年生，密丛旱中生禾草（图 1-7）。具地下横走的短根茎。茎秆细而坚韧，具 3～5 节，高 50～70cm。叶片内卷，上面被短柔毛，下面叶脉粗糙，长 12～20cm，宽约 3mm，叶鞘光滑，仅边缘具纤毛。穗状花序直立，长 9～15cm，

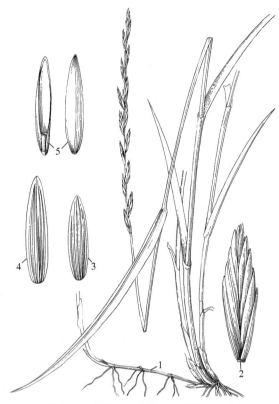

1. 根茎；2. 小穗；3. 外颖；4. 内颖；5. 小花。

图 1-7　费尔干偃麦草形态图

（引自：WU Z and RAVEN P H，2007．Flora of China Illustrations 22．Beijing：Science Press，603）

具 6～10 小穗；小穗长 10～12mm，含 4～7 小花。外稃先端钝稍突出，边缘具短纤毛。花药长约 3.5mm。细胞染色体数 2n＝6X＝42。

主要分布于中国新疆天山伊犁、霍城和昌吉等地，是山地草原常见的伴生种。在俄罗斯、中亚地区也有分布。

1.2　偃麦草属植物染色体及同工酶特性

作物染色体组组成的系统研究有利于深入了解种质资源的多样性，前人对部分偃麦草属植物的细胞染色体数目、染色体核型、带型及组型等进行了研究，其倍性变化从二倍体（2n＝2X＝14）到十二倍体（2n＝12X＝84）。黄莺等（2010）研究认为来源不同的三份中间偃麦草均为四倍体，核型均为 2A 型。

Mao 等（2010）对来自 25 个国家的 64 个类群的偃麦草属植物进行研究，发现 *Elytrigia caespitosa*（C. Koch）Nevski 和中间偃麦草表现出三个倍性，即二倍体、四倍体和六倍体，同时中间偃麦草在不同染色体倍性中表现出完全不同的核型组成。孟林等（2013）研究认为来自中国、葡萄牙和德国的长穗偃麦草均为十倍体，核型均为 2B 型，为长穗偃麦草细胞学特性和系统演化的研究奠定了科学基础。

偃麦草属植物的染色体倍性比较复杂，基本染色体组有 E^b（E_1）、E^e（E_2）、St（x）等（Chen *et al.*，1998a）。研究较多的主要有 5 种类型，即二倍体长穗偃麦草（2n＝14，E^eE^e）、二倍体百萨偃麦草〔*Elytrigia bessarabicum*（Savul. & Rayss）Á. Löve〕（2n＝14，E^bE^b）、四倍体长穗偃麦草（2n＝28，$E_1^eE_1^eE_2^eE_2^e$）、六倍体中间偃麦草（2n＝42，$E^eE^eE^bE^bStSt$）和十倍体长穗偃麦草（2n＝70，$E^eE^eE^bE^bE^xE^xStStSt$）（Ceoloni *et al.*，2014；黄帅，2017）。Vershinin 等（1994）、Wang 等（1994）和 Assadi 等（1995）通过系列试验证实偃麦草具有 StStH 染色体组（杨艳，2016）。Dewey（1984）通过种间杂交、杂种染色体配对分析证明 *E. caespitos* 为四倍体，染色体组组成为 E^eSt。Liu 等（1993a）和 Chen 等（1998）通过种间杂交、杂种染色体配对分析认为中间偃麦草为六倍体，染色体组组成为 E^bE^eSt。Liu 等（1993b）分析杂种的染色体配对表明 *E. curvifolia*（Lange）D. R. Dewey、*E. disticha*（Thunb.）A. Löve、*E. junceiformis* A. Löve & D. Löve 及 *E. rechingeri*（Runemark）Hulub 均为四倍体，染色体组组成为 E^bE^e；*E. juncea* 是六倍体，具有 $E^bE^bE^e$ 染色体组（杨艳，2016）。

偃麦草属植物同工酶的研究涉及酯酶（EST）、a-淀粉酶、过氧化物酶（POD）和酸性磷酸酶（AcPh）等同工酶，研究最多的是酯酶同工酶。刘润堂（1992）对小麦、偃麦草和小偃麦的酯酶和过氧化物酶同工酶及可溶性蛋白质进行研究，表明不同属的同工酶酶谱存在差异，可作为研究种属间关系及分类的一项指标。乌仁其木格等（1999）利用聚丙烯酰胺凝胶电泳法对偃麦草属 3 种牧草种子的酯酶和过氧化物酶同工酶的研究结果显示，两种同工酶反映出的种间差异不一致，酯酶同工酶在偃麦草属植物种间遗传差异鉴定中发挥重要作用。撒多文等（2009）通过对中间偃麦草、长穗偃麦草及其杂种 F_1 代的过氧化物酶、酯酶、超氧化物歧化酶（SOD）和多酚氧化酶同工酶酶谱特征和亲缘关系分析发现，亲本同工酶酶带数目、迁移率、着色程度等差异不大，二者亲缘关系较近，杂种 F_1 代同工酶具有多态性，可作为杂种鉴定和后代株系目标性状选择的遗传标记。李培英等（2011）对偃麦草酯酶和过氧化物酶同工酶进行遗传多样性研究，表明过氧化物酶比酯酶具有更高的活性和更好的多态性，能更好地显示偃麦草在蛋白质分子水平上的差异。

偃麦草属植物非生物逆境胁迫及抗逆性评价

偃麦草属植物具有很强的抗寒、抗旱和耐盐碱能力，如在新疆的伊犁河谷地带、天山北坡中低山带偃麦草作为草地群落的建群种和优势种生长。国内外在偃麦草属植物生态生理学特征（张力君等，1995；张国芳等，2005）、引种驯化栽培与适应性鉴定（Gasler *et al.*，1989）等方面开展了大量工作。特别是近年来在偃麦草属植物抗旱性、耐盐性和耐寒性等非生物逆境胁迫方面研究更为系统。

1.3.1　抗旱性

项目组首先采用温室苗期和田间生长期（分蘖期）模拟旱境胁迫鉴定评价技术，对 17 份偃麦草和中间偃麦草种质资源苗期连续干旱胁迫至 12d 的叶片相对含水量（relative water content，RWC）、脯氨酸（proline，Pro）含量、相对电导率（reative electrical conductivity，REC）、丙二醛（malondiadehyde，MDA）含量，及田间分蘖期干旱胁迫的生长形态、生产性能等指标进行综合聚类分析，优选出抗旱性较强的种质，包括偃麦草 2 份（1、AJC-320）、中间偃麦草 3 份（AJ-2、Greenar、Reliant 5）（张国芳等，2005）。之后项目组对来自 6 个国家的 10 个偃麦草属植物种，采用温室苗期模拟旱境胁迫鉴定评价技术，开展苗期抗旱性评价。于干旱胁迫前（CK），干旱胁迫 7d、14d、21d、28d 和 35d，以及复水 7d 后，对植株叶片 RWC、Pro 含量、REC、MDA 含量、可溶性糖含量（contents of soluble sugar，SSC）5 个抗旱生理指标，以及干旱胁迫 35d 复水 7d 后的植株平均存活率（average survival rate，ASR）进行测定分析，采用欧氏距离聚类法对 5 个生理指标进行综合聚类分析，筛选出脆轴偃麦草、毛偃麦草、杂交偃麦草（*Elytrigia hybrid*）和 *E. pungens*（Pers.）Tutins 4 份优异抗旱种质材料（孟林等，2011）。

1.3.2　耐盐性

谷安琳（2004）大田鉴定研究表明，来自美国的长穗偃麦草耐盐性显著高于同属小麦族的披碱草（*Elymus dahuricus* Turcz.）、老芒麦（*Elymus sibiricus* L.）、羊草〔*Leymus chinensis*（Trin.）Tzvel.〕、赖草〔*Leymus secalimus*（Georgi）Tzvel.〕和新麦草〔*Psathyrostachys juncea*（Fisch.）Nevski〕等。在内蒙古黄灌区土壤含盐量为 0.3%～0.9%、pH 7.5～10.1 的低湿盐碱生境中长穗偃麦草生长良好，植株高 90cm 以

上，建植率达 60%～80%，干草产量为 6750～7500kg·hm^{-2}；在土壤含盐量为 1.5% 时，植株仍然能够正常生长。尚春艳等（2008）完成了 12 个国家 13 份中间偃麦草种质材料苗期耐盐性评价，优选出 3 份耐盐性较强的种质材料（罗马尼亚 Ag-1、摩洛哥 GR 464 和中国 D-2773）。孟林等（2009b，c）对来自 21 个国家的偃麦草属 8 个植物种 34 份种质材料耐盐性进行综合评价，采用温室苗期模拟逆境（NaCl）胁迫的鉴定评价技术，设置 5 个浓度梯度：0、0.3%、0.6%、0.9% 和 1.2%，连续盐胁迫 0、5d、10d 和 15d，测定叶片 RWC、REC、MDA 含量、Pro 含量和 K$^+$/Na$^+$ 值，同时测定植株生长形态指标，采用欧氏距离聚类分析，将 34 份种质划分为 3 个耐盐级别（耐盐、中度耐盐和敏盐），筛选出能耐受 0.9% NaCl 浓度的 12 份优异种质材料。张耿等（2008）对国外引进的 21 份偃麦草属种质材料（包括中间偃麦草 14 份、长穗偃麦草 3 份和毛偃麦草 4 份）在土培条件下，不同 NaCl 浓度（以土壤干重的 0.4%、0.5%、0.6%、0.8% 和 1.0% 配制 NaCl 溶液）胁迫后的植株存活率、株高、根茎比、生长胁迫指数和叶片伤害率测定分析，并通过主成分分析法和隶属函数法的综合评价，将 21 份种质材料苗期耐盐性做了强弱排序。孙宗玖等（2013）通过盆栽控制试验，在 1.2% 的 NaCl 与 Na$_2$SO$_4$（NaCl/Na$_2$SO$_4$ 质量比 1∶1）混盐条件下，对 26 份偃麦草属植物种质材料的叶片 RWC、REC、Pro 含量、地上生物量和株高指标测定分析，并经隶属函数法和欧氏距离聚类法对其耐盐性进行综合评价，将 26 份偃麦草属植物种质材料划分为 3 个耐盐群体，并筛选出 6 份优异耐盐种质材料。

1.3.3　其他非生物胁迫

田小霞等（2012）采用土培试验方法，开展重金属 Cd（0、10、20mg·kg^{-1}）、Zn（0、200、400mg·kg^{-1}）单一及 Cd-Zn 复合污染对长穗偃麦草的生物量、SOD、POD、MDA 含量和 Pro 含量的影响及长穗偃麦草对 Cd、Zn 积累能力的研究，结果表明 Cd 和 Zn 单一及复合污染下，长穗偃麦草生物量随着 Cd 和 Zn 浓度的升高而降低，与对照存在显著差异（$P<0.05$）。Cd 和 Zn 单一污染下，随着 Cd 和 Zn 浓度的升高，SOD 活性、POD 活性、MDA 含量和 Pro 含量增加。Cd-Zn 复合污染下，随着处理浓度的增加，SOD 活性呈下降趋势，POD 活性和 MDA 含量呈增加趋势。Cd 10mg·kg^{-1} 及 Zn 200mg·kg^{-1} 复合处理下 Pro 含量减少；随着 Cd 和 Zn 浓度的增加，其他复合处理下的 Pro 含量增加。植株根部的 Cd 和 Zn 积累量大于地上部的积累量。综合所有试验结果显示，长穗偃麦草能积累和忍受一定量的 Cd、Zn 胁迫，且 Cd-Zn 复合污染对上述各指标的毒害效应大于同水平单元素污染的效应。由于长穗偃麦草根茎发达，生物量大，在生长过程中可通过生物量带走部分重金属 Cd 和 Zn，因此，长穗偃麦草具有修复重金属 Cd 和 Zn 污染土壤的潜能。龚

束芳等（2010）通过偃麦草与苇状羊茅（*Festuca arundinacea* Schreb.）在 5～20℃不同降温处理试验，测定叶片 REC、MDA 含量、SOD 活性和 Pro 含量 4 个生理指标在 1～9d 的动态变化。结果表明在低温处理过程中，偃麦草地上部分 MDA 含量略高于高羊茅，REC、SOD 活性和 Pro 含量的变化，均显示偃麦草对零上低温的抵御能力远高于高羊茅。苏日古嘎（2007）对 10 种禾本科牧草，包括草地雀麦（*Bromus riparius* Rehm.）、无芒雀麦（*Bromus inermis* Leyss.）、高羊茅（*Festuca elata* Keng ex E. Alexeev）、沙生冰草〔*Agropyron desertorum*（Fisch.）Schult.〕、长穗偃麦草、梯牧草（*Phleum pretense* L.）、鸭茅（*Dactylis glomerata* L.）、草芦（*Phalaris arundinacea* L.）、紫羊茅（*Festuca rubra* L.）和蓝茎冰草（*Agropyrus. smithii* Rydb.）的耐寒性进行比较研究，通过对田间生长越冬率和室内低温处理下的叶片电导率和半致死温度等指标的评价，筛选出抗寒性较强的牧草种有草地雀麦、无芒雀麦、沙生冰草和长穗偃麦草。申忠宝等（2012）选育且通过黑龙江省农作物品种审定委员会审定登记的农菁 7 号偃麦草新品种，能耐−39℃的低温，田间返青率达 100%。

1.4　偃麦草属植物优异功能基因挖掘及功能分析

1.4.1　抗旱耐盐基因挖掘及功能分析

1）长穗偃麦草高亲和 K^+ 转运蛋白基因

本书作者研究团队从长穗偃麦草耐盐性较强的种质材料（PI276399）克隆到高亲和 K^+ 转运蛋白（high affinity K^+ transporter，HKT）基因 *EeHKT1;4*，可读框（ORF）1722bp，证明 EeHKT1;4 与一粒小麦（*Triticum monococcum* L.）TmHKT1;4-A2 和硬粒小麦（*Triticum turgidum* L.）TdHKT1;4-1 的氨基酸同源性分别为 94% 和 85%（张琳等，2014），并证明其根系具有较强的 K^+/Na^+ 选择能力，限制了根系对 Na^+ 的吸收，降低了地上部中的 Na^+ 浓度，进而维持植株中 K^+ 的浓度，从而提高了植株的 K^+/Na^+，在盐胁迫下，其根中 *EeHKT1;4* 的表达水平与根系 K^+/Na^+ 选择能力之间呈显著正相关，在维持根系 K^+/Na^+ 选择性中发挥着重要作用（Meng *et al.*，2016）。

2）长穗偃麦草外整流 K^+ 通道蛋白基因

从长穗偃麦草耐盐种质材料（PI276399）中克隆得到外整流 K^+ 通道蛋白（stelar K^+ outward rectifier channels，SKOR）基因 *EeSKOR*，全长 cDNA 序列为 2402bp，ORF 为 2154bp，编码 717 个氨基酸。采用定量反转录聚合酶链反应（qRT-PCR）技术，对不同 NaCl 浓度和不同时间干旱处理后长穗偃麦草植株地上

部和根中 *EeSKOR* 基因的表达水平及变化规律的分析结果表明，该基因的表达受干旱和盐胁迫诱导和调节，过表达 *EeSKOR* 基因可提高烟草（*Nicotiana tabacum* L.）的抗旱耐盐性。Horie 等（2009）通过研究提出盐胁迫下植物维持根系 K^+/Na^+ 选择性是由多基因控制的，HKT1 类蛋白将根木质部导管中的 Na^+ 卸载至木质部薄壁细胞中，引起其质膜的去极化，进而激活 SKOR 的转运活性，将薄壁细胞中 K^+ 装载至木质部中向地上部运输，维持了 K^+/Na^+ 选择性，增强耐盐性。

3）偃麦草 *ErABF1* 和 *NAC* 转录因子基因

高世庆等（2011a）采用同源克隆策略及反转录聚合酶链反应（RT-PCR）技术，从新疆的偃麦草中克隆到一个 bZIP 转录因子基因，命名为 *ErABF1* 转录因子基因。在脱落酸（abscisic acid，ABA）和干旱处理下，*ErABF1* 表达量先下降后上升，在低温和高盐处理下，表达量先上升后下降，说明该基因与逆境胁迫诱导相关。构建 pBI121-35S 和 pBI121-29A 植物表达载体，通过农杆菌介导法将 *ErABF1* 基因转入烟草，将转 *ErABF1* 基因烟草与野生型烟草在 200mmol·L^{-1} NaCl 及 2% PEG 的 MS 培养基胁迫培养 35d 后，转基因植株生长良好，而野生型不能存活，证明 *ErABF1* 基因具有抗旱耐盐功能。高世庆等（2011b）从长穗偃麦草中分离到一个 NAC 转录因子基因，命名为 *EeNAC9* 基因，其编码的蛋白质定位于细胞核。通过农杆菌介导法将其转入烟草，在含有 2%PEG 的培养基上生长 45d 后，pBI35S-*EeNAC9* 转基因烟草植株在 PEG 胁迫条件下生长正常，根系发达，植株高大，叶片颜色深绿，证明 *EeNAC9* 转基因烟草植株耐盐性和抗旱性得到明显增强。

4）中间偃麦草 Na^+/H^+ 逆向转运蛋白基因

张耿等（2007）从中间偃麦草液泡膜上克隆到 Na^+/H^+ 逆向转运蛋白基因 *TiNHX1*，ORF 为 1641bp，编码氨基酸 546 个。二级结构预测表明该蛋白质含约 44% 的 α 螺旋、21% 的 β 折叠、4% 的 β 转角和 29% 的不规则卷曲。亲疏水性分析显示，TiNHX1 含有 12 个连续的疏水片段，其中 10 个可能构成跨膜螺旋。序列分析显示，TiNHX1 与小麦、长穗偃麦草、水稻（*Oryza sativa* L.）、小盐芥〔*Thellungiella halophila*（C. A. Mey.）O. E. Schulz〕、拟南芥〔*Arabidopsis thaliana*（L.）Heynh.〕等植物的液泡膜 Na^+/H^+ 逆向转运蛋白高度同源，序列相似性分别为 97%、96%、85%、68% 和 67%。序列比对结果及进化树分析均表明 TiNHX1 应为定位于中间偃麦草液泡膜上的 Na^+/H^+ 逆向转运蛋白。关宁等（2009）根据小麦和长穗偃麦草的液泡膜 Na^+/H^+ 逆向转运蛋白基因（*TaNHX1*、*TeNHX1*）全长序列设计引物，采用 RT-PCR 扩增方法，从毛偃麦草中克隆到了 Na^+/H^+ 逆向转运蛋白基因 *EtNHX1*（Accession number：EU876834），ORF 为 1641bp，编码含有 546 个氨基酸残基、分子量为 59.8kDa 的蛋白质，预测等电点 8.0。*EtNHX1* 含有 39 个碱性氨基酸、37 个酸性氨基酸、256 个疏水性氨基酸及 128 个极性氨基酸。二级结构预测表明该蛋白质含约 47% 的 α螺旋、20% 的延伸链、4.5% 的 β转角和 28% 的不规则卷曲。序列分析显示，*EtNHX1* 与小麦、中间偃麦草、长穗偃麦草、水稻、角果碱蓬〔*Suaeda corniculata*（C. A. Mey.）Bunge〕、小盐芥等植物的液泡膜 Na^+/H^+ 逆向转运蛋白高度同源，序列相似性分别为 98%、98%、96%、85%、68% 和 67%。序列比对结果及系统进化树分析均表明 EtNHX1 是定位于毛偃麦草液胞膜上的 Na^+/H^+ 逆向转运蛋白。

1.4.2　其他功能基因挖掘及功能分析

尤明山等（2003）利用小麦微卫星引物成功建立了偃麦草 E° 染色体组特异简单序列重复（SSR）标记。李玉京等（1999）对长穗偃麦草基因组学进行研究，并对其与耐低磷营养胁迫有关的基因进行染色体定位，发现二倍体长穗偃麦草的 6E 和 4E 染色体上具有与耐低磷营养胁迫特性有关的主效基因，5E 染色体上具有强烈抑制低磷胁迫的基因。廖勇等（2007）分离出中间偃麦草 *RAR1* 基因，*RAR1* 基因在小麦中超量表达可提高小麦对白粉病的抗性，拓宽其抗病谱，*RAR1* 可以作为小麦白粉病广谱抗性分子育种的潜在基因资源。王凯等（2008）克隆出中间偃麦草 *SGT1* 基因，命名为 *TiSGT1*，该基因编码的蛋白质具有 SGT1 蛋白典型的功能域结构，与大麦（*Hordeum vulgare* L.）SGT1 序列高度同源。黄矮病、白粉病抗性鉴定结果表明，*TiSGT1* 的超量表达可以提高小麦对黄矮病、白粉病的抗性，*TiSGT1* 可以作为小麦广谱抗病性改良的潜在基因资源。李振声院士带领其科研团队通过远缘杂交，将十倍体长穗偃麦草 4Ag 染色体转移至小麦，创制了以'蓝 58'为代表的小偃蓝粒二体异代换系，并在此基础上开创了蓝粒单体染色体工程育种系统。2006 年，他们利用不同的易位系将蓝粒基因定位于 4Ag 染色体长臂。该团队成员以一套具有不同籽粒颜色的 4Ag 染色体易位系为材料，结合基因组荧光原位杂交 / 荧光原位杂交技术（GISH/FISH）和简化基因组测序技术（SLAF-seq），构建了 4Ag 染色体物理图谱，定位了蓝粒基因，开发了蓝粒性状特异标记及荧光探针，为染色体工程理论研究和育种实践奠定了基础（Liu *et al.*，2018）。

1.5　偃麦草属植物新种质创制

1.5.1　与小麦远缘杂交创制新种质

偃麦草属植物中的许多种具有普通小麦所缺少的优良性状，是小麦条锈病、叶锈病、秆锈病、白粉病、条纹花叶病、腥黑穗病及黄矮病的重要抗原（马渐新等，1999；李红霞等，2002；王建荣等，2004），其抗旱耐盐性较强，对蚜虫也有很强的抵抗力，还有长穗、多花、籽粒蛋白含量高等优良性状，因此，偃麦草属植物是小麦远缘杂交育种的重要亲本材料（周玉琴，2003）。

齐津 1930 年首次进行小麦与偃麦草、中间偃麦草、长穗偃麦草和毛偃麦草的杂交，经过 10 多年的选育，1948 年育成小冰麦新品种（如小冰 559、小冰 186 和小冰 1 号等）。之后又以小麦-偃麦草杂种为原始材料与小麦杂交，选育出小冰 260、雪麦 373 等小麦新品种，同时还选育出多年生小麦和再生型饲料小麦。美国和加拿大学者首先开展将偃麦草抗病性向普通小麦转移的研究。Knott（1961）转抗秆锈病基因，Wienhaes 等（1966）转抗条锈病和叶锈病基因，Dewey（1962）和 Davorak（1985）转耐盐基因到普通小麦中，培育小麦新品种，均获得成功。

1953 年，我国科学家孙善澄等利用中间偃麦草与小麦杂交先后选育出 7 个小麦新品种和 5 个八倍体新物种（胡志昂等，1997）。何孟元（1988）发展了两套小麦—中间偃麦草异附加系。庄家骏等（1988）利用远缘杂交和单倍体育种技术，成功地将长穗偃麦草的抗锈病基因转移到普通小麦中。王洪刚等（2000）通过中间偃麦草与小麦杂交，对其后代进行细胞遗传学及性状特点研究。徐琼芳等（1999）应用原位杂交和随机扩增多态性 DNA 标记（RAPD）技术标记抗黄矮病小麦—中间偃麦草染色体异附加系，并筛选出 2 个引物。中间偃麦草和硬粒小麦具有抗锈病、白粉病、大麦黄叶病毒、根腐病，及抗蚜、抗小麦蝇蚊、抗旱、耐寒、耐盐碱及高蛋白等许多有益基因（陈钢等，1998）。李振声等（1985）利用长穗偃麦草与小麦杂交，将长穗偃麦草的抗多种病害、耐旱、耐干热风、长穗或多花等一般小麦品种所缺少的优良基因转移到普通小麦中，先后选育出小偃 4 号、5 号、6 号及小偃麦八倍体、异附加系、异代换系和异位系等杂种新类型，大大提高了小麦单产（胡志昂等，1997）。

1.5.2 偃麦草属植物新品种选育

北美国家和中国的科学家，分别针对不同选育目标，采用传统育种方法（包括单株选择育种法、杂交育种法和综合品种法等）创制了一批偃麦草属植物的新种质，选育出了具有一定应用价值和应用前景的新品种，取得了一定成绩。

截至目前，选育登记的长穗偃麦草品种有加拿大科学家育成的 Alkar 和 Orbit 品种，美国科学家育成的 Platte 品种。选育登记的中间偃麦草品种有美国科学家育成的 Reliant、Greenar、Oahe 和 Slate 品种，加拿大科学家育成的 Clarke 品种，中国农业科学院兰州畜牧与兽药研究所选育的甘肃省草品种审定委员会审定品种——陆地中间偃麦草。选育登记的偃麦草品种有美国明尼苏达农业试验站育成的 Everett 品种（根茎系统非常发达）；北京市农林科学院育成的京草 1 号偃麦草和京草 2 号偃麦草品种（采用无性系单株选择和综合品种法，从新疆天山北坡野生偃麦草群体中选育出的根茎蔓生速度快、覆盖地面能力强、抗旱耐盐能力较强的国审新品种）；新疆农业大学育成的新偃 1 号偃麦草品种（采用系统选育法，从新疆天山北坡野生偃麦草群体中选育出的抗逆性强、坪用性能优良的国审新品种）和黑龙江省农业科学院育成的农箐 7 号偃麦草省审品种（返青早、返青率高、生物产量高、品质优良、抗病性强等）。

偃麦草属植物种质资源植株形态结构解剖特征

🌿 内容提要

　　本章重点介绍采用电镜扫描方法分析来自 10 个国家 11 个偃麦草属植物种 13 份种质材料的根、茎、叶横切面及叶表皮形态解剖结构的异同，结果表明偃麦草属植物根由表皮、皮层和中柱组成，表皮着生大量根毛，内皮层细胞壁 5 面加厚，横切面结构呈马蹄形；茎维管束分内外两圈分布，中央有髓腔；各种质材料间根与茎在形态特征上没有明显差异，仅数量上有差别。叶表皮微形态结构类型多样，表现稳定，具有系统分类价值。叶片均分化为表皮、叶肉及叶脉三部分。所有参试种质材料的上表皮均具有长细胞和气孔器细胞；EC002、EE009、EE022、EH001、EI021、EI029、EPO004、EPY002、ES001 均含有乳突；EB001、EH001、EI021、EI029、EL001、EPU002、ES001、ER039 和 ER044 有刺毛；EB001、EC002 和 EL001 有短细胞；EJ001 和 ES001 具大毛。从叶片横切面来看，脉间普遍存在泡状细胞。EB001、EH001、EPY002 泡状细胞下陷形成"绞合细胞"；纤维分布在维管束的上下方，与维管束连接；维管束鞘分两层，外层较大，细胞壁不加厚，里层较小，细胞壁加厚，是典型的 C_3 植物。同时，本章还采用电镜扫描方法比较分析了 2 份偃麦草种质材料的根、茎和叶形态解剖结构的异同。

　　植物的形态结构（包括植株器官的外部形态结构和微形态解剖结构）从根本上是由物种的遗传基因决定的，但它与周围环境存在密切联系，是植物对环境长期适应的结果。禾本科植物分布广泛，用途多样，对其植株形态结构的系统研究至关重要。陆静梅等（1994）研究了羊草、小獐毛〔*Aeluropus littoralis*（Gouan）Parl.〕、星星草〔*Puccinellia tenuiflora*（Griseb.）Scribn. et Merr.〕和野大麦〔*Hordeum brevisubulatum*（Trin.）Link〕的植株形态解剖特征及其与抗旱和耐盐碱等生理适应的关系，结果表明耐盐碱植物形态解剖特征与其生理适应具有密切的关系。肖德兴等（1999）对百喜草（*Paspalum notatum* Flugge）、狗牙根〔*Cynodon dactylon*（L.）Pers.〕和假俭草〔*Eremochloa ophiuroides*（Munro）Hack.〕等水土保持植物营养器官的解剖结构进行了观察和比较，结果表明百喜草植物的保护组织、通气组织、机械组织和泡状细胞比狗牙根和假俭草的发达，百喜草根中内皮层细胞的增厚方式非常特别，仅内切向壁明显增厚。王艳等（2000）对结缕草（*Zoysia japonica* Steud.）与草地早熟禾（*Poa pratensis* L.）的解剖结构进行对比研究，发现结缕草的角质层发达，维管束丰富，组织排列紧密，从而在微观方面找到了结缕草抗旱性、弹性、耐践踏性优于草地早熟禾的原因。任文伟等（1999）对从中国科学院内蒙古草原生态系统定位研究站的栗钙土、内蒙古呼伦贝尔市谢尔塔拉的黑钙土和吉林省长岭县腰井子羊草草原自然保护区的盐碱土上采集到的羊草的根、茎、叶横截面和叶表面进行电镜扫描观察，结果表明不同土壤类型的羊草根、茎、叶内部形态结构都发生了一些变化，这些变化与其生境有相当的联系。耿世磊等（2002）利用石蜡切片法对台湾草（*Zoysia tenuifolia* Willd. ex Trin.）、海雀稗（*Paspalum vaginatum* Sw.）和狗牙根三种草坪草植株叶片和茎的形态解剖结构进行研究，结果表明叶片和茎的解剖结构与植物的耐旱性、耐践踏性和弹性等坪用特性存在密切联系，台湾草因叶片表皮细胞、泡状细胞、维管束鞘、机械组织和茎中纤维带的特征，耐旱性、耐践踏性和弹性等坪用特性优于其他两种草坪草。

　　禾本科植物叶表皮形态稳定、结构精细、类型多样，被认为在研究植物种的分类和系统关系方面具有重要价值（Webb *et al.*，1990）。植物分类学家将植物叶表皮微形态特征应用于禾本科各级分类处理中，取得了许多研究成效，如Cristina 等（2008）对来自不同生境的两种禾草 *Antinoria agrostidea*（DC.）Parl. 和 *Corynephorus canescens*（L.）P. Beauv 进行扫描电镜观察分析，检验叶片微形态和解剖学特征在禾本科系统分类中的可靠性。张同林等（2005）通过对国产画眉草亚族植物叶片表皮的解剖观察，结合外部形态特征对该亚族内 6 个属的属间关系进行分析，结果表明，羽穗草属（*Desmostachya*）应是国产画眉草亚族中最原始的类群，最高级的类群是细画眉草属（*Eragrostiella*），画眉草属（*Eragrostis*）、弯穗草属（*Dinebra*）、尖稃草属（*Acrachne*）和镰稃草属（*Harpachne*）的演化水平居于两者之间；画眉草属和弯穗草属直接起源于原始的羽穗草属，较高级的尖稃草属和镰稃草属直接起源于画眉草属，在镰稃草属基础上派生了最高级的细画眉草属。陈守良等（1996）比较研究槽稃草属（*Euthryptochloa*）与显子草属（*Phaenosperma*）植物的叶表皮微形态，并结合外部形态特征说明槽稃草属与显子草属植物在叶表皮微形态及外部形态上都没有差别，根据国际植物命名法规的优先律，槽稃草属不能独立成属，应归入显子草属。

　　偃麦草属植物为禾本科小麦族的多年生根茎疏丛型草本植物，全世界 40 余种，生态适应性强，繁殖能力强，具有小麦缺少的优良遗传特性，是小麦不可缺少的重要野生基因库，有的种已成为我国中西部地区重要的牧草种质资源及防风固沙、水土保持和改良盐碱地的理想植物（孟林等，2003；谷安琳，2004；吕伟东等，2007）。目前，针对偃麦草属植物形态解剖特征已初步开展了研究，如王六英等（2001）研究中间偃麦草、巴顿硬叶偃麦草〔*Elytrigia smithii*（Rydb.）Keng cv. Barton〕和茹沙娜硬叶偃麦草〔*Elytrigia smithii*（Rydb.）Keng cv. Rosana〕的形态解剖结构及其与抗旱性的关系，结果表明中间偃麦草的旱生特性较其他两种偃麦草更加明显。史广东等（2009a，b）对 12 个偃麦草属植物种 15 份种质材料抽穗期的叶片表皮形态结构进行扫描电镜观察，结果表明其叶片形态结构能较好地反映各种质材料亲缘关系的远近，可作为该属植物分类鉴定的有效指标；同时还证实中间偃麦草和长穗偃麦草叶片表皮微形态存在显著差异，其中长穗偃麦草叶脉上分布 3～4 列乳突，而中间偃麦草叶脉上分布 3～4 列刺毛。Meng 等（2013）研究了 4 种偃麦草属植物（*E. caespitosa*、杂交偃麦草、中间偃麦草和偃麦草）根、茎、叶的形态解剖结构，结果表明 4 种偃麦草属植物的根、茎形态解剖特征不能作为物种分类鉴定的主要形态标记指标，而叶片上表皮微形态的差异可用于植物种的分类鉴定指标，从而揭示其亲缘关系。

2.1 偃麦草属植物种质资源形态结构解剖特征

2.1.1 材料与方法

美国国家植物种质资源库提供 11 种偃麦草属植物 13 份种质材料，其中长穗偃麦草和中间偃麦草各选 2 份材料，13 份种质材料来源于不同的国家（表 2-1）。温室育苗后，将它们移栽至位于北京小汤山的国家精准农业研究示范基地草资源试验研究圃，株距 80cm，行距 80cm，每份种质材料重复 3 次，每重复 10 株。

表 2-1 参试的偃麦草属植物种质材料及来源

材料编号	种质库原编号	种名	来源
EB001	PI531712	*Elytrigia bessarabica**	爱沙尼亚
EC002	PI547311	簇生偃麦草	俄罗斯
EE009	PI283164	长穗偃麦草	中国
EE022	PI578686	长穗偃麦草	加拿大
EH001	PI276708	杂交偃麦草	俄罗斯
EI021	PI547332	中间偃麦草	土耳其
EI029	PI273732	中间偃麦草	俄罗斯
EJ001	PI634312	脆轴偃麦草	希腊

续表

材料编号	种质库原编号	种名	来源
EL001	PI440059	*E. lolioides*（P. Candargy）Nevski[*]	俄罗斯
EPO004	PI636523	黑海偃麦草〔*E. pontica*（Podp.）Holub〕	阿根廷
EPU002	PI277185	*E. pungens*（Pers.）Tutin[*]	法国
EPY002	PI531742	*E. pycnantha*（Godr.）A. Löve[*]	荷兰
ES001	PI531749	*E. scirpea*（K. Presi）Holub[*]	意大利

[*] 表示该种没有对应的中文名。

选取抽穗期植株旗叶下第二片叶，于中部切取 3mm×5mm 的叶片，茎和根茎均于节间中部切取 5mm 小段，根在成熟区切取 5mm 小段。用 3% 戊二醛进行前固定和 1% 锇酸进行后固定，两种固定液均用 pH 7.2 磷酸缓冲液配制。固定好的材料再用上述磷酸缓冲液清洗，然后用 30%、50%、70%、85%、95% 和 100% 乙醇逐级脱水，最后由 100% 乙醇过渡到醋酸异戊酯中。之后采用日立 HCP-2 临界点干燥仪进行 CO_2 临界点干燥，采用 IB-5 离子溅射仪进行真空喷金。

采用日立 S-570 扫描电镜观察拍照，图像采集使用武汉大学分析测试中心开发的 WD-5 扫描电镜联机图像处理和分析系统。叶片观察表皮和横切面，根、茎和根茎均只观察横切面，测量时取 10 个值的平均值。叶表皮特征观察长细胞、短细胞、刺毛、乳突、气孔器细胞；横切面观察叶片厚度、泡状细胞、维管束、纤维等指标。根测量皮层厚度、中柱直径、后生导管直径等指标。茎和根茎观察维管束密度、导管直径、角质层厚度等指标。叶表皮微形态描述术语参照文献蔡联炳（1995）和陈守良（1993），其他解剖结构术语均参照文献刘穆（2006）。利用 Photoshop CS4 的标尺工具配合电镜照片上的比例尺测量各指标大小，测得的数据采用 Microsoft Excel 和 SPSS 13.0 进行数据处理和统计分析。

2.1.2 研究结果

1. 偃麦草属植物根解剖结构分析

偃麦草属植物的根均由表皮、皮层和中柱组成。表皮为一层紧密排列的细胞，没有细胞间隙，上面着生大量的表皮毛（即根毛）。表皮之下 2～3 层皮层细胞体积较大，细胞壁加厚，没有细胞间隙，为外皮层。皮层为薄壁组织，有发达的细胞间隙，很多细胞壁溶解形成通气组织（图 2-1）。与内皮层相邻接的 2～3 层细胞的细胞壁加厚且由内到外体积增大，呈辐射状排列。内皮层为 1 层较小的紧密排列的细胞，细胞壁 5 面加厚，在横切面上呈马蹄形，有通道细胞。中柱由中柱鞘、木质部束和髓组成。中柱鞘为与内皮层邻接的一层薄壁细胞。维管束外

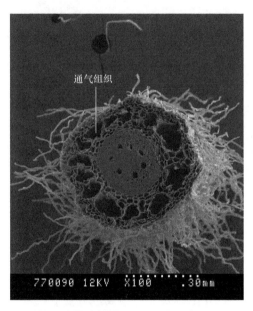

通气组织

770090 12KV X100 30mm

图 2-1 种质材料 EI021 根的通气组织

始式，多为原木质部，中柱中央为薄壁组织填充的髓。各种质材料根的解剖结构比较结果显示，偃麦草属植物根的木质部束数目为 5～13 条，中柱直径为 277.46～582.76μm，皮层宽度为 59.52～143.41μm，后生导管直径为 22.19～58.62μm，不同植物根的结构具有较大差异（表 2-2）。

2．偃麦草属植物茎及根茎解剖结构分析

偃麦草属植物茎的结构分为表皮、基本组织、维管束和中央髓腔。表皮具有薄的角质层，在表皮下有 2～3 层细胞壁加厚的厚壁组织（纤维）。基本组织为薄壁细胞。维管束具束鞘，没

表 2-2 13 份偃麦草属植物种质材料根解剖结构比较

材料编号	木质部束数目 / 条	中柱直径 /μm	皮层宽度 /μm	后生导管直径 /μm
EB001	7	277.46±13.59	143.41±7.58	28.59±6.43
EC002	13	466.57±5.36	102.25±2.56	36.13±4.41
EE009	8	561.32±14.42	110.94±9.29	31.33±3.61
EE022	7	582.76±27.89	106.29±16.73	58.62±6.55
EH001	10	442.43±15.81	59.52±7.17	31.03±6.38
EI021	7	315.44±18.44	75.71±7.42	25.64±1.62
EI029	9	456.97±14.09	73.76±11.53	35.83±2.48
EJ001	7	351.27±15.52	143.33±17.13	38.98±3.44
EL001	6	297.90±18.11	78.26±2.38	36.58±3.63
EPO004	5	334.78±28.82	94.90±10.13	40.48±3.59
EPU002	7	445.88±8.93	118.89±5.12	28.33±3.39
EPY002	6	322.19±52.49	102.99±5.18	29.38±3.64
ES001	6	278.26±18.29	83.36±3.74	22.19±4.52

有形成层，为外韧有限维管束，基本排列成两圈。靠外的一圈维管束较小，它在纤维之下并与之相连接，构成机械组织，束间有壁未加厚的薄壁细胞；靠里的一圈维管束较大，分布在髓腔与外层机械组织中间的薄壁基本组织里。中心的髓薄

壁细胞形成中央大空腔。各种植物在角质层厚度和维管束密度上差异不大，只在导管直径方面存在明显差异（表 2-3）。

表 2-3　13 份偃麦草属植物种质材料茎及根茎解剖结构比较

材料编号	维管束密度 /（个·mm²）		角质层厚度 /μm		导管直径（内层）/μm	
	茎	根茎	茎	根茎	茎	根茎
EB001	7±2	14±2	4.10±1.32	3.21±0.44	29.61±10.02	22.67±8.02
EC002	9±2	12±2	4.01±0.64	3.17±0.25	34.47±9.55	30.39±3.77
EE009	8±1	15±3	3.88±0.92	2.86±0.48	33.44±4.79	34.22±8.01
EE022	8±2	16±1	4.45±1.32	3.79±0.12	40.20±8.47	29.21±8.76
EH001	8±1	14±1	4.89±1.24	3.33±0.80	35.08±12.15	34.66±7.36
EI021	10±2	13±1	4.70±1.10	3.63±0.71	42.18±11.79	39.71±4.77
EI029	8±2	12±2	5.22±1.57	2.78±0.54	51.67±8.79	23.59±8.99
EJ001	9±2	15±1	5.06±1.23	4.02±0.88	36.48±6.24	36.44±5.41
EL001	10±2	16±3	4.37±0.66	2.82±0.30	27.19±5.34	24.99±8.17
EPO004	8±1	14±2	3.19±0.49	3.08±0.77	30.11±14.76	22.46±3.88
EPU002	8±2	15±1	3.01±1.01	3.57±0.33	33.56±10.23	22.94±2.77
EPY002	8±2	16±1	4.22±0.99	2.64±0.75	26.99±11.01	37.00±6.32
ES001	8±2	14±2	4.66±0.73	3.68±0.65	37.22±7.99	33.17±6.74

根茎的结构与茎结构相似，但以下几点特征存在差异：根茎表皮角质层较薄；两维管束圈中间的皮层薄壁细胞有少数细胞壁溶解连通，有形成气腔的趋势；维管束分化不完善，没有明显的束鞘包围，靠里一圈维管束周围的细胞体积较小，壁有加厚，与维管束一起形成一圈，与外边皮层薄壁组织之间存在明显界限。

3．偃麦草属植物叶片解剖结构分析

偃麦草属植物叶片由表皮、叶肉及叶脉 3 部分组成。表皮包括长细胞、气孔器细胞、泡状细胞和附属物，其中长细胞呈长方形，纵向相接成行而平行排列于叶片的脉上和脉间，细胞壁有加厚；泡状细胞体积较长细胞大，分布在脉间区；气孔器细胞均在脉上脊两侧 1～2 列分布，保卫细胞哑铃形，副卫细胞横向外壁圆顶；附属物有乳突、刺毛、大毛等。叶肉组织由薄壁细胞组成，疏松排列，无栅栏和海绵组织的分化，为等面叶。叶脉以维管束为主要结构，维管束鞘有两层，外层较大，细胞壁不加厚，里层较小，细胞壁加厚，是典型的 C_3 植物。维管束上下方都分布有纤维（厚壁组织），纤维与维管束相连。

1）叶表皮微形态结构特征

偃麦草属植物叶上表皮微形态结构中，长细胞和气孔器细胞是所有材料都具备的 2 类表皮结构细胞，乳突、刺毛、短细胞则分布不全，微毛未见。长细胞呈长方形，纵向相接成行而平行排列于叶片的脉上和脉间，细胞壁薄或厚，大都微波状弯曲；短细胞马蹄形或椭圆形，脉上成排着生。气孔器细胞呈带状分布于脉间，保卫细胞哑铃形，副卫细胞横向外壁圆顶或平顶（图 2-2）。乳突斑泡状、极少圆头状，脉上脊部不规则簇生，或成列，脉间少见。刺毛刺状，全部生脉上。所见大毛皆基部无垫，毛身细长，分布脉上（图 2-3）。

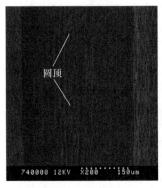

（a）种质材料 EL001 气孔副卫细胞　　（b）种质材料 EE009 气孔副卫细胞
　　横向外壁圆顶　　　　　　　　　　　横向外壁平顶

图 2-2　气孔副卫细胞横向外壁类型

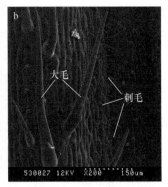

（a）种质材料 EE022 的乳突　　（b）种质材料 ES001 的大毛和刺毛

图 2-3　上表皮附属物类型

参试的 13 份偃麦草属种质材料叶片上表皮微形态结构（图 2-4）测定结果显示，长细胞长度均具有较大的标准偏差，故其变异程度较大，EB001、ES001 和 EC002 长细胞长度为 89.44～128.89μm，EE022、EI029、EJ001、EPO004、EE009 和

EH001 长细胞长度为 160.00～183.89μm，其余材料的为 188.89～197.22μm，长细胞长度在种质材料间差异显著（$P<0.05$）。EC002、EJ001、EPU002 和 ES001 长细胞的细胞壁薄，EI021、EI029、EL001 和 EPO004 长细胞的细胞壁较厚，EB001、EE009、EE022、EH001 和 EPY002 长细胞壁厚。短细胞仅存在于 EB001、EC002 和 EL001，长度为 20.00～41.11μm，材料间差异显著（$P<0.05$），其中 EB001 和 EC002 的短细胞为马蹄形，EL001 的短细胞为椭圆形（表 2-4）。

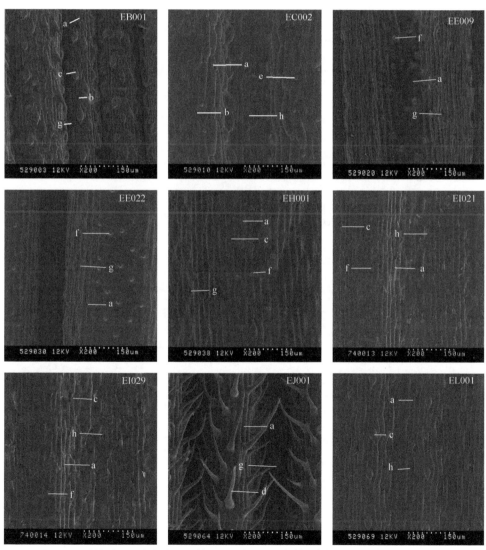

a. 长细胞；b. 短细胞；c. 刺毛；d. 大毛；e. 倾斜状乳突；f. 斑泡状乳突；
g. 气孔副卫细胞外壁圆顶；h. 气孔副卫细胞外壁平顶。

图 2-4　13 份偃麦草属植物种质材料叶片上表皮扫描电镜图

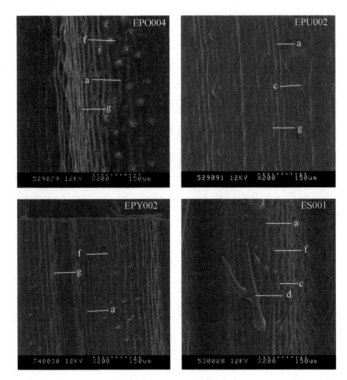

图 2-4 （续）

表 2-4　13 份偃麦草属植物种质材料叶片的上表皮长、短细胞特征比较

材料编号	长细胞		短细胞		
	长度 /μm	细胞壁	长度 /μm	形状与分布	密度 /（个·mm²）
EB001	89.44±19.32c	壁厚	20.00±3.33c	马蹄形；脉上孪生、稀单生；脉间稀少、单生	252±27a
EC002	128.89±68.87bc	壁薄	31.11±4.81b	马蹄形；脉上单生或孪生；脉间缺	78±41b
EE009	180.56±41.14abc	壁厚	0d	0	0c
EE022	160.00±48.42abc	壁厚	0d	0	0c
EH001	183.89±66.19abc	壁厚	0d	0	0c
EI021	190.00±43.33abc	壁较厚	0d	0	0c
EI029	160.00±27.28abc	壁较厚	0d	0	0c
EJ001	160.00±30.00abc	壁薄	0d	0	0c
EL001	193.33±68.74ab	壁较厚	41.11±11.71a	椭圆形，脉两侧单生，脉间缺	24±5c
EPO004	177.18±62.92abc	壁较厚	0d	0	0c
EPU002	197.22±58.56ab	壁薄	0d	0	0c
EPY002	188.89±28.00abc	壁厚	0d	0	0c
ES001	111.67±54.08bc	壁薄	0d	0	0c

注：0 表示该指标在某种质材料中没有出现；表中同列不同小写字母表示差异显著（$P<0.05$）。

气孔密度为 57～156 个·mm^{-2}，种质材料间差异显著（$P<0.05$）。其中 EC002 和 EJ001 的气孔分布在脉间，EB001、EH001、EI021、EI029、EL001、EPU002、EPY002 和 ES001 的气孔分布在脉上，EE009、EE022 和 EPO004 脉间和脉上均有分布。气孔长度为 32.22～66.11μm，宽度 15.00～25.00μm，种质材料间差异显著（$P<0.05$）。气孔副卫细胞横向外壁，EC002、EI021、EI029 和 ES001 为平顶，其余皆为圆顶（表 2-5）。

表 2-5　13 份偃麦草属植物种质材料叶片的上表皮气孔器细胞特征比较

材料编号	气孔密度/（个·mm^2）	气孔长度/μm	气孔宽度/μm	副卫细胞	分布
EB001	156±14a	32.22±1.92d	15.22±1.35d	横向外壁圆顶	脉上两侧，各 1～2 列；脉间缺
EC002	84±14bc	53.33±5.77abc	25.00±1.67a	横向外壁平顶	脉上缺；脉间两侧及中间 3 列
EE009	75±44bc	51.11±5.36bc	18.33±3.33bcd	横向外壁圆顶	脉上脊两侧各 3～4 列，脉间 1 列较小
EE022	87±36bc	54.44±4.19abc	18.61±2.93bcd	横向外壁圆顶	脉上脊两侧各 2 列，脉间 1～2 列
EH001	96±23b	49.44±5.36bc	16.67±2.89cd	横向外壁圆顶	脉上脊两侧各 2 列，将脉脊部刺毛与两侧刺毛分开，脉间缺
EI021	96±23bb	46.67±4.41bc	20.00±1.67abcd	横向外壁平顶	脉两侧靠近脉间区各 1～2 列，与刺毛相间，脉间缺
EI029	66±14bc	52.78±3.85abc	19.44±2.55bcd	横向外壁平顶	脉两侧靠近脉间区各 1～2 列，与刺毛相间，脉间缺
EJ001	57±14bc	55.00±3.33abc	16.11±0.96cd	横向外壁圆顶	脉上缺；脉间 1～2 列
EL001	81±18bc	46.11±5.09bc	22.22±2.55ab	横向外壁圆顶	脉两侧与脉间邻接处各 1 列，脉间缺
EPO004	90±24bc	66.11±18.73a	21.11±4.19abc	横向外壁圆顶	脉两侧各 2～3 列，脉间 1～2 列
EPU002	96±28b	48.89±5.09bc	18.89±1.92bcd	横向外壁圆顶	脉两侧与脉间邻接处各 1～2 列，脉间缺
EPY002	96±5b	43.33±13.33bcd	17.22±3.47bcd	横向外壁圆顶	脉两侧与脉间邻接处各 1～2 列，脉间缺
ES001	87±14bc	40.56±4.19cd	15.00±1.67d	圆顶或平顶	脉上两侧各 2～3 列，脉间缺

表皮附属物中，乳突分布在脉上，其中 EE009、EE022、EI021、EI029、EPY002、EH001、EPO004 和 ES001 的上表皮乳突为斑泡状，EC002 为圆头状或倾斜状，其余材料未见。除 EC002、EE009、EE022、EJ001、EPO004 和 EPY002 未见刺毛外，其他种质材料的刺毛均分布在脉上，密度 27～225 个·mm^{-2}。大毛仅在 EJ001 和 ES001 中发现，前者长 173.89μm，密度 228 个·mm^{-2}，后者长 342.22μm，密度 51 个·mm^{-2}，材料间各指标均差异显著（$P<0.05$）（表 2-6）。

表 2-6 13 份偃麦草属植物种质材料叶片的上表皮附属物特征比较

材料编号	乳突密度 / (个·mm²)	乳突特征及分布	刺毛密度 / (个·mm²)	刺毛分布	大毛密度 / (个·mm²)
EB001	0d	0	207±50a	脉上 2~4 列，脉间缺	0c
EC002	132±37a	圆头状或倾斜状；脉上脊两侧与长细胞相间	0e	0	0c
EE009	75±26bc	斑泡状；脉上脊部 6~10 簇生，两侧及脉间稀	0e	0	0c
EE022	96±29ab	斑泡状；脉上脊部 5~7 簇生，两侧及脉间稀	0e	0	0c
EH001	18±18d	斑泡状；脉脊部稀布	27±16e	脉上脊部 2~3 列，两侧各 1 列或无，与脊部刺毛中间为气孔，脉间缺	0c
EI021	70±21d	斑泡状；脉上脊部 4~6 簇生，脉间缺	103±11c	脉上脊部 3 列，脉间缺	0c
EI029	99±9ab	斑泡状；脉上脊部 4~6 簇生，脉间缺	130±9b	脉上脊 两侧各 1~2 列，脉间缺	0c
EJ001	0d	0	0e	0	228±37a
EL001	0d	0	69±19cd	脉上 2~3 列，脉间缺	0c
EPO004	93±81ab	斑泡状；脉上脊部密 5~8 簇生，脉间缺	0e	0	0c
EPU002	0d	0	39±10de	脉上 1~2 列，脉间缺	0c
EPY002	111±22ab	斑泡状；脉上脊部 3~4 列，脉间缺	0b	0	0c
ES001	39±10.39cd	斑泡状；脉上脊部不规律稀生	225±39a	脉上脊 两侧各 3~5 列，脉间缺	51±5b

注：0 表示该指标在某种质材料中没有出现；表中同列不同小写字母表示差异显著（$P<0.05$）。

2）叶片横切面结构特征

从叶片横切面结构上，偃麦草属植物的叶片由表皮、维管束、叶肉细胞及纤维（厚壁组织）组成，脉间普遍存在泡状细胞，其体积明显大于普通表皮细胞，部分材料泡状细胞下陷于叶肉中，形成所谓的"绞合细胞"（图 2-5）。叶脉明显隆起，均有两层维管束鞘，内层体积较小，壁加厚，外层体积较大，壁薄。纤维也存在于所有参试的种质材料叶片中，分布于维管束的上下方，与维管束连接。叶肉组织为薄壁细胞，细胞间隙较大，无明显栅栏组织和海绵组织的分化。

由表 2-7 可见，13 份偃麦草属植物种质材料叶片的横切面中，叶片厚度、泡状细胞占叶片厚（脉间）的百分比存在显著差异（$P<0.05$），叶片厚度为 141.06~235.44μm，厚度最大的是 EPO004，其次为 EH001、EE009 和 EE022，厚度最小

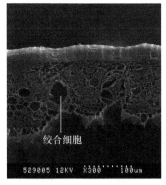 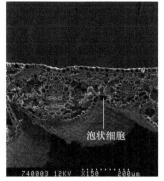

（a）EB001 叶片绞合细胞　　　　　　（b）EE022 叶片泡状细胞

图 2-5　叶片泡状细胞类型

的是 EPY002。泡状细胞比例为 9.8%～35.7%，EB001 最大，EJ001 最小。泡状细胞中 EB001、EH001 和 EPY002 下陷形成绞合细胞，其余均不下陷，而 EJ001 泡状细胞不明显（图 2-6）。

表 2-7　13 份偃麦草属植物种质材料叶横切面特征比较

材料编号	叶片厚度			泡状细胞		
	叶脉 /μm	脉间 /μm	平均 /μm	特征	厚度 /μm	占叶片厚（脉间）百分比 /%
EB001	218.52±88.33abc	171.11±49.23a	194.81±65.97ab	绞合细胞	61.11±8.82a	35.7a
EC002	250.33±26.32ab	166.48±30.47ab	208.41±4.65ab	不下陷	29.67±11.84cde	17.8cde
EE009	279.26±58.24ab	146.30±28.61abcd	212.78±39.11ab	不下陷	25.41±2.56cdefg	17.4cde
EE022	277.30±83.75ab	144.85±35.26abcd	211.07±41.96ab	不下陷	32.00±11.86bcd	22.1bcde
EH001	280.04±13.55ab	154.63±16.39abc	217.33±13.12ab	绞合细胞	41.04±1.11b	26.5bc
EI021	169.37±58.99bc	114.44±14.89bcd	141.91±33.75bc	不下陷	21.22±6.19defg	18.5cde
EI029	186.743±5.00bc	122.67±13.61abcd	154.70±24.04bc	不下陷	23.63±3.68defg	19.3bcde
EJ001	253.85±47.69ab	142.70±26.50abcd	198.28±37.09ab	无明显	13.93±0.53g	9.8e
EL001	170.44±55.39bc	123.11±43.36abcd	146.78±49.32bc	不下陷	36.26±6.74bc	29.5ab
EPO004	325.59±81.48a	145.30±20.81abcd	235.44±39.05a	不下陷	19.70±3.68efg	13.6de
EPU002	180.22±35.38bc	131.19±14.68abcd	155.70±25.03bc	不下陷	23.04±5.29defg	17.6bcd
EPY002	191.96±67.52bc	90.15±34.95de	141.06±51.12bc	绞合细胞	20.15±7.76def	22.4bcd
ES001	244.56±65.6ab	113.00±35.00bcd	178.78±49.96ab	不下陷	29.11±4.84cdef	25.8bc

3）叶片表皮及横切面形态解剖特征聚类分析

对 13 份偃麦草属植物种质材料叶片表皮和横切面解剖结构特征的 10 个指

标（包括长细胞长度、长细胞壁薄厚、短细胞密度、气孔密度、副卫细胞横向
外壁形状、刺毛密度、乳突密度、大毛密度、叶片厚度、泡状细胞占叶片厚度百
分比），采用欧氏距离聚类法进行聚类分析，在遗传距离 0.4 处将 13 份种质材料
划分为 4 类（图 2-7），第 Ⅰ 类包括 EH001、EL001、EE009、EE022、EPO004、
EPU002 和 EPY002；第 Ⅱ 类包括 ES001、EC002、EI021 和 EI029；第 Ⅲ、Ⅳ 类

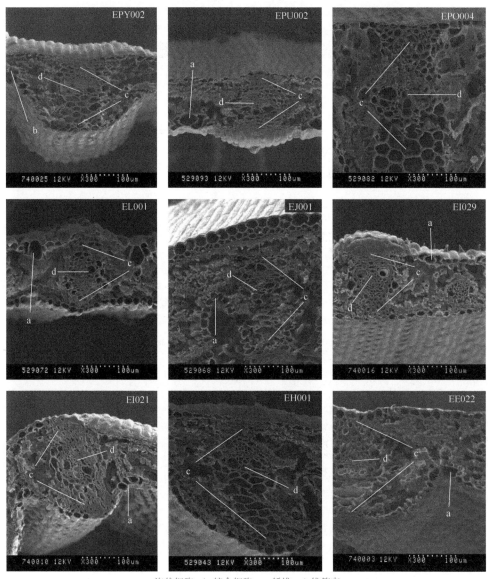

a. 泡状细胞；b. 绞合细胞；c. 纤维；d. 维管束。

图 2-6　13 份偃麦草属植物种质材料叶片横切面扫描电镜图

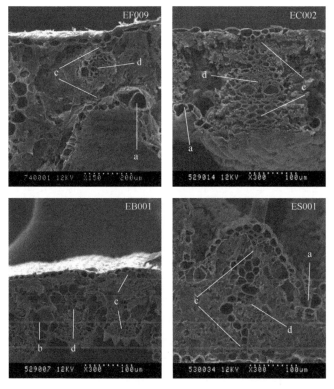

图 2-6　（续）

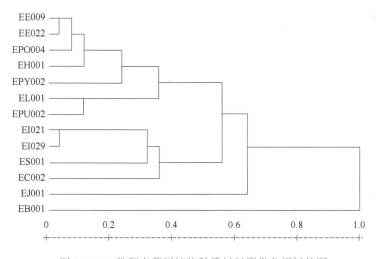

图 2-7　13 份偃麦草属植物种质材料聚类分析树状图

分别为 EJ001、EB001。结果显示，EB001 与其他材料的欧氏遗传距离最远，其次为 EJ001，同种材料 EI021 与 EI029、EE009 与 EE022 间的遗传距离较近。

2.1.3 小结与讨论

偃麦草属植物根、茎的形态解剖特征相同，差别仅在数量上，可能与取样时各材料生长阶段不一致有关。这种差别不能稳定遗传，且在分类鉴定上不能作为主要的形态标记指标。叶片的形态解剖特征，特别是叶片表皮微形态上的差异，可用于种的分类鉴定，育种上也可当作杂种后代的形态学鉴定指标，而且大量的研究已经证明禾本科植物的叶表皮形态稳定、结构精细、类型多样，具有系统学价值（蔡联炳等，1995）。偃麦草属植物叶片形态解剖指标聚类分析结果表明，不同来源地的同种材料仍具有较大形态相似性，其中 EE009 与 EE022、EI021 与 EI029 亲缘关系较近，分别聚在一类。可见将叶片形态特征量化处理并综合考虑，采用系统聚类法来分析偃麦草属植物的亲缘关系是可行的。

禾本科植物表皮微形态结构在进化过程中具有特定生态意义和系统演化意义，亲缘关系较远的材料在形态上肯定有特别结构，如 EC002 叶片表皮形态与所研究的其他种类差别均较大，其长细胞较短阔，短细胞马蹄形，进化程度可能较低。ES001 叶表皮有大毛且密布刺毛；EJ001 密布大毛；EB001 密布刺毛，泡状细胞比例大且下陷形成绞合细胞。前人研究表明刺毛是叶片结构细胞中的新征类型，而泡状细胞则与植物抗旱性有关，它可以通过失水、吸水控制叶片卷起和展开。气孔副卫细胞横向外壁圆顶或平顶是植物对干旱、寒冷环境的适应特征（蔡联炳等，1995；王元军，2005），偃麦草属植物气孔副卫细胞横向外壁呈圆顶或平顶，表明该属植物普遍具有较强的抗旱耐寒能力，可以从中开发抗旱或耐寒的种质资源。

在表皮附属物中，刺毛尖要经历从无到有的发育历程，大毛是在刺毛基础上衍生出来的，并且狭长形的长细胞较短阔形的进化，长细胞较短细胞进化（蔡联炳等，1995）。本研究发现刺毛有尖和无尖两种类型同时存在，大毛长度具有较大的变异，最短的大毛与刺毛接近，这些均印证了上述发育历程。并且大多材料的表皮细胞以狭长形的长细胞为主，这是进化的标志；而叶表皮的长细胞长度大都存在较大变异，其中有少数短阔形长细胞的存在，少数种还有短细胞，这可能是进化过程中留下的痕迹；个别种（EB001）表皮细胞则以短阔形长细胞为主，另有短细胞存在，说明该种可能进化程度较低。

偃麦草属种质材料根的形态解剖结构中，绝大多数种质材料根部出现了发达的通气组织，长穗偃麦草根皮层薄壁细胞甚至几乎全部分解，只有少数残余，根茎皮层薄壁细胞也有少量的气腔产生。王六英等（2001）在研究 3 种偃麦草属牧草形态解剖与抗旱性关系时并没有发现根中有通气组织，表明在正常适宜的生长条件下，偃麦草属植物根部并不存在通气组织。通气组织是水生植物对水中低氧环境条件的主要适应结构，在水淹等厌氧胁迫条件下，植物体内乙烯和生长素含量增加，木葡聚糖内转移葡糖基酶合成增强，细胞壁降解，从而形成溶生性通气组织（Koncalova，1990；Lidijia，2003；陈婷等，2007），或营养（N 或 P）饥饿的状态也会诱导通气组织的形成（Malcolm *et al.*，1989）。本研究中出现的情况可能是植物在生长中经历过厌氧胁迫条件或者营养饥饿状态，从而诱导根部产生了通气组织。

本研究表明偃麦草属植物种质材料的根茎都由表皮、基本组织、两圈维管束和中央大髓腔构成，其基本结构与地上茎相同，说明根茎从本质上说也是茎的一种，但也出现了根的特征，如靠内一圈维管束周围的细胞普遍存在壁加厚的现象，与外边皮层薄壁组织存在明显界限，这类似于根的中柱与皮层分界；另外，皮层出现了溶生性通气组织，这通常也是根为适应地下缺氧条件而产生的结构特征，在根中比较常见。因此，可以说根茎是一种介于根和茎之间的过渡器官类型。

 ## 2.2　偃麦草种质资源形态结构解剖特征

2.2.1　材料与方法

以分别来自蒙古国和俄罗斯的偃麦草种质材料 ER039（PI618807）和 ER044（PI598741）为试验对象（表 2-8），温室育苗并移栽于北京小汤山国家精准农业研究示范基地草资源试验研究圃，株距 80cm，行距 80cm，每份种质材料重复 3 次，每个重复 10 株。试验样品取样及测试分析的指标与方法同 2.1.1。

表 2-8　参试的偃麦草种质材料来源

种质材料编号	种质库原编号	来源
ER039	PI618807	蒙古国
ER044	PI598741	俄罗斯

2.2.2　研究结果

1. 偃麦草种质材料根解剖结构的比较

参试的 2 份偃麦草种质材料的根结构均由表皮、皮层和中柱组成。表皮为根最外层一层紧密排列的表皮细胞。表皮内为皮层：包括 3～4 层皮层细胞，体积较大，不规则，细胞间隙较小，为外皮层；其内为薄壁组织，有发达的细胞间隙，具有类似通气组织的结构，为内皮层；中柱鞘外 1 层较小的紧密排列的细胞，细胞壁 5 面加厚，在横切面上呈马蹄形，有通道细胞。中柱由中柱鞘、维管束和髓组成。中柱鞘为与内皮层邻接的 1 层薄壁细胞。维管束外始式，多为原木质部。中柱中央为薄壁组织填充的髓（图 2-8）。

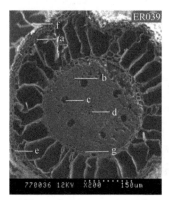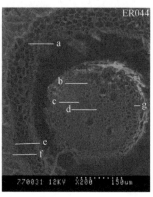

a. 皮层；b. 韧皮部；c. 后生导管；d. 髓；e. 表皮；f. 根毛；g. 内皮层。

图 2-8　ER039 和 ER044 根横切面解剖结构

由表 2-9 可见，ER039 和 ER044 的木质部束数目分别为 7 条和 5 条，中柱直径差别不大，分别为 327.29μm 和 323.69μm，ER039 的皮层宽度为 116.64μm，大于 ER044 的 91.90μm，二者的后生导管直径差别不大，分别为 26.23μm 和 29.54μm。ER039 根的皮层细胞小于 ER044 的，ER044 的皮层气腔非常发达，皮层残余薄壁组织细胞很少，仅有少数细胞连接中柱与外皮层。

表 2-9　ER039 和 ER044 根解剖结构比较

种质材料编号	木质部束数目 / 条	中柱直径 /μm	皮层宽度 /μm	后生导管直径 /μm
ER039	7	327.29±18.96	116.64±11.14	26.23±2.47
ER044	5	323.69±17.77	91.90±3.92	29.54±3.61

2．偃麦草种质材料茎及根茎解剖结构的比较

参试的 2 份偃麦草种质材料的茎均由表皮、基本组织、维管束和髓腔组成。表皮为一层薄壁细胞，其外有加厚形成的致密的角质层；基本组织为薄壁细胞，愈向中心，细胞愈大，维管束散布在它们之间，不能清晰区分出皮层和髓部；维管束具束鞘，没有形成层，为外韧有限维管束，排列成一圈；中心的髓薄壁细胞破裂形成中央空腔（图 2-9）。2 份偃麦草种质材料茎解剖结构中的角质层厚度、

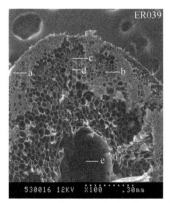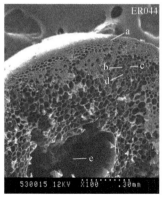

a. 角质层；b. 内层导管；c. 维管束；d. 维管束鞘；e. 髓腔。

图 2-9 ER039 和 ER044 茎横切面解剖结构

维管束密度和导管直径相差不大（表 2-10）。

表 2-10 ER039 和 ER044 茎及根茎解剖结构比较

种质材料编号	维管束密度 /（个·mm⁻²）		角质层厚度 /μm		导管直径（内层）/μm	
	茎	根茎	茎	根茎	茎	根茎
ER039	9±2	15±2	4.69±1.13	3.12±0.29	28.37±9.45	20.04±4.39
ER044	10±2	15±1	4.26±0.87	3.32±0.76	31.15±10.52	26.49±4.28

由图 2-10 可见，根茎与茎结构相似，但其表皮角质层较薄，ER039 茎和根茎角质层厚度分别为 4.69μm 和 3.12μm，ER044 的分别为 4.26μm 和 3.32μm；根茎维管束密度大于茎的，ER039 和 ER044 根茎维管束密度均为 15 个·mm⁻²，茎的分别为 9 个·mm⁻² 和 10 个·mm⁻²；根茎导管直径小于茎的，ER039 和 ER044

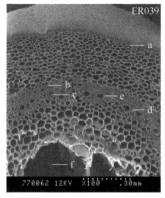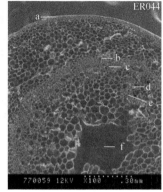

a. 角质层；b. 内皮层；c. 内层导管；d. 维管束；e. 维管束鞘；f. 髓腔。

图 2-10 ER039 和 ER044 根茎横切面解剖结构

根茎导管直径分别为 20.04μm 和 26.49μm，茎的分别为 28.37μm 和 31.15μm（表 2-10）。根茎与茎的区别有，靠内部的维管束与其间加厚的薄壁细胞形成完整的维管束圈，构成类似根部解剖结构的中柱，其外有 1 层加厚的薄壁组织构成内皮层，中柱内部薄壁细胞解体形成小的髓腔。

3．偃麦草种质材料叶片解剖结构的比较

偃麦草叶片结构均由表皮、叶肉和叶脉 3 部分组成。表皮包括长细胞、附属物、气孔器细胞和泡状细胞；长细胞呈长方形，纵向相接成行而平行排列于叶片的脉上和脉间，细胞壁加厚，脉上分布有附属物刺毛；气孔器细胞均在脉上脊两侧 1～2 列分布，保卫细胞哑铃形，副卫细胞横向外壁圆顶；泡状细胞长而粗大，分布在脉间区。叶肉由薄壁细胞组成，疏松排列，无栅栏和海绵组织的分化，为等面叶。叶脉以维管束为主要结构，维管束鞘有 2 层，外层较大，细胞壁不加厚，内层较小，细胞壁加厚，是典型的 C_3 植物。

1）叶片上表皮微形态结构特征比较

由图 2-11 和表 2-11 可见，2 份偃麦草种质材料叶片上表皮均有长细胞，细胞壁较薄，且 ER044 长细胞长度为 233.33μm，大于 ER039（197.78μm），均未发现短细胞；上表皮气孔器细胞均分布于脉上脊部两侧各 1～2 列，脉间缺，气孔器细胞长度为 47.22μm（ER039）和 57.78μm（ER044），宽度为 20.00μm（ER039）和 17.22μm（ER044），气孔副卫细胞横向外壁为圆顶；上表皮附属物均为刺毛，未见其他附属物，刺毛分布于脉上 3～5 列，脉间缺，密度分别为 95 个·mm^{-2}（ER039）和 73 个·mm^{-2}（ER044）。

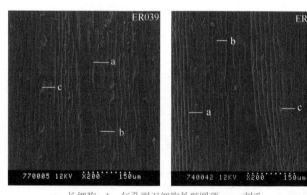

a. 长细胞；b. 气孔副卫细胞外壁圆顶；c. 刺毛。

图 2-11　ER039 和 ER044 叶片上表皮解剖结构

2）叶片横切面结构特征比较

由图 2-12 可见，2 份偃麦草种质材料叶片由表皮、维管束、叶肉细胞及纤

表 2-11 ER039 和 ER044 叶片上表皮微形态结构比较

种质材料编号	长细胞长度 /μm	气孔器细胞特征			刺毛密度 /（个·mm²）
		密度 /（个·mm²）	长 /μm	宽 /μm	
ER039	197.78	72±18	47.22	20.00	95.00
ER044	233.33	74±18	57.78	17.22	73.00

维（厚壁组织）组成，脉间普遍存在泡状细胞，其体积明显大于普通表皮细胞。叶脉明显隆起，即叶脉厚度大于脉间厚度，叶脉均有两层维管束鞘，内层体积较小、壁加厚，外层体积较大、壁薄。纤维在维管束的上下方，与维管束连接。叶肉细胞为薄壁细胞，细胞间隙较大，无明显栅栏组织和海绵组织的分化。

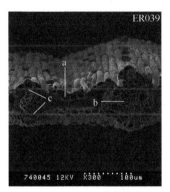 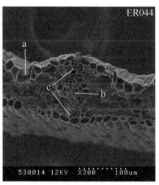

a. 泡状细胞；b. 维管束；c. 纤维。

图 2-12 ER039 和 ER044 叶片横切面解剖结构

由表 2-12 可见，ER039 和 ER044 叶脉厚度分别为 119.33μm 和 197.37μm，脉间厚度分别为 56.37μm 和 100.41μm，ER039 叶脉厚度和脉间厚度明显小于ER044，而 ER039 和 ER044 叶片平均厚度分别为 107.85μm 和 126.89μm；ER039和 ER044 叶片中泡状细胞厚度分别为 17.37μm 和 28.93μm，分别占脉间厚度的30.8% 和 28.8%，均位于表面，不下陷。

表 2-12 ER039 和 ER044 叶横切面特征比较

种质材料编号	叶片厚度			泡状细胞		
	叶脉 /μm	脉间 /μm	平均 /μm	特征	厚度 /μm	占脉间叶片厚度百分比 /%
ER039	119.33±5.43	56.37±5.23	107.85±5.28	不下陷	17.37±1.32	30.8
ER044	197.37±72.50	100.41±27.21	126.89±49.08	不下陷	28.93±0.74	28.8

2.2.3 小结与讨论

参试的 2 份偃麦草种质材料根部形态结构均由表皮、皮层和中柱组成，均有较为发达的通气组织。前人研究证明，通气组织是植物对低氧环境条件的主要适应结构，水淹、营养不足等胁迫条件可能会诱导通气组织的产生（Koncalova，1990；Malcolm *et al.*，1989；Lidijia，2003；陈婷等，2007），但王六英等（2001）在研究 3 种偃麦草属牧草形态解剖时并没有发现根中有通气组织，本研究的 2 份偃麦草种质材料根中出现的通气组织可能是生长过程中厌氧或营养胁迫诱导根部产生的。根茎的形态结构均由表皮、基本组织、维管束和髓腔构成，基本结构与地上茎相同。但长期生活在地下，开始出现一些地下器官的特征，如内圈维管束周围的细胞普遍存在壁加厚的现象，与外边皮层薄壁组织之间存在明显界限，这类似于根的中柱与皮层的分界。

禾本科植物表皮微形态结构在进化过程中具有特定生态意义和系统演化意义（蔡联炳等，1995）。2 份偃麦草种质材料的叶上表皮气孔副卫细胞横向外壁圆顶，可适应偏干、寒冷的环境，没有短细胞，均有刺毛。蔡联炳等（1995，1996）认为长细胞较短细胞进化，刺毛的出现是进化的标志，可见 2 份偃麦草种质材料在禾本科植物中处于较高级的进化阶段。根据王新国（2007）的研究，同一植物种不同来源的种质材料，生活环境条件不同，会在细胞水平上产生变异，偃麦草 ER039 为四倍体，ER044 为二倍体。本文结果表明，这种变异在叶片形态上并没有显著差异，同一植物种不同来源的种质材料，在表皮细胞类型、附属物类型及分布特征、横切面结构特征上都非常相似，其差异仅体现在个别指标的数量上。

第3章 / Chapter 3

偃麦草属植物种质资源细胞染色体核型分析

🌿 内容提要

采用根尖压片方法，分别对 15 份偃麦草、4 份中间偃麦草、3 份长穗偃麦草和 1 份毛秆偃麦草共 23 份种质材料的细胞染色体核型分析结果显示，15 份偃麦草种质材料均为六倍体，染色体形态类型丰富，有 M、m、sm、st、sat 五种染色体类型，其中 7 份种质材料带有随体，约占 50%。核型进化趋势图分析表明 ER020 染色体核型类型为 2C，是参试物种中最高级的进化种；ER002 染色体核型类型为 2A，是参试物种中最低级的进化种。4 份中间偃麦草种质材料的染色体均为六倍体，3 份长穗偃麦草种质材料的染色体均为十倍体，1 份毛秆偃麦草种质材料的染色体为六倍体，且这三种偃麦草属植物的染色体均不带随体。参试的偃麦草种质材料染色体核型类型多样，有 2A、2B、2C 三种类型，中间偃麦草和长穗偃麦草种质材料染色体均为 2B 核型，毛秆偃麦草种质材料染色体为 1B 核型，表明偃麦草属植物种质材料对生长环境的适应性较强，长穗偃麦草进化程度较高。研究结果可为系统揭示偃麦草属植物细胞学特性和演化趋势奠定科学基础。

核型分析（karyotype analysis）是研究染色体的基本方法，是细胞遗传学研究的一项基础工作。核型分析分为常规核型、染色体显带核型（Q、C、N、G、SCE 带）、面积核型、光谱核型和分子核型等（刁英，2004）分析。目前，最常使用的核型分析方法是常规核型分析，它是依据染色体的形态和长度区分染色体的。在常规核型分析中，对于着丝粒的位置而言，采用统一的分类标准进行染色体分类具有重要意义。我国的植物学研究大多参考李懋学等（1985）的关于植物核型分析的标准化建议，规定染色体数目一般以体细胞染色体数目为准，染色体形态以体细胞分裂中期的染色体为基本形态，同时规定了染色体长度、臂比、着丝点位置、臂指数、核型表述格式、核型分类。我国在 20 世纪 80 年代后开始有植物染色体文献的发表，染色体文献资料在植物科和属间存在很大的不平衡性，只有极少数科的绝大部分或全部属已做过核型分析研究，如木兰科和姜科等（Moore，1978）。

偃麦草属植物在全世界分布范围很广，遗传背景也很复杂，染色体倍性多样，包括二倍体、四倍体、六倍体、八倍体、十倍体和十二倍性（Mao et al.，2010；杨艳，2016）。目前已知的长穗偃麦草有二倍体、四倍体和十倍体三种倍性；中间偃麦草有四倍体和六倍体两种倍性；偃麦草有二倍体、四倍体和六倍体（王新国，2007；Mao et al.，2010）。阎贵兴等（2001）对中间偃麦草和偃麦草细胞遗传学研究的结果认为，二者之间没有相同的染色体组，中间偃麦草是含有 J-E 染色体组的节段同源异源六倍体。朴真三（1982）对小麦和中间偃麦草（天蓝冰草）形态和 C 带带型的比较分析结果认为，中间偃麦草只有一组染色体的带型与普通小麦的 B 组染色体相似，另外两个染色体组的带型相似，因而用 $B_2X_1X_2$ 表示中间偃麦草染色体组构成。高明君等（1992）通过同工酶电泳分析认为，中间偃麦草可能含有两组分别与小麦 A 组和提莫菲维小麦（*Triticum timopheevii* Zhuk.）（2n＝4X＝28，AAGG）组同源的染色体，所以把其染色体构成表示为 $E_{A1}E_{A2}N_G$ 或 $E_{G1}E_{G2}N_A$。林小虎等（2005）对禾本科小麦组的二倍体长穗偃麦草、六倍体中间偃麦草及二倍体假鹅观草〔*Pseudoroegneria strigose*（M. Bieb.）A. Löve〕核型及进化关系的分析结果表明，二倍体长穗偃麦草与假鹅观草进化程度基本一致，而中间偃麦草相对进化程度较高。李玉京等（1999）对长穗偃麦草基因组学进行研究，并对其与耐低磷营养胁迫有关的基因进行染色体定位。尤明山等（2003）利用小麦微卫星引物成功建立了偃麦草 E^e 染色体组特异 SSR 标记。Neutenoom（1980）和 Petrova（1975）对偃麦草的形态变化和染色体变异之间的关系进行研究，认为不同土地利用方式影响其茎类型的选择，且该种植物的多态性是染色体变异和重组的结果，表明该种植物能够通过染色体的变异适应生境的改变。Garcia 等（2002）利用 RAPD 标记分析了中间偃麦草和偃麦草等的遗传相似性，结果显示中间偃麦草和偃麦草间的遗传变异最大。Mahelka 等（2007）对不同人工干扰生境中偃麦草和中间偃麦草自然杂交的研究表明，该两种异源六倍体植物在共生地区可进行自然杂交，并可回交，但明显受到生境和人工干扰的影响，生成的六倍体和九倍体后代具有不可忽视的生育能力和变异性，部分可育的细胞和基因型的频繁产生为物种进化和适应提供了充足的条件。

 3.1　**偃麦草种质资源染色体核型分析**

3.1.1　材料与方法

参试的偃麦草种质材料除 ER002 外均由美国国家植物种质资源库提供

（表 3-1）。选取成熟饱满种子用 1% 的高锰酸钾溶液消毒 15min，然后置于 25℃ 的恒温箱中萌发 5～7d。根长约 1cm 时，于 8:00～10:00 切下长约 0.5cm 的根尖，用 8-羟基喹啉（0.002mol·L^{-1}）处理 2～4h，再用卡诺固定液（$V_{无水乙醇}$：$V_{冰醋酸}$＝3：1）固定 2～4h，后转移至 1.0mol·L^{-1} 盐酸，在 60℃ 水浴中解离 10min 左右。将根尖放在载玻片上，切下顶端 1～2mm，滴加石炭酸品红染液进行染色，10min 左右即可压片。

表 3-1　参试的偃麦草种质材料及来源

种质材料编号	种质库原编号	来源
ER002	1	中国
ER007	PI204387	土耳其
ER014	PI531747	波兰
ER020	PI499629	中国
ER039	PI618807	蒙古国
ER041	PI253431	塞尔维亚
ER042	PI531748	波兰
ER043	PI565006	俄罗斯
ER044	PI598741	俄罗斯
ER046	PI206878	土耳其
ER058	PI221901	阿富汗
ER117	PI547339	中国
ER132	W621654	中国
ER133	W621660	中国
ER134	W621661	中国

在 H6303 型光学显微镜 10×40、10×100 倍下观察处于分裂中期的染色体形态，挑选染色体轮廓清晰、染色适中、分散而不重叠的中期分裂相，利用 LY-WN 型万能视频成像装置读取视频显微图像，利用 KARIO 自动核型分析软件进行核型分析。将染色体进行配对，测出染色体的长短臂之比。根据染色体全长顺序编号排序，如两对染色体长度完全相等，则按短臂长度顺序排列，长者在前短者在后（李懋学等，1985）。以染色体长臂、短臂的相对长度绘制核型模式图。各指标计算公式如下。

臂比＝长臂 / 短臂；

相对长度（%）＝单个染色体长度 / 单套染色体组全长 ×100%；

相对长臂长度（%）＝单个染色体长臂长度 / 单套染色体组全长 ×100%；

相对短臂长度（%）＝单个染色体短臂长度 / 单套染色体组全长 ×100%；

核型不对称系数＝长臂总长 / 全组染色体总长 ×100%；

染色体长度比＝最长染色体长度 / 最短染色体长度。

以染色体臂比来确定着丝点位置（Levan *et al.*，1964）（表 3-2），以染色体相对长度系数（index of relative length，IRL）将染色体分成 4 组的染色体分类标准（Kuo *et al.*，1972），即 IRL＞1.26 为长染色体（L）；1.01＜IRL＜1.25 为中长染色体（M2）；0.76＜IRL＜1.00 为中短染色体（M1）；IRL＜0.76 为短染色体（S）。核型不对称系数按 Arano（1963）提出的长臂总长与全组染色体总长之比来确定，比值愈大，愈不对称。核型分类按 Stebbins（1971）提出的最长染色体长度与最短染色体长度之比及臂比大于 2 的染色体所占的比例标准进行（表 3-3），即"1A"为最对称，"4C"最不对称。核型越对称，在进化关系上越处于原始的地位。

表 3-2　着丝粒位置的确定

臂比	着丝粒位置	简写
1.0	正中着丝粒	M
1.0～1.7	中着丝粒	m
1.7～3.0	近中着丝粒	sm
3.0～7.0	近端着丝粒	st
大于 7.0	端着丝粒	t
∞	正端着丝粒	T

表 3-3　植物核型分类标准

最长染色体与最短染色体之比	臂比值＞2 的染色体所占比例			
	0.00	0.01～0.50	0.50～0.99	1.00
＜2	1A	2A	3A	4A
2～4	1B	2B	3B	4B
＞4	1C	2C	3C	4C

3.1.2　研究结果

偃麦草种质材料 ER002 染色体数目为 2n＝6X＝42（图 3-1）。染色体平均长度为 4.56μm，染色体相对长度为 2.96%～6.77%，染色体平均臂比值为 1.44。最长染色体与最短染色体之比为 2.29，臂比值＞2.0 的染色体所占比例为 14.29%，核型不对称系数为 58.08%，属 2B 核型。21 对染色体中有 18 对中着丝粒染色体，3 对近中着丝粒染色体。染色体核型公式为 K（2n）＝6X＝36m＋6sm（表 3-4）。

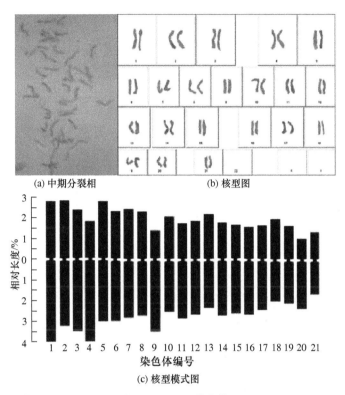

(a) 中期分裂相　　　　(b) 核型图

(c) 核型模式图

图 3-1　ER002 染色体

表 3-4　**ER002 染色体核型参数**

染色体编号	相对长度 /%			臂比	形态类型	染色体编号	相对长度 /%			臂比	形态类型
	长臂	短臂	全长				长臂	短臂	全长		
1	3.98	2.79	6.77	1.43	m	12	2.67	1.88	4.55	1.42	m
2	3.17	2.85	6.02	1.11	m	13	2.31	2.20	4.51	1.05	m
3	3.50	2.39	5.89	1.47	m	14	2.72	1.78	4.5	1.54	m
4	3.97	1.83	5.80	2.17	sm	15	2.58	1.68	4.26	1.54	m
5	2.99	2.80	5.79	1.06	m	16	2.62	1.57	4.19	1.67	m
6	2.94	2.35	5.29	1.25	m	17	2.40	1.67	4.07	1.44	m
7	2.76	2.48	5.24	1.11	m	18	1.98	1.98	3.96	1.00	m
8	2.67	2.35	5.02	1.14	m	19	2.08	1.67	3.75	1.25	m
9	3.46	1.40	4.86	2.44	sm	20	2.32	1.04	3.36	2.23	sm
10	2.51	2.09	4.60	1.20	m	21	1.63	1.33	2.96	1.23	m
11	2.81	1.78	4.59	1.58	m						

偃麦草种质材料 ER007 染色体数目为 2n＝6X＝42（图 3-2）。染色体平均长度为 4.76μm，染色体相对长度为 2.34%～6.62%，染色体平均臂比值为 1.63。最长染色体与最短染色体之比为 2.83，臂比值＞2.0 的染色体所占比例为 14.29%，核型不对称系数为 60.82%，属 2B 核型。21 对染色体中，第 21 对为正中着丝粒染色体，其余 15 对为中着丝粒染色体，3 对为近中着丝粒染色体，2 对近端着丝粒染色体。染色体核型公式为 K（2n）＝6X＝2M＋30m＋6sm＋4st（表 3-5）。

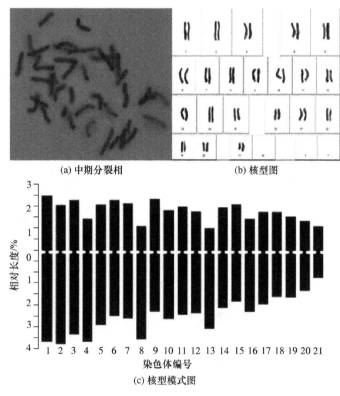

(a) 中期分裂相   (b) 核型图

(c) 核型模式图

图 3-2　ER007 染色体

表 3-5　ER007 染色体核型参数

染色体编号	相对长度 /%			臂比	形态类型	染色体编号	相对长度 /%			臂比	形态类型
	长臂	短臂	全长				长臂	短臂	全长		
1	4.06	2.56	6.62	1.59	m	5	3.30	2.15	5.45	1.53	m
2	4.18	2.14	6.32	1.95	sm	6	2.90	2.35	5.25	1.23	m
3	3.73	2.35	6.08	1.59	m	7	3.02	2.20	5.22	1.37	m
4	4.06	1.51	5.57	2.69	sm	8	3.96	1.17	5.13	3.38	st

续表

染色体编号	相对长度 /%			臂比	形态类型	染色体编号	相对长度 /%			臂比	形态类型
	长臂	短臂	全长				长臂	短臂	全长		
9	2.68	2.41	5.09	1.11	m	16	2.70	1.50	4.20	1.80	sm
10	3.04	1.89	4.93	1.61	m	17	2.35	1.82	4.17	1.29	m
11	2.84	2.05	4.89	1.39	m	18	2.03	1.82	3.85	1.12	m
12	2.77	1.83	4.60	1.51	m	19	2.05	1.60	3.65	1.28	m
13	3.48	1.07	4.55	3.25	st	20	1.74	1.41	3.15	1.23	m
14	2.53	2.02	4.55	1.25	m	21	1.17	1.17	2.34	1.00	M
15	2.24	2.16	4.40	1.04	m						

偃麦草种质材料 ER014 染色体数目为 2n＝6X＝42（图 3-3）。染色体平均长度为 6.42μm，染色体相对长度为 2.15%～6.71%，染色体平均臂比值为 1.81。最长染色体与最短染色体之比为 3.12，臂比值＞2.0 的染色体所占比例为 19.05%，核型不对称系数为 62.38%，属 2B 核型。21 对染色体中有 14 对为中着丝粒染色体，6 对为近中着丝粒染色体，1 对近端着丝粒染色体。染色体核型公式为 K（2n）＝6X＝28m＋12sm＋2st（表 3-6）。

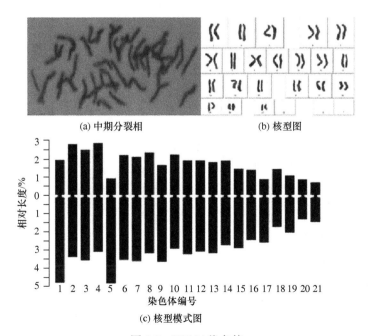

(a) 中期分裂相　　　　　(b) 核型图

(c) 核型模式图

图 3-3　ER014 染色体

表 3-6　ER014 染色体核型参数

染色体编号	相对长度 /%			臂比	形态类型	染色体编号	相对长度 /%			臂比	形态类型
	长臂	短臂	全长				长臂	短臂	全长		
1	4.74	1.97	6.71	2.41	sm	12	3.04	1.94	4.98	1.57	m
2	3.33	2.85	6.18	1.17	m	13	3.12	1.84	4.96	1.70	m
3	3.52	2.52	6.04	1.40	m	14	2.71	1.93	4.64	1.40	m
4	3.06	2.90	5.96	1.06	m	15	2.85	1.48	4.33	1.93	sm
5	4.86	0.96	5.82	5.06	st	16	2.42	1.42	3.84	1.70	m
6	3.49	2.25	5.74	1.55	m	17	2.54	0.91	3.45	2.79	sm
7	3.56	2.15	5.71	1.66	m	18	1.67	1.46	3.13	1.14	m
8	3.12	2.39	5.51	1.31	m	19	2.00	1.11	3.11	1.80	sm
9	3.58	1.69	5.27	2.12	sm	20	1.27	0.89	2.16	1.43	m
10	2.88	2.27	5.15	1.27	m	21	1.41	0.74	2.15	1.91	sm
11	3.19	1.94	5.13	1.64	m						

　　偃麦草种质材料 ER020 染色体数目为 2n＝6X＝42（图 3-4）。染色体平均长度为 5.35μm，染色体相对长度为 1.96%～9.05%，染色体平均臂比值为 1.69。最长染色体与最短染色体之比为 4.62，臂比值＞2.0 的染色体所占比例为 28.57%，核型不对称系数为 61.64%，属 2C 核型。21 对染色体中，第 18 对为正中着丝粒

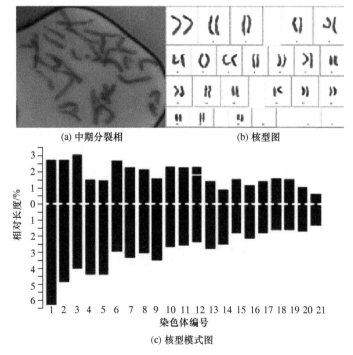

(a) 中期分裂相　　　　　　　　　　(b) 核型图

(c) 核型模式图

图 3-4　ER020 染色体

染色体，其余 12 对为中着丝粒染色体，8 对为近中着丝粒染色体，第 12 对染色体上带随体。染色体核型公式为 K（2n）=6X＝2M＋24m（2sat）＋16sm（表 3-7）。

表 3-7　ER020 染色体核型参数

染色体编号	相对长度 /%			臂比	形态类型	染色体编号	相对长度 /%			臂比	形态类型
	长臂	短臂	全长				长臂	短臂	全长		
1	6.31	2.74	9.05	2.30	sm	12*	2.36	2.23	4.59	1.06	m
2	4.86	2.76	7.62	1.76	sm	13	2.76	1.42	4.18	1.94	sm
3	4.02	3.06	7.08	1.31	sm	14	2.49	0.89	3.38	2.80	sm
4	4.39	1.52	5.91	2.89	sm	15	1.80	1.55	3.35	1.16	m
5	4.39	1.46	5.85	3.01	sm	16	2.15	1.16	3.31	1.85	m
6	2.96	2.69	5.65	1.10	m	17	1.78	1.42	3.20	1.25	m
7	3.34	2.27	5.61	1.47	m	18	1.60	1.60	3.20	1.00	M
8	3.03	2.15	5.18	1.41	m	19	1.60	1.55	3.15	1.03	m
9	3.50	1.58	5.08	2.22	sm	20	1.69	1.07	2.76	1.58	m
10	2.67	2.34	5.01	1.14	m	21	1.34	0.62	1.96	2.16	sm
11	2.59	2.27	4.86	1.14	m						

* 为具随体的染色体，随体长包括在全长内。

偃麦草种质材料 ER039 染色体数目为 2n＝6X＝42（图 3-5）。染色体平均长

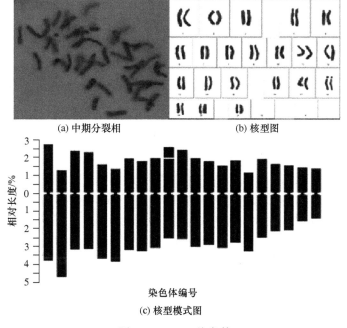

(a) 中期分裂相　　　　　　(b) 核型图

(c) 核型模式图

图 3-5　ER039 染色体

度为 5.58μm，染色体相对长度为 2.76%～6.52%，染色体平均臂比值为 1.68。最长染色体与最短染色体之比为 2.36，臂比值＞2.0 的染色体所占比例为 19.05%，核型不对称系数为 61.41%，属 2B 核型。21 对染色体中，第 21 对为正中着丝粒染色体，其余有 14 对为中着丝粒染色体，5 对为近中着丝粒染色体，1 对近端着丝粒染色体，第 10 对染色体上带随体。染色体核型公式为 K（2n）=6X=2M＋28m（2sat）＋10sm＋2st（表 3-8）。

表 3-8　ER039 染色体核型参数

染色体编号	相对长度 /%			臂比	形态类型	染色体编号	相对长度 /%			臂比	形态类型
	长臂	短臂	全长				长臂	短臂	全长		
1	3.77	2.75	6.52	1.37	m	12	2.99	1.97	4.96	1.52	m
2	4.70	1.28	5.98	3.67	st	13	2.90	1.79	4.69	1.62	m
3	3.15	2.39	5.54	1.32	m	14	3.07	1.54	4.61	1.99	sm
4	3.13	2.30	5.43	1.36	m	15	2.77	1.84	4.61	1.51	m
5	3.67	1.61	5.28	2.28	sm	16	3.25	1.16	4.41	2.80	sm
6	3.84	1.37	5.21	2.80	sm	17	2.49	1.92	4.41	1.30	m
7	3.20	1.95	5.15	1.64	m	18	2.13	1.63	3.76	1.31	m
8	3.25	1.79	5.04	1.82	sm	19	2.01	1.57	3.58	1.28	m
9	3.07	1.97	5.04	1.56	m	20	1.55	1.46	3.01	1.06	m
10*	2.53	2.49	5.02	1.02	m	21	1.38	1.38	2.76	1.00	M
11	2.57	2.43	5.00	1.06	m						

* 为具随体的染色体，随体长包括在全长内。

偃麦草种质材料 ER041 染色体数目为 2n=6X=42（图 3-6），染色体平均长度为 5.37μm，染色体相对长度为 3.55%～6.27%，染色体平均臂比值为 1.57。最长染色体与最短染色体之比为 1.77，臂比值＞2.0 的染色体所占比例为 19.05%，核型不对称系数为 60.09%，属 2A 核型。21 对染色体中，第 16 对和第 17 对为正中着丝粒染色体，其余有 12 对为中着丝粒染色体，7 对为近中着丝粒染色体。染色体核型公式为 K（2n）=6X=4M＋24m＋14sm（表 3-9）。

偃麦草种质材料 ER042 染色体数目为 2n=6X=42（图 3-7）。染色体平均长度为 5.30μm，染色体相对长度为 3.35%～6.48%，染色体平均臂比值为 1.55。最长染色体与最短染色体之比为 1.93，臂比值＞2.0 的染色体所占比例为 14.29%，核型不对称系数为 59.98%，属 2A 核型。21 对染色体中有 13 对为中着丝粒染色体，8 对为近中着丝粒染色体。染色体核型公式为 K（2n）=6X=26m＋16sm（表 3-10）。

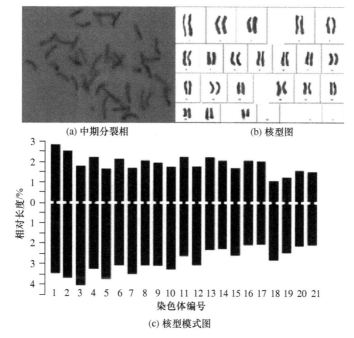

(a) 中期分裂相　　　　　　　　(b) 核型图

(c) 核型模式图

图 3-6　ER041 染色体

表 3-9　**ER041 染色体核型参数**

染色体编号	相对长度 /%			臂比	形态类型	染色体编号	相对长度 /%			臂比	形态类型
	长臂	短臂	全长				长臂	短臂	全长		
1	3.45	2.82	6.27	1.22	m	12	3.03	1.76	4.79	1.72	sm
2	3.68	2.50	6.18	1.47	m	13	2.30	2.22	4.52	1.04	m
3	4.02	1.79	5.81	2.25	sm	14	2.23	2.05	4.28	1.09	m
4	3.21	2.22	5.43	1.45	m	15	2.57	1.69	4.26	1.52	m
5	3.73	1.64	5.37	2.27	sm	16	2.04	2.04	4.08	1.00	M
6	3.04	2.13	5.17	1.43	m	17	2.02	2.02	4.04	1.00	M
7	3.46	1.69	5.15	2.05	sm	18	2.79	1.07	3.86	2.61	sm
8	3.05	2.05	5.10	1.49	m	19	2.44	1.24	3.68	1.97	sm
9	3.06	1.95	5.01	1.57	m	20	2.11	1.55	3.66	1.36	m
10	3.24	1.74	4.98	1.86	sm	21	2.04	1.51	3.55	1.35	m
11	2.59	2.24	4.83	1.16	m						

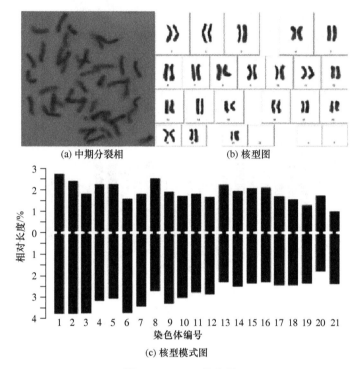

(a) 中期分裂相　　　　　　　(b) 核型图

(c) 核型模式图

图 3-7　ER042 染色体

表 3-10　ER042 染色体核型参数

染色体编号	相对长度 /%			臂比	形态类型	染色体编号	相对长度 /%			臂比	形态类型
	长臂	短臂	全长				长臂	短臂	全长		
1	3.75	2.73	6.48	1.37	m	12	2.87	1.65	4.52	1.74	sm
2	3.75	2.41	6.16	1.56	m	13	2.29	2.22	4.51	1.03	m
3	3.72	1.80	5.52	2.07	sm	14	2.50	1.94	4.44	1.29	m
4	3.16	2.24	5.40	1.41	m	15	2.34	2.07	4.41	1.13	m
5	3.05	2.25	5.30	1.36	m	16	2.29	2.09	4.38	1.10	m
6	3.71	1.57	5.28	2.36	sm	17	2.42	1.76	4.18	1.38	m
7	3.43	1.80	5.23	1.91	sm	18	2.43	1.54	3.97	1.58	sm
8	2.70	2.53	5.23	1.07	m	19	2.34	1.27	3.61	1.84	sm
9	3.29	1.90	5.19	1.73	sm	20	1.78	1.74	3.52	1.02	m
10	3.01	1.71	4.72	1.76	sm	21	2.36	0.99	3.35	2.38	sm
11	2.78	1.80	4.58	1.54	m						

偃麦草种质材料 ER043 染色体数目为 2n＝6X＝42（图 3-8），染色体平均长度为 5.71μm，染色体相对长度为 2.44%～6.59%，染色体平均臂比值为 1.33。最长染色体与最短染色体之比为 2.70，臂比值＞2.0 的染色体所占比例为 4.76%，核型不对称系数为 56.50%，属 2B 核型。21 对染色体中有 19 对为中着

丝粒染色体，2 对为近中着丝粒染色体，第 13 对染色体上带随体。染色体核型公式为 K（2n）＝6X＝38m（2sat）＋4sm（表 3-11）。

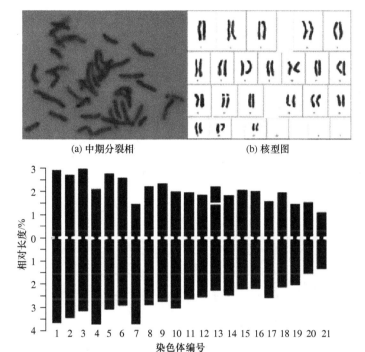

(a) 中期分裂相   (b) 核型图

(c) 核型模式图

图 3-8 ER043 染色体

表 3-11 ER043 染色体核型参数

染色体编号	相对长度 /%			臂比	形态类型	染色体编号	相对长度 /%			臂比	形态类型
	长臂	短臂	全长				长臂	短臂	全长		
1	3.67	2.92	6.59	1.26	m	12	2.56	1.86	4.42	1.38	m
2	3.45	2.71	6.16	1.27	m	13*	2.27	2.08	4.35	1.09	m
3	3.16	2.98	6.14	1.06	m	14	2.49	1.84	4.33	1.35	m
4	3.84	2.10	5.94	1.83	sm	15	2.20	2.06	4.26	1.07	m
5	3.08	2.76	5.84	1.12	m	16	2.18	2.01	4.19	1.08	m
6	2.93	2.59	5.52	1.13	m	17	2.59	1.58	4.17	1.64	m
7	3.71	1.46	5.17	2.54	sm	18	2.13	1.96	4.09	1.09	m
8	2.89	2.22	5.11	1.30	m	19	2.04	1.46	3.50	1.40	m
9	2.75	2.35	5.10	1.17	m	20	1.54	1.54	3.08	1.00	m
10	3.04	1.98	5.02	1.54	m	21	1.34	1.10	2.44	1.22	m
11	2.65	1.95	4.60	1.36	m						

＊为具随体的染色体，随体长包括在全长内。

偃麦草种质材料 ER044 染色体数目为 2n＝6X＝42（图 3-9），染色体平均长度为 1.84μm，染色体相对长度为 3.07%～6.72%，染色体平均臂比值为 1.44。最长染色体与最短染色体之比为 2.19，臂比值＞2.0 的染色体所占比例为 14.29%，核型不对称系数为 57.66%，属 2B 核型。21 对染色体中，第 7 对为正中着丝粒染色体，其余 16 对为中着丝粒染色体，4 对为近中着丝粒染色体，未发现随体。核型公式为 K（2n）＝6X＝2M＋32m＋8sm（表 3-12）。

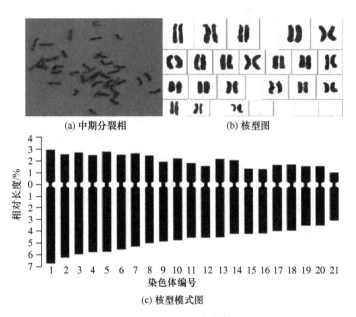

(a) 中期分裂相 (b) 核型图

(c) 核型模式图

图 3-9 ER044 染色体

表 3-12 ER044 染色体核型参数

染色体编号	相对长度 /%			臂比	形态类型	染色体编号	相对长度 /%			臂比	形态类型
	长臂	短臂	全长				长臂	短臂	全长		
1	3.80	2.92	6.72	1.30	m	12	3.00	1.51	4.51	1.99	sm
2	3.67	2.56	6.23	1.43	m	13	2.32	2.15	4.47	1.08	m
3	3.25	2.67	5.92	1.22	m	14	2.19	2.02	4.21	1.08	m
4	3.27	2.47	5.74	1.32	m	15	2.87	1.32	4.19	2.17	sm
5	2.97	2.73	5.70	1.09	m	16	2.87	1.30	4.17	2.21	sm
6	3.04	2.52	5.56	1.21	m	17	2.36	1.61	3.97	1.47	m
7	2.66	2.64	5.30	1.01	M	18	2.26	1.64	3.90	1.38	m
8	2.56	2.44	5.00	1.05	m	19	2.27	1.52	3.79	1.49	m
9	2.98	1.87	4.85	1.59	m	20	1.96	1.51	3.47	1.30	m
10	2.55	2.17	4.72	1.18	m	21	2.08	0.99	3.07	2.10	sm
11	2.73	1.78	4.51	1.53	m						

偃麦草种质材料 ER046 染色体数目为 2n＝6X＝42（图 3-10），染色体平均长度为 6.00μm，染色体相对长度为 3.14%～6.68%，染色体平均臂比值为 1.62。最长染色体与最短染色体之比为 2.13，臂比值＞2.0 的染色体所占比例为 19.05%，核型不对称系数为 60.71%，属 2B 核型。21 对染色体中有 15 对为中着丝粒染色体，5 对为近中着丝粒染色体，1 对近端着丝粒染色体。染色体核型公式为 K（2n）＝6X＝30m＋10sm＋2st（表 3-13）。

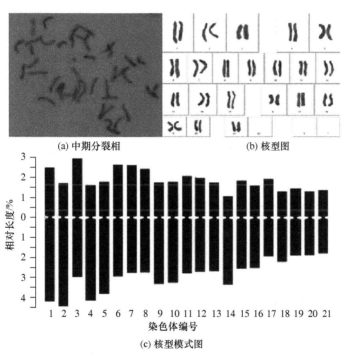

(a) 中期分裂相　　　　　　　(b) 核型图

(c) 核型模式图

图 3-10　ER046 染色体

表 3-13　ER046 染色体核型参数

染色体编号	相对长度 /%			臂比	形态类型	染色体编号	相对长度 /%			臂比	形态类型
	长臂	短臂	全长				长臂	短臂	全长		
1	4.19	2.49	6.68	1.68	m	7	2.75	2.59	5.34	1.06	m
2	4.42	1.70	6.12	2.60	sm	8	2.74	2.41	5.15	1.14	m
3	2.96	2.95	5.91	1.00	m	9	3.31	1.74	5.05	1.90	sm
4	4.14	1.61	5.75	2.57	sm	10	3.25	1.77	5.02	1.84	sm
5	3.81	1.77	5.58	2.15	sm	11	2.78	2.06	4.84	1.35	m
6	2.94	2.62	5.56	1.12	m	12	2.70	1.98	4.68	1.36	m

染色体编号	相对长度 /%			臂比	形态类型	染色体编号	相对长度 /%			臂比	形态类型
	长臂	短臂	全长				长臂	短臂	全长		
13	2.66	1.75	4.41	1.52	m	18	2.19	1.31	3.50	1.67	m
14	3.34	1.06	4.40	3.15	st	19	1.89	1.46	3.35	1.29	m
15	2.54	1.83	4.37	1.39	m	20	1.87	1.31	3.18	1.43	m
16	2.51	1.60	4.11	1.57	m	21	1.78	1.36	3.14	1.31	m
17	1.92	1.91	3.83	1.01	m						

偃麦草种质材料 ER058 染色体数目为 2n＝6X＝42（图 3-11），染色体平均长度为 1.62μm，染色体相对长度为 3.10%～6.82%，染色体平均臂比值为 1.57。最长染色体与最短染色体之比为 2.20，臂比值＞2.0 的染色体所占比例为 23.81%，核型不对称系数为 59.87%，属 2B 核型。21 对染色体中有 15 对为中着丝粒染色体，6 对为近中着丝粒染色体，第 18 对染色体上带随体。核型公式为 K（2n）＝6X＝30m（2sat）＋12sm（表 3-14）。

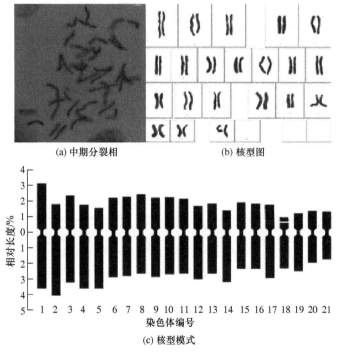

(a) 中期分裂相　　(b) 核型图

(c) 核型模式

图 3-11　ER058 染色体

表 3-14　ER058 染色体核型参数

染色体编号	相对长度 /%			臂比	形态类型	染色体编号	相对长度 /%			臂比	形态类型
	长臂	短臂	全长				长臂	短臂	全长		
1	3.62	3.20	6.82	1.13	m	12	3.01	1.70	4.71	1.77	sm
2	4.09	1.82	5.91	2.25	m	13	2.78	1.87	4.65	1.49	m
3	3.22	2.41	5.63	1.34	m	14	3.20	1.43	4.63	2.24	sm
4	3.60	1.79	5.39	2.01	sm	15	2.34	1.94	4.28	1.21	m
5	3.62	1.56	5.18	2.32	sm	16	2.34	1.85	4.19	1.26	m
6	2.84	2.32	5.16	1.22	m	17	2.94	1.19	4.13	2.47	sm
7	2.81	2.32	5.13	1.21	m	18[*]	2.43	1.51	3.94	1.61	m
8	2.65	2.48	5.13	1.07	m	19	2.48	1.25	3.73	1.98	sm
9	2.88	2.25	5.13	1.28	m	20	1.94	1.40	3.34	1.39	m
10	2.70	2.29	4.99	1.18	m	21	1.73	1.37	3.10	1.26	m
11	2.66	2.18	4.84	1.22	m						

* 为具随体的染色体，随体长包括在全长内。

偃麦草种质材料 ER117 染色体数目为 2n＝6X＝42（图 3-12），染色体平均

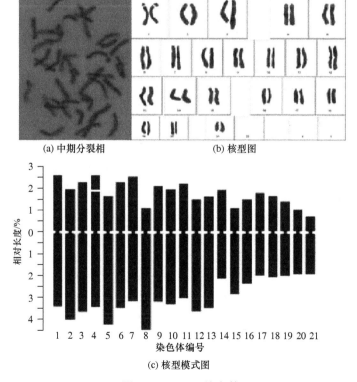

(a) 中期分裂相　　　　　　(b) 核型图

(c) 核型模式图

图 3-12　ER117 染色体

长度为 6.11μm，染色体相对长度为 2.60%～5.96%，染色体平均臂比值为 1.81。最长染色体与最短染色体之比为 2.29，臂比值＞2.0 的染色体所占比例为 33.33%，核型不对称系数为 62.70%，属 2B 核型。21 对染色体中有 13 对为中着丝粒染色体，7 对为近中着丝粒染色体，1 对近端着丝粒染色体，第 4 对染色体上带随体。染色体核型公式为 K（2n）＝6X＝26m（2sat）＋14sm＋2st（表 3-15）。

表 3-15　ER117 染色体核型参数

染色体编号	相对长度 /%			臂比	形态类型	染色体编号	相对长度 /%			臂比	形态类型
	长臂	短臂	全长				长臂	短臂	全长		
1	3.38	2.58	5.96	1.31	m	12	3.59	1.50	5.09	2.39	sm
2	3.98	1.95	5.93	2.04	sm	13	3.43	1.63	5.06	2.10	sm
3	3.66	2.27	5.93	1.61	m	14	2.09	1.92	4.01	1.09	m
4*	3.40	2.47	5.87	1.38	m	15	2.80	1.10	3.90	2.55	sm
5	4.21	1.64	5.85	2.57	sm	16	2.32	1.50	3.82	1.55	m
6	3.43	2.26	5.69	1.52	m	17	1.95	1.79	3.74	1.09	m
7	3.12	2.53	5.65	1.23	m	18	2.03	1.65	3.68	1.23	m
8	4.42	1.09	5.51	4.06	st	19	1.64	1.40	3.04	1.17	m
9	3.14	2.10	5.24	1.50	m	20	1.97	1.02	2.99	1.93	sm
10	3.27	1.95	5.22	1.68	m	21	1.88	0.72	2.60	2.61	sm
11	2.98	2.21	5.19	1.35	m						

＊为具随体的染色体，随体长包括在全长内。

偃麦草种质材料 ER132 染色体数目为 2n＝6X＝42（图 3-13），染色体平均长度为 2.48μm，染色体相对长度为 2.70%～7.79%，染色体平均臂比值为 1.59。最长染色体与最短染色体之比为 2.89，臂比值＞2.0 的染色体所占比例为 14.29%，核型不对称系数为 59.50%，属 2B 核型。21 对染色体中有 16 对为中着丝粒染色体，4 对为近中着丝粒染色体，1 对近端着丝粒染色体，第 6 对和第 17 对染色体上带随体。染色体核型公式为 K（2n）＝6X＝32m＋8sm（4sat）＋2st（表 3-16）。

偃麦草种质材料 ER133 染色体数目为 2n＝6X＝42（图 3-14），染色体平均长度为 5.98μm，染色体相对长度为 2.69%～6.72%，染色体平均臂比值为 1.55。最长染色体与最短染色体之比为 2.50，臂比值＞2.0 的染色体所占比例为 9.52%，核型不对称系数为 59.50%，属 2B 核型。21 对染色体中有 16 对中着丝粒染色体，4 对近中着丝粒染色体，1 对近端着丝粒染色体，第 10 对染色体上带随体。染色体核型公式为 K（2n）＝6X＝32m（2sat）＋8sm＋2st（表 3-17）。

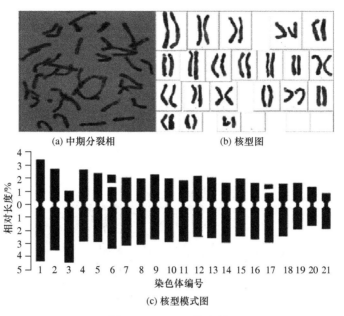

(a) 中期分裂相　　　　　　　(b) 核型图

(c) 核型模式图

图 3-13　ER132 染色体

表 3-16　ER132 染色体核型参数

染色体编号	相对长度 /%			臂比	形态类型	染色体编号	相对长度 /%			臂比	形态类型
	长臂	短臂	全长				长臂	短臂	全长		
1	4.35	3.44	7.79	1.26	m	12	2.46	2.19	4.65	1.12	m
2	3.48	2.75	6.23	1.27	m	13	2.57	2.08	4.65	1.24	m
3	4.46	1.03	5.49	4.33	st	14	2.91	1.64	4.55	1.77	sm
4	2.81	2.67	5.48	1.05	m	15	2.42	1.99	4.41	1.22	m
5	2.88	2.40	5.28	1.20	m	16	2.65	1.64	4.29	1.62	m
6*	3.37	1.90	5.27	1.77	sm	17*	2.90	1.24	4.14	2.34	sm
7	3.14	2.05	5.19	1.53	m	18	2.40	1.58	3.98	1.52	m
8	3.03	1.98	5.01	1.53	m	19	1.87	1.64	3.51	1.14	m
9	2.64	2.27	4.91	1.16	m	20	1.61	1.36	2.97	1.18	m
10	2.88	1.97	4.85	1.46	m	21	1.84	0.86	2.70	2.14	sm
11	2.84	1.83	4.67	1.55	m						

* 为具随体的染色体，随体长包括在全长内。

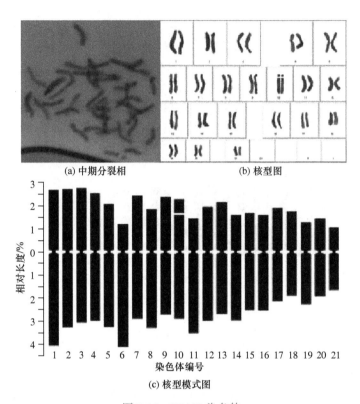

(a) 中期分裂相　　　　　(b) 核型图

(c) 核型模式图

图 3-14　ER133 染色体

表 3-17　ER133 染色体核型参数

染色体编号	相对长度 /%			臂比	形态类型	染色体编号	相对长度 /%			臂比	形态类型
	长臂	短臂	全长				长臂	短臂	全长		
1	4.05	2.67	6.72	1.52	m	12	2.97	1.94	4.91	1.53	m
2	3.28	2.72	6.00	1.21	m	13	2.69	2.14	4.83	1.26	m
3	3.05	2.75	5.80	1.11	m	14	2.95	1.60	4.55	1.84	sm
4	2.97	2.53	5.50	1.17	m	15	2.51	1.67	4.18	1.50	m
5	3.26	2.07	5.33	1.57	m	16	2.53	1.59	4.12	1.59	m
6	4.12	1.19	5.31	3.46	st	17	2.12	1.89	4.01	1.12	m
7	2.88	2.42	5.30	1.19	m	18	1.89	1.74	3.63	1.09	m
8	3.29	1.85	5.14	1.78	sm	19	2.26	1.28	3.54	1.77	sm
9	2.72	2.37	5.09	1.15	m	20	1.93	1.44	3.37	1.34	m
10*	2.88	2.15	5.03	1.34	m	21	1.64	1.05	2.69	1.56	m
11	3.50	1.44	4.94	2.43	sm						

* 为具随体的染色体，随体长包括在全长内。

偃麦草种质材料 ER134 染色体数目为 2n=6X=42（图 3-15），染色体平均长度为 6.15μm，染色体相对长度为 2.37%～8.40%，染色体平均臂比值为 1.65。最

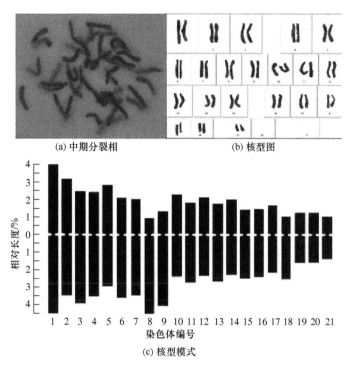

(a) 中期分裂相　　　　　　(b) 核型图

(c) 核型模式

图 3-15　ER134 染色体

长染色体与最短染色体之比为 3.54，臂比值＞2.0 的染色体所占比例为 14.29%，核型不对称系数为 59.79%，属 2B 核型。21 对染色体中有 17 对中着丝粒染色体，2 对近中着丝粒染色体，2 对近端着丝粒染色体。染色体核型公式为 K（2n）=6X＝34m＋4sm＋4st（表 3-18）。

表 3-18　ER134 染色体核型参数

染色体编号	相对长度 /%			臂比	形态类型	染色体编号	相对长度 /%			臂比	形态类型
	长臂	短臂	全长				长臂	短臂	全长		
1	4.44	3.96	8.40	1.12	m	12	2.31	2.13	4.44	1.08	m
2	3.42	3.14	6.56	1.09	m	13	2.63	1.78	4.41	1.48	m
3	3.88	2.46	6.34	1.58	m	14	2.23	1.99	4.22	1.12	m
4	3.49	2.40	5.89	1.45	m	15	2.45	1.42	3.87	1.73	sm
5	2.91	2.82	5.73	1.03	m	16	2.37	1.46	3.83	1.62	m
6	3.56	2.09	5.65	1.70	m	17	2.13	1.68	3.81	1.27	m
7	3.42	2.02	5.44	1.69	m	18	2.50	1.02	3.52	2.45	sm
8	4.49	0.94	5.43	4.78	st	19	1.56	1.24	2.80	1.26	m
9	4.03	1.32	5.35	3.05	st	20	1.55	1.24	2.79	1.25	m
10	2.35	2.27	4.62	1.04	m	21	1.35	1.02	2.37	1.32	m
11	2.71	1.81	4.52	1.50	m						

3.1.3 小结与讨论

偃麦草种质材料形态类型丰富，有 M、m、sm、st、sat 五种染色体形态类型（表 3-19）。染色体和随体位置均可作为鉴别易混种的细胞学依据（贺学礼等，2009）。在自然界，随体的多态性与居群地理位置有关（李贵全，2001）。15 份偃麦草种质材料中有 7 份带有随体，约占 50%，在一定程度上说明偃麦草植物对生境有相似的适应性。1922 年瑞典生态学家 Turesson 将生态型定义为一个生态种（ecospecies）或分类种（species）对某一特定生境发生基因型反应而产生的产物（史旦宾斯，1963），也就是说一个广布的植物种，往往会发生变异。这些与一定的生境相联系的变异是基因型的反应，是可以遗传的。从地理分布看，可以理解为植物种共同对干旱和严寒条件的适应。核型分析是对生物细胞核内全部染色体的形态特征进行分析，是物种分类的基本依据（闫素丽等，2008）。一般而言，天然居群遗传多样性要高于栽培品种（李景欣等，2004）。遗传多样性与人工选育的力度有密切的关系，采自人为干预程度大、过度放牧地带的材料遗传多样性较低。

表 3-19 15 份偃麦草种质材料的核型主要特征

种质材料编号	核型公式	染色体长度比	核型不对称系数 /%	臂比值＞2.0的染色体比例 /%	平均臂比	核型类型
ER002	K（2n）=6X=36m+6sm	2.29	58.08	14.29	1.44	2B
ER007	K（2n）=6X=2M+30m+6sm+4st	2.83	60.82	14.29	1.63	2B
ER014	K（2n）=6X=28m+12sm+2st	3.12	62.38	19.05	1.81	2B
ER020	K（2n）=6X=2M+24m（2sat）+16sm	4.62	61.64	28.57	1.69	2C
ER039	K（2n）=6X=2M+28m（2sat）+10sm+2st	2.36	61.41	19.05	1.68	2B
ER041	K（2n）=6X=4M+24m+14sm	1.77	60.09	19.05	1.57	2A
ER042	K（2n）=6X=26m+16sm	1.93	59.98	14.29	1.55	2A
ER043	K（2n）=6X=38m（2sat）+4sm	2.70	56.50	4.76	1.33	2B
ER044	K（2n）=6X=2M+32m+8sm	2.19	57.66	14.29	1.44	2B
ER046	K（2n）=6X=30m+10sm+2st	2.13	60.71	19.05	1.62	2B
ER058	K（2n）=6X=30m（2sat）+12sm	2.20	59.87	23.81	1.57	2B
ER117	K（2n）=6X=26m（2sat）+14sm+2st	2.29	62.70	33.33	1.81	2B
ER132	K（2n）=6X=32m+8sm（4sat）+2st	2.89	59.50	14.29	1.59	2B
ER133	K（2n）=6X=32m（2sat）+8sm+2st	2.50	59.50	9.52	1.55	2B
ER134	K（2n）=6X=34m+4sm+4st	3.54	59.79	14.29	1.65	2B

*最长染色体与最短染色体长度之比。

Stebbins（1971）研究认为，核型进化的基本趋势是由对称向不对称发展，系统演化上处于比较古老或原始的植物往往具有较对称的核型，而不对称的核型则通常出现在较进化或特化的植物中，且核型不对称性同植物体某些器官形态上的特化或专化有一定的联系，可反映核型或植物的进化程度。染色体长度比、核型不对称系数和平均臂比能够反映不同种质材料间核型的不对称性。本研究分别以染色体长度比和核型不对称系数为纵坐标，以平均臂比为横坐标作二维进化趋势图（图3-16）显示，越偏右上方的种质材料核型不对称性越高，进化程度也越高。15份偃麦草种质材料进化较高的是ER020、ER117、ER014和ER039，其中ER020核型类型为2C，是最高级的进化种；进化较低的是ER002、ER043和ER044，其中ER002核型类型为2A，是最低级的进化种（张晓燕，2011）。

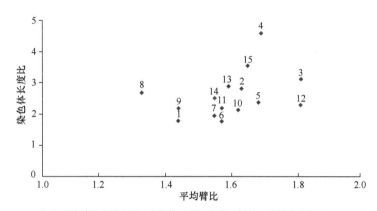

（a）平均臂比为横坐标，染色体长度比为纵坐标的二维进化趋势图

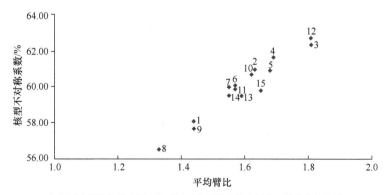

（b）平均臂比为横坐标，核型不对称系数为纵坐标的二维进化趋势图

1. ER002；2. ER007；3. ER014；4. ER020；5. ER039；6. ER041；7. ER042；8. ER043；9. ER044；10. ER046；11. ER058；12. ER117；13. ER132；14. ER133；15. ER134。

图3-16　15份偃麦草种质材料染色体核型二维进化趋势图

3.2 **中间偃麦草种质资源染色体核型分析**

3.2.1　材料与方法

参试的中间偃麦草种质材料均由美国国家植物种质资源库提供（表 3-20）。具体测试方法与指标同 3.1.1。

表 3-20　参试的中间偃麦草种质材料及来源

种质材料编号	种质库原编号	来源
EI032	PI383568	土耳其
EI034	PI401121	伊朗
EI051	—	中国
EI052	PI634290	乌克兰

3.2.2　研究结果

中间偃麦草种质材料 EI032 的染色体数目为 2n＝6X＝42（图 3-17）。染色体平均长度为 6.88μm，染色体相对长度为 1.98%～6.74%，染色体平均臂比值为 1.77。最长染色体与最短染色体之比为 3.40，臂比值>2.0 的染色体所占比例为

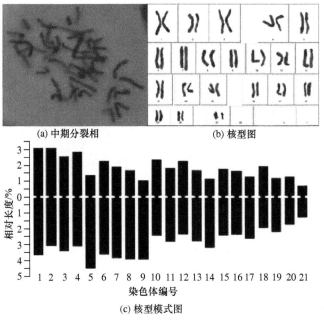

(a) 中期分裂相　　　　(b) 核型图

(c) 核型模式图

图 3-17　EI032 染色体

28.57%，核型不对称系数为 61.45%，属 2B 核型。21 对染色体中有 13 对中着丝粒染色体，6 对近中着丝粒染色体，2 对近端着丝粒染色体。染色体核型公式为 K（2n）=6X=26m+12sm+4st（表 3-21）。

表 3-21　EI032 染色体核型参数

染色体编号	相对长度 /%			臂比	形态类型	染色体编号	相对长度 /%			臂比	形态类型
	长臂	短臂	全长				长臂	短臂	全长		
1	3.67	3.07	6.74	1.20	m	12	2.37	2.25	4.62	1.05	m
2	3.09	3.07	6.16	1.01	m	13	2.80	1.66	4.46	1.69	m
3	3.42	2.55	5.97	1.34	m	14	3.20	1.13	4.33	2.83	sm
4	3.11	2.84	5.95	1.10	m	15	2.41	1.76	4.17	1.37	m
5	4.52	1.34	5.86	3.37	st	16	2.39	1.62	4.01	1.48	m
6	3.61	2.25	5.86	1.60	m	17	2.64	1.25	3.89	2.11	sm
7	3.84	1.90	5.74	2.02	sm	18	1.96	1.92	3.88	1.02	m
8	3.94	1.66	5.60	2.37	sm	19	2.22	1.16	3.38	1.91	sm
9	3.96	1.03	4.99	3.84	st	20	1.73	1.25	2.98	1.38	m
10	2.43	2.35	4.78	1.03	m	21	1.29	0.69	1.98	1.87	sm
11	2.84	1.80	4.64	1.58	m						

中间偃麦草种质材料 EI034 染色体数目为 2n=6X=42（图 3-18）。染色体平

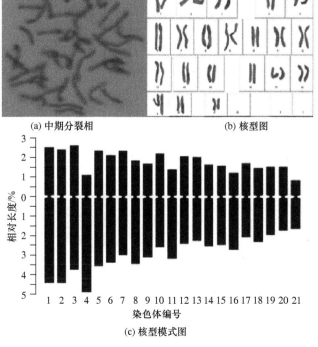

(a) 中期分裂相　　　　　　　　　(b) 核型图

(c) 核型模式图

图 3-18　EI034 染色体

均长度为 7.86μm，染色体相对长度为 2.47%～6.89%，染色体平均臂比值为 1.70。最长染色体与最短染色体之比为 2.79，臂比值＞2.0 的染色体所占比例为 14.29%，核型不对称系数为 61.81%，属 2B 核型。21 对染色体中有 13 对中着丝粒染色体，7 对近中着丝粒染色体，1 对近端着丝粒染色体。染色体核型公式为 K（2n）=6X＝26m＋14sm＋2st（表 3-22）。

表 3-22　EI034 染色体核型参数

染色体编号	相对长度 /%			臂比	形态类型	染色体编号	相对长度 /%			臂比	形态类型
	长臂	短臂	全长				长臂	短臂	全长		
1	4.42	2.47	6.89	1.79	sm	12	2.40	2.07	4.46	1.16	m
2	4.42	2.42	6.84	1.83	sm	13	2.25	2.02	4.27	1.11	m
3	3.72	2.62	6.34	1.42	m	14	2.53	1.65	4.18	1.53	m
4	4.91	1.11	6.02	4.42	st	15	2.48	1.58	4.06	1.57	m
5	3.56	2.36	5.92	1.51	m	16	2.73	1.21	3.94	2.26	sm
6	3.39	2.12	5.51	1.60	m	17	2.07	1.71	3.78	1.21	m
7	2.99	2.36	5.35	1.27	m	18	2.30	1.46	3.76	1.58	m
8	3.45	1.85	5.30	1.86	sm	19	1.96	1.52	3.48	1.29	m
9	3.11	1.69	4.80	1.84	sm	20	1.72	1.53	3.25	1.12	m
10	2.57	2.20	4.77	1.17	m	21	1.63	0.84	2.47	1.94	sm
11	3.18	1.39	4.57	2.29	sm						

中间偃麦草种质材料 EI051 染色体数目为 2n=6X＝42（图 3-19），染色体平均长度为 7.58μm，染色体相对长度为 2.75%～7.35%，染色体平均臂比值为 1.74。

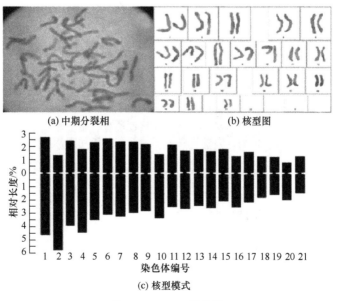

(a) 中期分裂相　　　　　　　　　　(b) 核型图

(c) 核型模式

图 3-19　EI051 染色体

最长染色体与最短染色体之比为 2.67，臂比值＞2.0 的染色体所占比例为 23.81%，核型不对称系数为 62.33%，属 2B 核型。21 对染色体中有 15 对中着丝粒染色体，5 对近中着丝粒染色体，1 对近端着丝粒染色体。染色体核型公式为 K（2n）＝6X＝30m＋10sm＋2st（表 3-23）。

表 3-23　EI051 染色体核型参数

染色体编号	相对长度 /%			臂比	形态类型	染色体编号	相对长度 /%			臂比	形态类型
	长臂	短臂	全长				长臂	短臂	全长		
1	4.65	2.70	7.35	1.72	sm	12	2.73	1.63	4.36	1.67	m
2	5.80	1.34	7.14	4.33	st	13	2.51	1.78	4.29	1.41	m
3	3.96	2.41	6.37	1.64	m	14	2.64	1.63	4.27	1.62	m
4	4.54	1.73	6.27	2.62	sm	15	2.08	1.82	3.90	1.14	m
5	3.52	2.27	5.79	1.55	m	16	2.59	1.26	3.85	2.06	sm
6	3.10	2.59	5.69	1.20	m	17	2.15	1.61	3.76	1.34	m
7	3.23	2.37	5.60	1.36	m	18	1.82	1.23	3.05	1.48	m
8	3.02	2.31	5.33	1.31	m	19	1.65	1.19	2.84	1.39	m
9	2.89	2.20	5.09	1.31	sm	20	2.03	0.78	2.81	2.60	sm
10	3.40	1.41	4.81	2.41	sm	21	1.49	1.26	2.75	1.18	m
11	2.52	2.15	4.67	1.17	m						

中间偃麦草种质材料 EI052 染色体数目为 2n＝6X＝42（图 3-20），染色体平

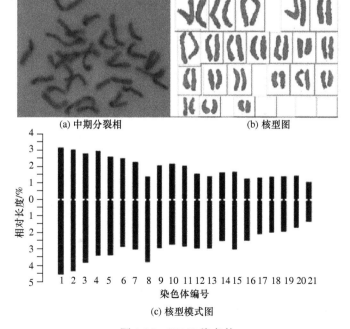

(a) 中期分裂相　　　　(b) 核型图

(c) 核型模式图

图 3-20　EI052 染色体

均长度为 2.48μm，染色体相对长度为 2.35%～7.63%，染色体平均臂比值为 1.49。最长染色体与最短染色体之比为 3.25，臂比值＞2.0 的染色体所占比例为 9.52%，核型不对称系数为 59.07%，属 2B 核型。21 对染色体中有 17 对中着丝粒染色体，4 对近中着丝粒染色体。染色体核型公式为 K（2n）=6X=34m＋8sm（表 3-24）。

表 3-24　EI052 染色体核型参数

染色体编号	相对长度 /%			臂比	形态类型	染色体编号	相对长度 /%			臂比	形态类型
	长臂	短臂	全长				长臂	短臂	全长		
1	4.51	3.12	7.63	1.45	m	12	2.82	1.57	4.39	1.80	sm
2	4.34	3.02	7.36	1.44	m	13	2.95	1.41	4.36	2.09	sm
3	3.82	2.78	6.60	1.37	m	14	2.51	1.64	4.15	1.53	m
4	3.38	2.93	6.31	1.15	m	15	2.30	1.67	3.97	1.38	m
5	3.35	2.58	5.93	1.30	m	16	2.48	1.26	3.74	1.97	sm
6	2.84	2.48	5.32	1.15	m	17	2.07	1.33	3.40	1.56	m
7	3.01	2.27	5.28	1.33	m	18	1.99	1.37	3.36	1.45	m
8	3.76	1.38	5.14	2.72	sm	19	1.92	1.40	3.32	1.37	m
9	2.92	2.05	4.97	1.42	m	20	1.68	1.44	3.12	1.17	m
10	2.71	2.16	4.87	1.25	m	21	1.30	1.05	2.35	1.24	m
11	2.41	2.02	4.43	1.19	m						

3.2.3　小结与讨论

参试的 4 份中间偃麦草种质材料的染色体数均为 2n=6X=42，均属 2B 核型。EI032、EI034 和 EI051 的染色体核型公式分别为 K（2n）=6X=26m＋12sm＋4st、K（2n）=6X=26m＋14sm＋2st 和 K（2n）=6X=30m＋10sm＋2st，三者均有 m、sm、st 三种染色体形态类型，而 EI052 染色体核型公式为 K（2n）=6X=34m＋8sm，仅有 m、sm 两种染色体形态类型（表 3-25）。

表 3-25　4 份中间偃麦草种质材料的核型主要特征

种质材料编号	核型公式	染色体长度比	核型不对称系数 /%	臂比值＞2.0 的染色体比例 /%	平均臂比	核型类型
EI032	K（2n）=6X=26m＋12sm＋4st	3.40	61.45	28.57	1.77	2B
EI034	K（2n）=6X=26m＋14sm＋2st	2.79	61.81	14.29	1.70	2B
EI051	K（2n）=6X=30m＋10sm＋2st	2.67	62.33	23.81	1.74	2B
EI052	K（2n）=6X=34m＋8sm	3.25	59.07	9.52	1.49	2B

＊最长染色体与最短染色体长度之比。

研究认为，核型不对称性同植物体某些器官形态上的特化或专化有一定的联系，可反映核型或植物的进化程度，染色体长度比和核型不对称系数能够反映不同种质间核型的不对称性，数字越大则其核型越不对称（Stebbins，1971）。本研究结果显示，4 份中间偃麦草种质材料间核型的不对称性由小到大依次为 EI052＜EI034＜EI032＜EI051，其进化程度从高到低的顺序为 EI051、EI032、EI034 和 EI052（张晓燕等，2011c）。本研究 4 份中间偃麦草种质材料均为六倍体，核型均为 2B 核型；黄莺等（2010）报道的 3 份四倍体中间偃麦草种质材料均属 2A 核型，进化程度基本一致，但各份种质材料间也存在差异，与本研究的 4 份中间偃麦草种质材料相比，进化程度较低。从进化上讲，多倍体生物是由相应的二倍体生物进化而来，因此异源六倍体较四倍体的中间偃麦草进化程度要高。

3.3　长穗偃麦草种质资源染色体核型分析

3.3.1　材料与方法

参试的长穗偃麦草种质材料均由美国国家植物种质资源库提供（表 3-26）。具体测试方法与指标同 3.1.1。

表 3-26　参试的长穗偃麦草种质材料及来源

种质材料编号	种质库原编号	来源
EE001	614	中国
EE014	PI276399	德国
EE020	PI249144	葡萄牙

3.3.2　研究结果

长穗偃麦草种质材料 EE001 染色体数目为 $2n＝10X＝70$（图 3-21）。染色体平均长度为 7.81μm，染色体相对长度为 1.35%～3.91%，染色体平均臂比值为 1.64。最长染色体与最短染色体之比为 2.90，臂比值＞2.0 的染色体所占比例为 20.00%，核型不对称系数为 60.51%，属 2B 核型。35 对染色体中有 25 对中着丝粒染色体，8 对近中着丝粒染色体，2 对近端着丝粒染色体。染色体核型公式为 $K（2n）＝10X＝50m＋16sm＋4st$（表 3-27）。

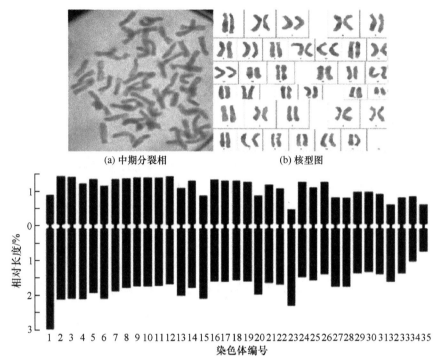

(a) 中期分裂相　　　　　　　　　(b) 核型图

(c) 核型模式

图 3-21　EE001 染色体

表 3-27　EE001 染色体核型参数

染色体编号	相对长度 /%			臂比	形态类型	染色体编号	相对长度 /%			臂比	形态类型
	长臂	短臂	全长				长臂	短臂	全长		
1	3.00	0.91	3.91	3.30	st	19	1.59	1.28	2.87	1.24	m
2	2.12	1.44	3.56	1.47	m	20	1.99	0.88	2.87	2.26	sm
3	2.09	1.43	3.52	1.46	m	21	1.65	1.21	2.86	1.36	m
4	2.11	1.23	3.34	1.72	sm	22	1.69	1.10	2.79	1.54	m
5	1.94	1.36	3.30	1.43	m	23	2.30	0.48	2.78	4.79	st
6	2.09	1.18	3.27	1.77	sm	24	1.47	1.28	2.75	1.15	m
7	1.89	1.36	3.25	1.39	m	25	1.56	1.13	2.69	1.38	m
8	1.79	1.38	3.17	1.30	m	26	1.38	1.28	2.66	1.08	m
9	1.74	1.42	3.16	1.23	m	27	1.76	0.84	2.60	2.10	sm
10	1.74	1.42	3.16	1.23	m	28	1.75	0.82	2.57	2.13	sm
11	1.72	1.43	3.15	1.20	m	29	1.35	0.99	2.34	1.36	m
12	1.68	1.46	3.14	1.15	m	30	1.32	1.00	2.32	1.32	m
13	2.02	1.11	3.13	1.82	sm	31	1.38	0.93	2.31	1.48	m
14	1.79	1.32	3.11	1.36	m	32	1.61	0.62	2.23	2.60	sm
15	2.09	0.88	2.97	2.38	sm	33	1.36	0.84	2.20	1.62	m
16	1.60	1.35	2.95	1.19	m	34	1.02	0.87	1.89	1.17	m
17	1.62	1.32	2.94	1.23	m	35	0.73	0.62	1.35	1.18	m
18	1.56	1.32	2.88	1.18	m						

长穗偃麦草种质材料 EE014 染色体数目为 2n＝10X＝70（图 3-22）。染色体平均长度为 5.52μm，染色体相对长度为 1.45%～4.16%，染色体平均臂比值为 1.60。最长染色体与最短染色体之比为 2.87，臂比值＞2.0 的染色体所占比例为 17.14%，核型不对称系数为 60.01%，属 2B 核型。35 对染色体中有 24 对中着丝粒染色体，10 对近中着丝粒染色体，1 对近端着丝粒染色体。染色体核型公式为 K（2n）＝10X＝48m＋20sm＋2st（表 3-28）。

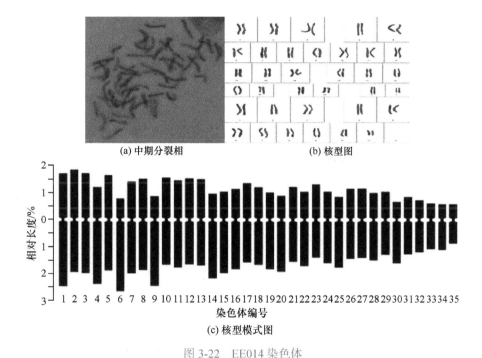

(a) 中期分裂相　　　　　　(b) 核型图

(c) 核型模式图

图 3-22　EE014 染色体

表 3-28　EE014 染色体核型参数

染色体编号	相对长度 /%			臂比	形态类型	染色体编号	相对长度 /%			臂比	形态类型
	长臂	短臂	全长				长臂	短臂	全长		
1	2.46	1.70	4.16	1.45	m	10	1.66	1.55	3.21	1.07	m
2	1.93	1.84	3.76	1.05	m	11	1.76	1.45	3.21	1.21	m
3	1.97	1.71	3.67	1.15	m	12	1.65	1.53	3.18	1.08	m
4	2.37	1.19	3.56	1.99	sm	13	1.69	1.49	3.18	1.13	m
5	1.87	1.65	3.51	1.13	m	14	2.17	0.93	3.11	2.33	sm
6	2.64	0.78	3.42	3.38	st	15	1.96	1.04	3.00	1.88	sm
7	1.98	1.40	3.38	1.41	m	16	1.83	1.14	2.97	1.61	m
8	1.86	1.52	3.38	1.22	m	17	1.57	1.35	2.91	1.16	m
9	2.45	0.88	3.33	2.78	sm	18	1.66	1.19	2.85	1.39	m

染色体编号	相对长度 /%			臂比	形态类型	染色体编号	相对长度 /%			臂比	形态类型
	长臂	短臂	全长				长臂	短臂	全长		
19	1.83	1.00	2.83	1.83	sm	28	1.50	0.99	2.49	1.52	m
20	1.92	0.89	2.81	2.16	sm	29	1.29	1.03	2.32	1.25	m
21	1.54	1.21	2.75	1.27	m	30	1.60	0.67	2.27	2.39	sm
22	1.71	1.04	2.75	1.64	m	31	1.27	0.84	2.11	1.51	m
23	1.39	1.33	2.72	1.05	m	32	1.20	0.72	1.92	1.67	m
24	1.60	1.04	2.64	1.54	m	33	1.09	0.61	1.70	1.79	sm
25	1.76	0.84	2.60	2.10	sm	34	1.11	0.57	1.68	1.95	sm
26	1.44	1.15	2.59	1.25	m	35	0.88	0.57	1.45	1.54	m
27	1.41	1.16	2.57	1.22	m						

长穗偃麦草种质材料 EE020 染色体数目为 $2n=10X=70$（图 3-23）。染色体平均长度为 5.45μm，染色体相对长度为 1.62%～4.15%，染色体平均臂比值为 2.08。最长染色体与最短染色体之比为 2.56，臂比值＞2.0 的染色体所占比例为 34.29%，核型不对称系数为 63.52%，属 2B 核型。35 对染色体中有 19 对中着丝粒染色体，11 对近中着丝粒染色体，4 对近端着丝粒染色体，1 对端着丝

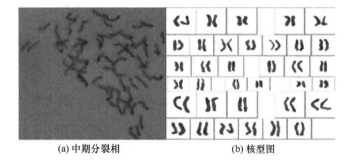

(a) 中期分裂相　　　　　　　(b) 核型图

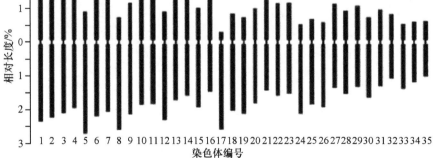

(c) 核型模式图

图 3-23　EE020 染色体

粒染色体，未发现随体。染色体核型公式为 K（2n）＝10X＝38m＋22sm＋8st＋2t（表 3-29）。

表 3-29 EE020 染色体核型参数

染色体编号	相对长度 /%			臂比	形态类型	染色体编号	相对长度 /%			臂比	形态类型
	长臂	短臂	全长				长臂	短臂	全长		
1	2.34	1.81	4.15	1.29	m	19	2.12	0.72	2.84	2.94	sm
2	2.23	1.55	3.78	1.44	m	20	1.80	0.99	2.79	1.82	sm
3	2.10	1.63	3.73	1.29	m	21	1.42	1.30	2.72	1.09	m
4	1.94	1.78	3.72	1.09	m	22	1.57	1.14	2.71	1.38	m
5	2.70	0.89	3.59	3.03	st	23	1.52	1.15	2.67	1.32	m
6	2.19	1.25	3.44	1.75	sm	24	2.11	0.51	2.62	4.14	st
7	2.05	1.29	3.34	1.59	m	25	1.83	0.68	2.51	2.69	sm
8	2.59	0.73	3.32	3.55	st	26	1.93	0.57	2.50	3.39	st
9	2.13	1.15	3.28	1.85	m	27	1.34	1.13	2.47	1.19	m
10	1.85	1.38	3.23	1.34	m	28	1.53	0.93	2.46	1.65	m
11	1.82	1.39	3.21	1.31	m	29	1.32	1.07	2.39	1.23	m
12	2.30	0.90	3.20	2.56	sm	30	1.63	0.72	2.35	2.26	sm
13	1.71	1.33	3.04	1.29	m	31	1.29	0.96	2.25	1.34	m
14	1.58	1.42	3.00	1.11	m	32	1.07	0.82	1.89	1.30	m
15	1.93	1.00	2.93	1.93	m	33	1.37	0.52	1.89	2.63	sm
16	1.46	1.44	2.90	1.01	m	34	1.18	0.59	1.77	2.00	sm
17	2.58	0.29	2.87	8.90	t	35	1.00	0.62	1.62	1.61	m
18	2.02	0.84	2.86	2.40	sm						

3.3.3 小结与讨论

选取 3 份不同国家来源的长穗偃麦草种质材料种子的初生根根尖，筛选出适宜的盐酸解离时间及温度条件，获取了高质量染色体制片。由表 3-30 可知，3 份长穗偃麦草种质材料的染色体数目均为 2n＝10X＝70，均为十倍体，EE001、EE014 和 EE020 核型公式分别为 K（2n）＝10X＝50m＋16sm＋4st、K（2n）＝10X＝48m＋20sm＋2st 和 K（2n）＝10X＝38m＋22sm＋8st＋2t，且均存在 m、sm 和 st 三种染色体形态类型，各种染色体形态类型的数量存在差别，EE020 还存在 1 对 t 染色体（孟林等，2013）。Stebbins（1971）通过研究认为一个广布的植物种，往往会因生境的不同，染色体形态结构发生一定程度的变异，这些变异往往也是基因型的反映。研究认为核型不对称性可反映核型或植物的进化程度，核型进化的基本趋势是由对称向不对称发展，核型越对称，在进化关系上越处于原始的地位。佟明友等（1989）进行了偃麦草属 3 份种质材料（包括 1 份中间偃麦草、1 份十倍体长穗偃麦草、1 份四倍体长穗偃麦草）的细胞染色体核型分析，其十倍体长穗偃麦草核型公式为 2n＝10X＝50m＋18sm＋2st，属于 2B 核型。本试验结果显示，3 份长穗偃麦草种质染色体均为十倍体，都是 2B 核型，与前人研究一致，且均处于相对一致的进化程度。分析长穗偃麦草种质材料的进化和扩散趋势，仍需从更大地理空间收集更多种质材料继续深入研究。

表 3-30　3 份长穗偃麦草种质材料的核型主要特征

种质材料编号	核型公式	染色体长度比*	核型不对称系数 /%	臂比值＞2.0 的染色体比例 /%	平均臂比	核型类型
EE001	K（2n）＝10X＝50m＋16sm＋4st	2.90	60.51	20.00	1.64	2B
EE014	K（2n）＝10X＝48m＋20sm＋2st	2.87	60.01	17.14	1.60	2B
EE020	K（2n）＝10X＝38m＋22sm＋8st＋2t	2.56	63.52	34.29	2.08	2B

*最长染色体与最短染色体长度之比。

3.4　毛稃偃麦草种质资源染色体核型分析

3.4.1　材料与方法

参试的毛稃偃麦草种质材料（EA001）的种子由美国国家植物种质资源库提供。具体测试方法与指标同 3.1.1。

3.4.2　研究结果

毛稃偃麦草种质材料 EA001 染色体数目为 2n＝6X＝42（图 3-24）。染色体平均长度为 6.48μm，染色体相对长度为 2.31%～7.97%，染色体平均臂比值为 1.36。最长染色体与最短染色体之比为 3.45，臂比值＞2.0 的染色体所占比例为 0，核型不对称系数为 57.59%，属 1B 核型。21 对染色体中，3 对为近中着丝粒染色体，第 1 对染色体带有随体，其余均为中着丝粒染色体。染色体核型公式为 K（2n）＝6X＝42＝36m＋6sm（2sat）（表 3-31）。

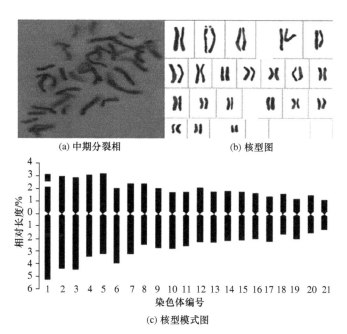

(a) 中期分裂相　　　　　　　(b) 核型图

(c) 核型模式图

图 3-24　EA001 染色体

表 3-31　EA001 染色体核型参数

染色体编号	相对长度 /%			臂比	形态类型	染色体编号	相对长度 /%			臂比	形态类型
	长臂	短臂	全长				长臂	短臂	全长		
1*	5.25	2.72	7.97	1.92	sm	12	2.23	2.04	4.27	1.09	m
2	4.37	2.92	7.29	1.49	m	13	2.27	1.75	4.02	1.30	m
3	4.42	2.85	7.27	1.56	m	14	2.15	1.79	3.94	1.20	m
4	3.42	3.01	6.43	1.14	m	15	2.12	1.76	3.88	1.20	m
5	3.19	3.15	6.34	1.01	m	16	1.98	1.6	3.58	1.23	m
6	3.97	2.03	6.00	1.96	sm	17	2.17	1.36	3.53	1.59	m
7	3.22	2.38	5.60	1.35	m	18	1.61	1.59	3.2	1.01	m
8	2.45	2.36	4.81	1.04	m	19	1.97	1.15	3.12	1.72	sm
9	2.70	2.00	4.70	1.35	m	20	1.52	1.47	2.99	1.04	m
10	2.76	1.68	4.44	1.64	m	21	1.24	1.07	2.31	1.16	m
11	2.57	1.72	4.29	1.49	m						

* 为具随体的染色体，随体长包括在全长内。

3.4.3　小结与讨论

植物染色体的数目、形态等是最稳定的细胞学特征之一，与单纯的形态分类相比，染色体数据可以解决常规形态分类难以解决的问题，核型的进化趋势是由对称向不对称发展，其中部着丝点染色体的核型较原始（Levitzky，1931）。毛秤偃麦草为六倍体，染色体核型公式表明有 m、sm 和 sat 三种染色体形态类型，属 1B 核型，平均臂比 1.36，不对称系数达 57.59%，属于中等偏下不对称型，说明其进化程度也属于中等偏下（张晓燕等，2011a）。多倍体生物是由相应的二倍体生物进化而来，植物的多倍化是植物进化的重要内容，可利用细胞工程技术培育更加高产、优质、抗逆性强的毛秤偃麦草新品种（郭振飞等，2002）。

第 4 章 / Chapter 4

偃麦草属植物种质资源同工酶及光合特性分析

 内容提要

采用聚丙烯酰胺不连续凝胶电泳，完成 16 份偃麦草属植物种质材料及相关混合样的叶片过氧化物酶（POD）、酯酶（EST）同工酶酶谱特征分析，结果显示叶片 EST 谱带较少，而 POD 谱带相对较丰富。采用 LI-6400P 型光合测量仪测定分析中间偃麦草、偃麦草、长穗偃麦草和毛偃麦草叶片的日光合特性。4 种偃麦草属植物的净光合速率、蒸腾速率日变化曲线均为双峰曲线，呈明显光合"午休"现象，其中中间偃麦草和偃麦草的光合"午休"是由叶肉细胞光合能力下降所致，长穗偃麦草和毛偃麦草的光合"午休"则由气孔导度下降所致。

4.1 偃麦草属植物种质资源同工酶特性分析

同工酶是一种催化活性相同而分子结构及理化性质不同的酶，在不同物种和同一物种不同时期、同一时期不同器官、同一器官不同组织中均具有特异性；它既是生理生化指标，又是可靠的遗传物质表达产物。各种同工酶经电泳后，用特异性组织化学染色法，在凝胶上形成特定电泳图谱，通过直接比较或使用相关统计法比较，可获取相应的信息，得到可靠结论（葛颂，1994；谢宗铭等，1999；樊守金等，1999；史广东，2009）。因此植物同工酶酶谱特性分析，对物种品种的鉴定、起源、进化分类和遗传育种等具有重要意义。

POD 和 EST 是两种最常用的同工酶。POD 在植物组织中广泛分布，参与多种生理活动，为植物生长发育的基因表达提供了灵敏指标，是一种重要的遗传标记。EST 则与植物体内各种酶类的水解相关。同工酶受基因控制，在进化中具有一定的保守性，在一定程度上反映生物的系统发生。POD 同工酶分析已经在阐明植物种间、种群间的遗传多样性、遗传结构、基因流动、种间杂交、植物体纯度检验和植物体逆境胁迫机制等方面取得了大量研究成果。EST 同工酶同样被广泛应用于探讨植物亲缘关系及品种鉴定（胡能书等，1985；卢萍等，1999；史广东，2009）。因此，从同工酶角度探讨偃麦草属植物的生化遗传结构，揭示不同种之间的遗传差异与亲缘关系，可为其生产推广和育种选择利用提供科学依据。

4.1.1　材料与方法

1. 材料

材料由美国国家植物种质资源库提供（表4-1）。秋季温室育苗，第二年春季移栽于位于北京小汤山的国家精准农业研究示范基地草资源研究试验圃，株距80cm，行距80cm。

表4-1　偃麦草属种质材料来源及染色体倍性

序号	材料编号	种名	倍性	来源
1	EC002	*Elytrigia caespitosa**	2X	俄罗斯
2	EE009	长穗偃麦草	10X	中国
3	EE022	长穗偃麦草	4X	加拿大
4	EH001	杂交偃麦草	—	俄罗斯
5	EI015	中间偃麦草	4X	美国
6	EI029	中间偃麦草	2X	俄罗斯
7	EI047	中间偃麦草	6X	美国
8	EJ001	脆轴偃麦草	2X	希腊
9	EL001	*Elytrigia lolioides**	—	俄罗斯
10	EPO004	黑海偃麦草	2X	阿根廷
11	EPU002	*Elytrigia pungens**	6X	法国
12	EPY002	*Elytrigia pycnantha**	—	荷兰
13	ER044	偃麦草	6X	俄罗斯
14	ER039	偃麦草	6X	蒙古国
15	ER035	偃麦草	6X	伊朗
16	ES001	*Elytrigia scirpea**	—	意大利
17	EEmix	序号2和3长穗偃麦草混合样	—	—
18	ERmix	序号13＋14＋15偃麦草混合样	—	—
19	EImix	序号5＋6＋7中间偃麦草混合样	—	—

注：EEmix为长穗偃麦草EE009和EE022的混合样，ERmix为ER044、ER039和ER035的混合样，EImix为EI015、EI029和EI047的混合样。

*表示该种没有对应的中文名。

2. 方法

（1）酶液提取。每份种质材料剪取孕穗期叶片0.5g，于预冷的研钵中，加入 Tris-HCl（pH＝8.3）提取缓冲液 1.0mL，研磨至匀浆，将匀浆移入洁净离心管，用缓冲液冲洗研钵，冲洗液一并倒入离心管，终体积为 1.5mL。各离心管在 10000r·min⁻¹ 4℃离心 15min，上清液即为酶粗提液。

（2）制胶、电泳及染色。采用聚丙烯酰胺不连续凝胶电泳，其中聚丙烯酰胺凝胶交联度为 2.6%。过氧化物酶凝胶使用 Tris-HCl 缓冲液；浓缩胶 pH 6.8，浓度 3.4%；分离胶 pH 8.8，胶浓度 7.2%；电极缓冲液为 pH 8.3 Tris-甘氨酸。酯酶凝胶采用 Tris-柠檬酸缓冲液；浓缩胶 pH 8.9，胶浓度 3.4%；分离胶 pH 6.8，胶浓度 7%；电极缓冲液为 pH 8.7 Tris-甘氨酸。溴酚蓝为指示剂，进样量均为 8μL。电泳：稳压条件下电泳，开始 100V，30min 后加压到 200V，3～4h 结束电泳（指示剂距离胶板下边缘 1cm 左右）。染色：过氧化物酶采用醋酸联苯胺法染色，酯酶采用醋酸萘脂-固蓝 RR 盐染色法染色。

（3）谱带分析。将胶板放在日光灯箱上，用数码相机拍照。计算相对迁移率 R_f（%）＝（X_2/X_1）×100，X_1 为前沿指示剂迁移距离，X_2 为谱带中心点迁移距离。统计谱带，不计带的强弱，有带记 1，无带记 0。用 NTSYS-pc 2.1 软件分析，计算各种质材料之间的谱带相似性系数，用未加权配对平均法（UPGMA）进行聚类分析。相似性系数按如下公式计算：$c＝2w/（a+b）$，其中 c 为相似性系数，a 为种质 A 酶谱的酶带数，b 为种质 B 酶谱的酶带数，w 为种质 A 和 B 相同的酶带数。

4.1.2　研究结果

1. 偃麦草属植物种质材料 EST 酶谱特征

依据图 4-1 谱带的有无与强弱情况，参试的 19 份材料 EST 共有 9 条谱带，谱带相对迁移率较大，R_f 为 74.53%～99.51%（表 4-2）。各参试材料谱带数为

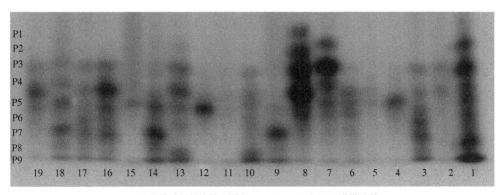

1～19 为种质材料编号，同表 4-1；P1～P9 为 EST 谱带编号。

图 4-1　偃麦草属植物种质材料 EST 酶谱电泳图

3～8，谱带最少的为 EE009、EH001、EI015、EPU002 和 EPY002 种质材料（2 号、4 号、5 号、11 号和 12 号），最多的为 EC002（1 号）和 EJ001（8 号）种质材料（表 4-3）。各谱带出现频率为 0.053～1.000；除 P1、P2 谱带，其余谱带出现频率均大于 0.5。总体上来说，各种质材料 EST 酶谱特征的相似程度较高，P1 出现一次，是 EJ001（8 号）材料的特有带，P9 出现频率为 1，在所有参试种质材料中均出现，是公共带（表 4-4）。

表 4-2　偃麦草属植物种质材料 EST 谱带分布

谱带号	相对迁移率 R_f/%	1	2	3	4	5	6	7	8	9	10	11	12	13	14	15	16	17	18	19
P1	74.53	0	0	0	0	0	0	0	1*	0	0	0	0	0	0	0	0	0	0	0
P2	78.17	1*	0	0	0	0	0	1*	1*	0	0	0	0	1	0	0	0	0	0	0
P3	81.81	1*	1	1	0	0	0	1*	1*	0	1	0	0	1*	1	1	1*	1	1	1
P4	85.45	1*	1	1	1	0	1*	1	0	1	0	0	1*	1	1	1	1	1	1	1
P5	89.09	1*	0	1*	1*	1	1	1*	1	1	1	1	1	1	1*	1*	1	1	1*	1*
P6	91.05	1*	0	1	0	0	1	1	0	1	1	1*	1	1	1	1	1	1	0	1
P7	93.81	1*	0	0	0	0	1*	1	0	1	1	0	0	1*	1	1	1*	1	1	0
P8	97.15	1*	0	1*	0	0	0	0	1*	0	1	0	0	1	1*	1*	1	1	1*	1
P9	99.51	1*	1	1*	1	1	1	1*	1	1	1	1	1	1*	1*	1	1*	1*	1*	1

注：0 表示无带，1 表示弱带，1* 表示强带；1～19 为种质材料序号，同表 4-1；P1～P9 为 EST 谱带编号。

表 4-3　偃麦草属植物种质材料 EST 谱带数

种质材料序号	谱带数	种质材料序号	谱带数	种质材料序号	谱带数	种质材料序号	谱带数
1	8	6	5	11	3	16	7
2	3	7	7	12	3	17	7
3	7	8	8	13	7	18	6
4	3	9	4	14	7	19	5
5	3	10	7	15	5		

表 4-4　偃麦草属植物种质材料 EST 谱带出现的频率

谱带号	频率	谱带号	频率	谱带号	频率
P1	0.053	P4	0.789	P7	0.579
P2	0.158	P5	0.947	P8	0.474
P3	0.684	P6	0.789	P9	1.000

2. 偃麦草属植物种质材料 POD 酶谱特征

依据图 4-2 谱带的有无与强弱情况，参试的 19 份材料 POD 谱带数为 4～14，其中，ER044（13 号）种质材料的谱带最少，只有 4 条；EJ001（8 号）与 EPU002 材料（11 号）谱带数均为 5 条，EE009 材料（2 号）谱带数最多，为 14

条（表 4-6）。由图 4-2 和表 4-5 可知，偃麦草属种质材料 POD 形成两个区域，即 A 区和 B 区，其中 A 区为慢速迁移区，$10.03\% < R_f < 40.65\%$，出现 14 条不同迁移率的谱带，染色较深，酶活性高；B 区为快速迁移区，$63.08\% < R_f < 83.67\%$，出现 5 条谱带，染色很浅，酶活性较低。各谱带频率为 0.053～1.000，A2 和 A3 频率为 1.000，为所有参试种质材料共有的谱带（公共带），A8 和 B1 谱带频率为 0.053，仅出现在 EPY002 种质材料（12 号）中（表 4-7）。

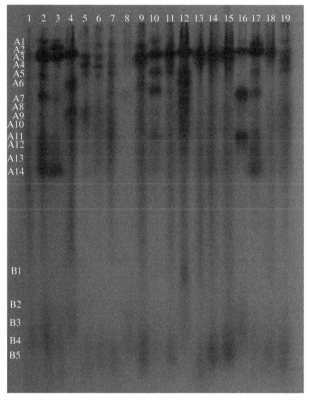

1～19 为种质材料编号，同表 4-1；A1～A14，B1～B5 为 POD 谱带编号。

图 4-2　偃麦草属植物种质材料 POD 酶谱电泳图

表 4-5　偃麦草属植物种质材料 POD 谱带分布

谱带号	相对迁移率 R_f/%	1	2	3	4	5	6	7	8	9	10	11	12	13	14	15	16	17	18	19
A1	10.03	0	1*	1*	0	0	0	0	0	0	0	0	0	0	0	0	0	1	0	0
A2	11.65	1	1	1*	1	1*	1*	1*	1	1	1	1	1	1	1	1	1	1*	1	1
A3	13.41	1*	1*	1*	1	1*	1*	1*	1	1*	1*	1	1*	1	1*	1	1*	1*	1*	1
A4	15.72	0	0	0	0	1*	1*	1*	0	1*	0	0	0	0	1*	1*	1*	0	1*	1*

续表

谱带号	相对迁移率 R_f/%	1	2	3	4	5	6	7	8	9	10	11	12	13	14	15	16	17	18	19
A5	18.90	0	1*	1	0	1*	1*	1*	0	0	1*	1*	1*	0	0	0	0	1*	0	1*
A6	20.26	1	1	0	1*	0	0	1*	0	1*	0	0	1*	0	0	0	0	0	0	0
A7	22.49	0	1*	1	0	0	0	1*	1	0	1	0	1	0	0	0	1	1*	0	0
A8	23.64	0	0	0	0	0	0	0	0	0	0	1	0	1	0	0	0	0	0	0
A9	27.57	0	0	0	1*	0	0	1	1	0	0	0	0	0	0	0	0	0	0	1
A10	29.74	0	0	0	0	0	1	1	1	0	0	0	0	0	0	0	0	0	0	1
A11	32.45	1	1	1	0	1	0	0	0	0	0	1*	0	0	0	0	0	1*	1	0
A12	35.09	1	0	1	1	0	0	0	0	0	0	0	0	0	0	0	0	0	0	1
A13	38.01	1	0	0	0	0	0	0	0	0	0	0	0	0	0	0	0	0	0	0
A14	40.65	1	1*	1*	0	0	0	0	0	0	0	0	0	0	0	0	0	1*	0	0
B1	63.08	0	0	0	0	0	0	0	0	0	1	0	0	0	0	0	0	0	0	0
B2	71.95	0	1	1	1	0	0	0	0	0	0	0	0	0	0	0	1	0	0	0
B3	76.36	1	1	0	0	0	0	1	0	0	1	0	0	1	1	1	1	0	1	0
B4	80.49	0	1	1	1	1	1	1	1	1	0	1	1	0	1	1	1	1	1	1
B5	83.67	0	0	0	0	0	1	1	1	0	1	0	0	0	0	1	1	0	1	1

注：0 表示无带，1 表示弱带，1* 表示强带；1～19 为种质材料编号，同表 4-1；A1～A14，B1～B5 为 POD 谱带编号。

表 4-6　偬麦草属植物种质材料 POD 谱带数

种质材料序号	谱带数	种质材料序号	谱带数	种质材料序号	谱带数	种质材料序号	谱带数
1	9	6	9	11	5	16	8
2	14	7	12	12	8	17	12
3	12	8	5	13	4	18	6
4	6	9	8	14	6	19	11
5	8	10	6	15	6		

表 4-7　偬麦草属植物种质材料 POD 谱带出现的频率

谱带号	频率	谱带号	频率	谱带号	频率
A 区				B 区	
A1	0.158	A8	0.053	B1	0.053
A2	1.000	A9	0.526	B2	0.211
A3	1.000	A10	0.211	B3	0.684
A4	0.474	A11	0.474	B4	0.842
A5	0.526	A12	0.316	B5	0.526
A6	0.316	A13	0.158		
A7	0.421	A14	0.211		

3. 偬麦草属植物种质材料聚类分析

偬麦草属植物种质材料 EST 谱带相似性系数为 0.333～1.000（表 4-8），UPGMA

表 4-8　偃麦草属种种质材料 EST 谱带相似性系数

种质材料序号	1	2	3	4	5	6	7	8	9	10	11	12	13	14	15	16	17	18	19
1	1.000																		
2	0.444	1.000																	
3	0.889	0.556	1.000																
4	0.444	0.556	0.556	1.000															
5	0.444	0.778	0.556	0.778	1.000														
6	0.667	0.556	0.778	0.778	0.778	1.000													
7	0.889	0.556	0.778	0.556	0.556	0.778	1.000												
8	0.778	0.444	0.667	0.444	0.444	0.667	0.889	1.000											
9	0.556	0.444	0.667	0.667	0.667	0.667	0.444	0.333	1.000										
10	0.889	0.556	1.000	0.556	0.556	0.778	0.778	0.667	0.667	1.000									
11	0.444	0.556	0.556	1.000	0.778	0.778	0.556	0.444	0.667	0.556	1.000								
12	0.444	0.556	0.556	1.000	0.778	0.778	0.556	0.444	0.667	0.556	1.000	1.000							
13	0.778	0.667	0.889	0.667	0.667	0.667	0.667	0.556	0.556	0.889	0.667	0.667	1.000						
14	0.889	0.556	1.000	0.556	0.556	0.778	0.778	0.667	0.667	1.000	0.556	0.556	0.889	1.000					
15	0.667	0.778	0.778	0.778	0.778	0.778	0.778	0.667	0.667	0.778	0.778	0.778	0.889	0.778	1.000				
16	0.889	0.556	1.000	0.556	0.556	0.778	0.778	0.667	0.667	1.000	0.556	0.556	0.889	1.000	0.778	1.000			
17	0.889	0.556	1.000	0.556	0.556	0.778	0.778	0.667	0.667	1.000	0.556	0.556	0.889	1.000	0.778	1.000	1.000		
18	0.778	0.667	0.889	0.444	0.667	0.667	0.667	0.556	0.778	0.889	0.444	0.444	0.778	0.889	0.667	0.889	0.889	1.000	
19	0.667	0.778	0.778	0.778	0.778	0.778	0.778	0.667	0.444	0.778	0.778	0.778	0.889	0.778	1.000	0.778	0.778	0.667	1.000

聚类结果显示，在相似性系数 0.75 处，将参试的 19 份种质材料（含混合样）划分为 5 大类，大类间种质材料相似性系数为 0.65～0.75，差异较大；大类内部种质材料间相似性系数均大于 0.75，谱带较为相似，其中 EE022、EPO004、ER039、ES001 和 EEmix（3 号、10 号、14 号、16 号和 17 号）两两种质材料间，EH001、EPU002 和 EPY002（4 号、11 号和 12 号）两两种质材料间，ER035（15 号）与 EImix（19 号）种质材料间的相似性系数均为 1，谱带数相同，仅在部分带的强弱上有差别（图 4-3）。

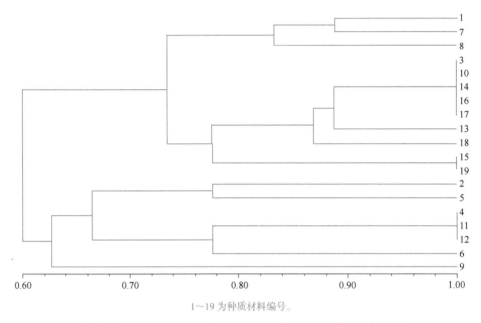

1～19 为种质材料编号。

图 4-3　偃麦草属植物种质材料 EST 酶谱相似性系数聚类树系图

偃麦草属植物种质材料 POD 谱带相似性系数为 0.347～1.000（表 4-9）。UPGMA 聚类结果显示，在相似性系数 0.71 处，将参试的 19 份种质材料（含混合样）划分为 5 大类，第 1 类为 EC002 和 EH001（1 号和 4 号）种质材料，二者相似性系数较大。第 2 类仅有 EPY002（12 号）种质材料，与其他种质材料相似性系数均较小。第 3 类为 EI015、EI029、EI047 和 EImix（5 号、6 号、7 号和 19 号）种质材料，相似程度很高，相似性系数大于 0.8。第 4 类为 EJ001、EL001、EPO004、EPU002、ER044、ER039、ER035、ES001 和 ERmix（8 号、9 号、10 号、11 号、13 号、14 号、15 号、16 号和 18 号）9 份种质材料，其中 ER044、ER039、ER035（13 号、14 号和 15 号）均为偃麦草种质材料，相似性系数大于 0.8。第 5 类为 EE009、EE022 和 EEmix（2 号、3 号和 17 号）为长穗偃麦草种质材料及其混合样（图 4-4）。

表 4-9　偃麦草属种质材料 POD 谱带相似性系数

种质材料序号	1	2	3	4	5	6	7	8	9	10	11	12	13	14	15	16	17	18	19
1	1.000																		
2	0.737	1.000																	
3	0.632	0.895	1.000																
4	0.737	0.579	0.474	1.000															
5	0.421	0.368	0.368	0.579	1.000														
6	0.526	0.421	0.421	0.526	0.947	1.000													
7	0.632	0.579	0.474	0.474	0.790	0.842	1.000												
8	0.526	0.526	0.632	0.737	0.632	0.579	0.526	1.000											
9	0.474	0.474	0.368	0.790	0.790	0.737	0.684	0.737	1.000										
10	0.526	0.579	0.684	0.579	0.684	0.737	0.684	0.842	0.579	1.000									
11	0.632	0.421	0.526	0.632	0.842	0.790	0.632	0.790	0.737	0.842	1.000								
12	0.526	0.473	0.368	0.684	0.579	0.526	0.579	0.632	0.579	0.684	0.632	1.000							
13	0.526	0.473	0.579	0.790	0.684	0.632	0.474	0.347	0.790	0.790	0.842	0.579	1.000						
14	0.632	0.368	0.474	0.684	0.790	0.737	0.579	0.842	0.895	0.684	0.842	0.474	0.895	1.000					
15	0.526	0.368	0.474	0.684	0.790	0.737	0.579	0.842	0.895	0.684	0.842	0.474	0.895	1.000	1.000				
16	0.526	0.579	0.684	0.684	0.579	0.632	0.579	0.842	0.684	0.790	0.632	0.474	0.790	0.790	0.790	1.000			
17	0.632	0.790	0.790	0.474	0.579	0.632	0.684	0.632	0.579	0.684	0.632	0.474	0.579	0.579	0.579	0.579	1.000		
18	0.526	0.368	0.474	0.684	0.790	0.737	0.579	0.842	0.895	0.684	0.842	0.474	0.895	1.000	1.000	0.790	0.579	1.000	
19	0.579	0.526	0.526	0.526	0.842	0.895	0.842	0.579	0.737	0.632	0.684	0.421	0.632	0.737	0.737	0.632	0.737	0.737	1.000

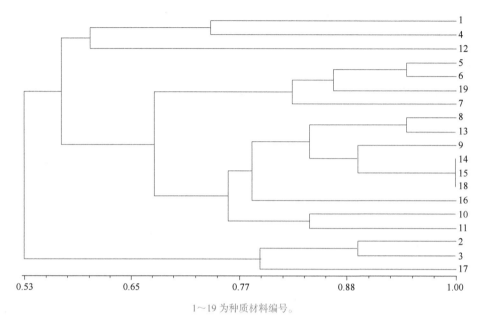

1～19 为种质材料编号。

图 4-4　偃麦草属植物种质材料 POD 酶谱相似性系数聚类树系图

4.1.3　小结与讨论

　　偃麦草属植物孕穗期叶片 EST 谱带较少，仅有 9 条。多数种质材料叶片的 EST 谱带完全相同，不能很好地反映其遗传差异，仅 EJ001（8 号）出现特异谱带，与其他种质材料遗传距离较远。EL001（9 号）仅有 4 条谱带，P3、P4 和 P6 等高频谱带缺失，因此与其他种质材料的相似程度较小，亲缘关系较远。总体上讲，EST 酶谱大多谱带出现频率较高，各种质材料间 EST 酶谱特性相似程度较高，如 EH001（4 号）、EPY002（12 号）与 EPU002（11 号）谱带完全相同，但它们形态差异很大，来源不同，生活环境也复杂。因此，通过叶片 EST 酶谱特性反映偃麦草属植物的遗传特征和亲缘关系具有一定局限性。

　　偃麦草属植物孕穗期叶片 POD 谱带丰富，相似性系数较小。各种质材料间谱带差异明显，种内谱带相似性较高，按聚类分析结果将 19 份种质材料划分为 5 个具有一定亲缘关系的类群，即 ER044（13 号）、ER039（14 号）、ER035（15 号）、ERmix（18 号）、EJ001（8 号）、EL001（9 号）、EPO004（10 号）、EPU002（11 号）和 ES001（16 号）谱带相似程度较高，构成亲缘关系较近的 1 个类群；EI015（5 号）、EI029（6 号）、EI047（7 号）和 EImix（19 号）构成 1 个类群，EPY002（12 号）单独构成 1 个类群，EC002（1 号）和 EH001（4 号）为 1 个类群；EE009（2 号）、

EE022（3 号）和 EEmix（17 号）构成一个类群，亲缘关系最远。不同来源地的同种种质材料之间在 POD 酶谱特征上亦具有较大的相似性，这与形态聚类结果在一定程度上吻合。所以，POD 酶谱可较好地反映偃麦草属植物的遗传特征。

　　同工酶是物种基因型与环境相互作用综合表现的结果，在不同物种和同一物种不同时期、同一时期不同器官、同一器官不同组织中都具有特异性。本试验用 EST 谱带分析偃麦草属植物种质材料的遗传特征与亲缘关系具有局限性，可能与取样部位和时间有一定关系。POD 谱带分析结果也并不完美，聚类结果显示个别种质材料的亲缘关系与形态学有差别，如 EJ001 与 ER044 酶谱相似性系数较大，形态上的差异也较大。这可能与取样时期及取样部位，还有分析时忽略谱带的颜色深浅和宽度等因素有关。由此可见仅采用同工酶分析的手段能总体上揭示各类群间的亲缘关系，但并不能客观反映各类群间的进化程度和演化关系。建议结合细胞学和分子标记等手段进行综合分析。

偃麦草属植物种质资源光合特性分析

　　中间偃麦草、长穗偃麦草、偃麦草和毛偃麦草是在我国栽培面积较大、用途更为广泛的几种偃麦草属植物。本节重点介绍这 4 种偃麦草属植物的光合和蒸腾作用日变化规律和特征，旨在揭示这 4 种偃麦草属植物的光合生理特性，为选育高产、早熟的优良偃麦草属植物新品种及合理栽培利用提供理论依据。

4.2.1　材料与方法

　　供试材料为中间偃麦草、长穗偃麦草、偃麦草和毛偃麦草田间生长第二年返青后到头茬刈割期间的活体叶片。试验地位于东经 116°17′，北纬 39°56′，海拔 54.7m，属北温带亚湿润气候，气温 11～13℃，年均降水量为 571.9mm，田间土壤为砂壤土，全氮含量 0.093%，速效磷含量 117.7mg·kg^{-1}，速效钾含量 165.1mg·kg^{-1}。

　　在晴朗天气，从供试材料中分别选取中等大小、叶色正常、全展开、具代表性的健康单叶 3 片，采用 LI-6400P 型光合测量仪连续测量 3d，遇到阴雨天气时测量延后，计算连续 3d 所测指标的平均值。光合日变化在 8:00～18:00 测量，每隔 2h 测量一次，每次测量由系统记录每叶片 20 组净光合速率（P_n）、蒸腾速率（T_r）、气孔导度（g_s）、叶温（T_l）、胞间 CO_2 浓度（C_i）、叶面大气蒸气压亏缺（VPD_l）、瞬时光合有效辐射（PAR）、相对湿度（RH）、大气 CO_2 浓度（C_a）。

叶室采用自然光，温度和湿度均不受控，采用气体缓冲瓶保证大气 CO_2 浓度相对稳定。按如下公式计算：水分利用效率（water use efficiency，WUE）$= \dfrac{P_n}{T_r}$；光能利用效率（light use efficiency，LUE）$= \dfrac{P_n}{PAR}$。

4.2.2　研究结果

1. 试验期间大气环境因子日变化规律

试验期间光合有效辐射日变化曲线呈单峰型，8:00 时光合有效辐射值已达较高水平，然后继续缓慢上升，12:00 前后达到最强，午后逐渐下降，16:00 后快速下降［图 4-5（a）］。大气 CO_2 浓度日变化表现为早晚高、午间低的"V"型趋势［图 4-5（a）］。大气温度日变化呈双峰型趋势［图 4-5（b）］。大气相对湿度日变化规律呈"W"型曲线［图 4-5（b）］。

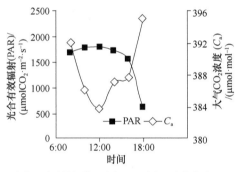

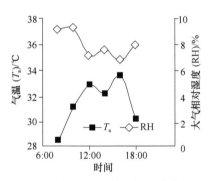

（a）光合有效辐射和大气 CO_2 浓度日变化曲线　　　　（b）大气温度和相对湿度日变化曲线

图 4-5　主要环境因子日变化

2. 偃麦草属植物叶片光合生理因子日变化

本试验 4 种偃麦草属植物叶片的净光合速率日变化进程曲线较为一致，均呈双峰型，但第一峰值出现时间上略有差异，长穗偃麦草和偃麦草出现在 8:00 之前，中间偃麦草和毛偃麦草第一峰值延后约 2h，出现在 10:00 左右；第二峰值均出现在 16:00 左右［图 4-6（a）］。统计分析结果显示，4 种偃麦草属植物叶片的净光合速率日均值由大到小依次为长穗偃麦草（31.3）＞偃麦草（24.9）＞中间偃麦草（18.1）＞毛偃麦草（18.0），长穗偃麦草显著高于其他 3 种偃麦草属植物（表 4-10）。气孔导度日变化呈双峰型变化趋势［（图 4-6（b）］，其中，长穗偃麦草叶片的气孔导度极显著高于中间偃麦草和毛偃麦草，显著高于偃麦草，中间偃麦草、偃麦草和毛偃麦草间差异不显著（表 4-8）。中间偃麦

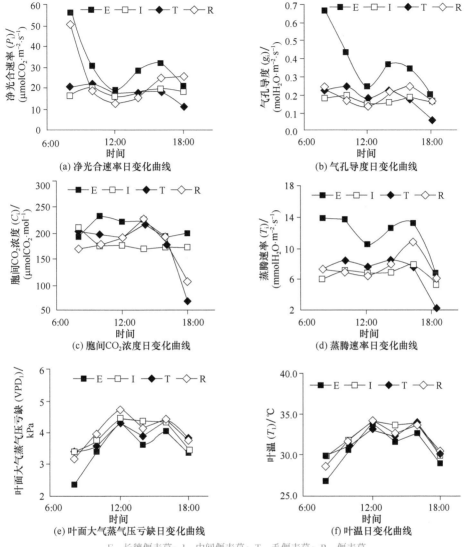

E. 长穗偃麦草；I. 中间偃麦草；T. 毛偃麦草；R. 偃麦草。

图 4-6　4 种偃麦草属植物叶片光合生理因子日变化曲线

草和长穗偃麦草叶片的胞间 CO_2 浓度日变化幅度较小，而毛偃麦草和偃麦草则较大 [图 4-6（c）]，长穗偃麦草日平均胞间 CO_2 浓度最高，但与其他 3 种偃麦草属植物没有显著差异（表 4-10）。蒸腾速率日变化有与气孔导度相似的双峰型曲线，且峰值与谷值出现时间也与气孔导度的基本相同 [图 4-6（d）]，长穗偃麦草叶片的蒸腾速率在一天中的任一时刻均为最大，且显著高于其他 3 种偃麦草属植物（表 4-10）。4 种偃麦草属植物叶片叶面大气蒸气压亏缺日变化进程曲线较为一致，均呈双峰型，两个峰值均分别出现在 12:00 和 16:00

［图 4-6（e）］，全天以偃麦草的平均叶面大气蒸气压亏缺最高，但 4 种偃麦草属植物间叶面大气蒸气压亏缺的差异并不显著（表 4-10）。叶温日变化有与叶面大气蒸气压亏缺相似的双峰型曲线，且峰值与谷值出现时间也与叶面大气蒸气压亏缺基本相同［图 4-6（f）］。全天中长穗偃麦草叶片的平均叶温最低，且显著低于其他 3 种偃麦草属植物（表 4-10）。

3. 偃麦草属植物叶片水分利用效率及光能利用效率的日变化

本试验 4 种偃麦草属植物叶片的水分利用效率和光能利用效率日变化均表现为早晚高、午间低的"U"型趋势［图 4-7（a）、（b）］。偃麦草日均水分利用效率最高，但 4 种偃麦草属植物间无显著差异；长穗偃麦草日均光能利用效率最高，但 4 种偃麦草属植物间无显著差异（表 4-10）。

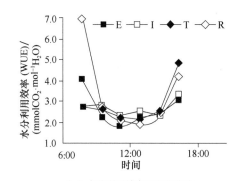
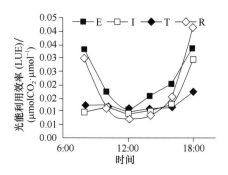

（a）水分利用效率日变化曲线　　　　　　（b）光能利用效率日变化曲线

E. 长穗偃麦草；I. 中间偃麦草；T. 毛偃麦草；R. 偃麦草。

图 4-7　4 种偃麦草属植物水分利用效率及光能利用效率日变化曲线

表 4-10　4 种偃麦草属植物光合参数、水分利用效率、光能利用效率的日均值

植物种	P_n/（μmol $CO_2 \cdot m^{-2} \cdot s^{-1}$）	g_s/（mol $H_2O \cdot m^{-2} \cdot s^{-1}$）	C_i/（μmol $CO_2 \cdot mol^{-1}$）	T_r/（mmol $H_2O \cdot m^{-2} \cdot s^{-1}$）
长穗偃麦草	31.30±13.40a	0.38±0.16a	210.00±17.00a	11.80±2.70a
中间偃麦草	18.10±1.80b	0.17±0.02b	180.00±15.00a	6.70±0.90b
毛偃麦草	18.00±3.90b	0.19±0.07b	176.00±54.00a	7.00±2.40b
偃麦草	24.90±13.80ab	0.19±0.05b	178.00±39.00a	7.60±1.70b

植物种	VPD/（kPa）	T_l/（℃）	WUE/（mmol $CO_2 \cdot mol^{-1} H_2O$）	LUE/（μmol $CO_2 \cdot μmol^{-1}$）
长穗偃麦草	3.53±0.68a	30.70±2.60b	2.64±0.81a	0.02±0.01a
中间偃麦草	3.95±0.49a	32.20±2.00a	2.73±0.36a	0.01±0.01a
毛偃麦草	3.90±0.39a	31.70±1.60ac	2.85±1.01a	0.01±0.01a
偃麦草	4.05±0.53a	31.90±2.10ac	3.38±1.96a	0.02±0.01a

注：同列不同小写字母表示差异显著（$P<0.05$）。

4. 偃麦草属植物叶片净光合速率日变化的主要影响因子

由表 4-11 可知，在本试验条件下（光合有效辐射 621～1793μmol CO_2·m^{-2}·s^{-1}，相对湿度 6.9%～9.3%，大气温度 28.6～33.6℃，大气 CO_2 浓度 383～394μmol CO_2·mol^{-1}），长穗偃麦草叶片的净光合速率与气孔导度和相对湿度呈正相关，达极显著水平（$r=0.969^{**}$ 和 $r=0.550^{**}$），与叶温及胞间 CO_2 浓度呈负相关，达极显著水平（$r=-0.705^{**}$ 和 $r=-0.471^{**}$）。中间偃麦草叶片的净光合速率与气孔导度呈正相关，达极显著水平（$r=0.711^{**}$），与胞间 CO_2 浓度呈负相关，达极显著水平（$r=-0.419^{**}$）。毛偃麦草叶片的净光合速率与气孔导度、胞间 CO_2 浓度、光合有效辐射和相对湿度均呈正相关，这与杜占池等（2000）对冰草叶片光合速率研究的结果一致，其净光合速率与相对湿度相关达显著水平，而与气孔导度、胞间 CO_2 浓度和光合有效辐射相关均达极显著水平（$r=0.959^{**}$、$r=0.877^{**}$ 和 $r=0.869^{**}$）。偃麦草叶片的净光合速率与相对湿度和气孔导度呈正相关，相关达极显著水平（$r=0.607^{**}$ 和 $r=0.595^{**}$），与叶温、光合有效辐射和胞间 CO_2 浓度均呈负相关，与胞间 CO_2 浓度相关达显著水平，而与叶温和光合有效辐射相关均达极显著水平（$r=-0.853^{**}$ 和 $r=-0.368^{**}$）。

表 4-11　4 种偃麦草属植物叶片净光合速率与内外因子的相关系数

	植物种	g_s	C_i	T_1	RH	PAR
P_n/（μmol CO_2·m^{-2}·s^{-1}）	长穗偃麦草	0.969^{**}	-0.471^{**}	-0.705^{**}	0.550^{**}	0.324
	中间偃麦草	0.711^{**}	-0.419^{**}	0.033	0.130	-0.197
	毛偃麦草	0.959^{**}	0.877^{**}	0.122	0.294^{*}	0.869^{**}
	偃麦草	0.595^{**}	-0.325	-0.853^{**}	0.607^{**}	-0.368^{**}

注：g_s 为气孔导度（mol H_2O·m^{-2}·s^{-1}）；C_i 为胞间 CO_2 浓度（μmol CO_2·mol^{-1}）；T_1 为叶温（℃）；RH 为相对湿度（%）；PAR 为光合有效辐射（μmol CO_2·m^{-2}·s^{-1}）。

* 表示显著水平（$P<0.05$）；** 表示极显著水平（$P<0.01$）。

5. 偃麦草属植物叶片蒸腾速率日变化的主要影响因子

由表 4-12 可知，长穗偃麦草叶片蒸腾速率与光合有效辐射和气孔导度呈正相关，达极显著水平（$r=0.907^{**}$ 和 $r=0.751^{**}$）；中间偃麦草叶片蒸腾速率与叶温、叶面大气蒸气压亏缺、光合有效辐射和气孔导度呈正相关，达极显著水平（$r=0.788^{**}$、$r=0.700^{**}$、$r=0.574^{**}$ 和 $r=0.448^{**}$），与胞间 CO_2 浓度呈负相关，达极显著水平（$r=-0.365^{**}$）；毛偃麦草叶片蒸腾速率与胞间 CO_2 浓度、气孔导度、光合有效辐射和叶温呈正相关，均达极显著水平（$r=0.974^{**}$、$r=0.948^{**}$、$r=0.941^{**}$ 和 $r=0.467^{**}$）；偃麦草叶片蒸腾速率与气孔导度、胞间 CO_2 浓度及叶温呈正相关，达极显著水平（$r=0.802^{**}$、$r=0.446^{**}$ 和 $r=0.327^{**}$）。

表 4-12   4 种偃麦草属植物叶片蒸腾速率与内外因子的相关系数

	植物种	g_s	C_i	VPD_l	T_l	PAR
$T_l/$ (mmol $H_2O \cdot m^{-2} \cdot s^{-1}$)	长穗偃麦草	0.751**	0.127	−0.223	−0.016	0.907**
	中间偃麦草	0.448**	−0.365**	0.700**	0.788**	0.574**
	毛偃麦草	0.948**	0.974**	0.057	0.467**	0.941**
	偃麦草	0.802**	0.446**	0.229	0.327*	0.225

注：g_s 为气孔导度（mol $H_2O \cdot m^{-2} \cdot s^{-1}$）；$C_i$ 为胞间 CO_2 浓度（μmol $CO_2 \cdot mol^{-1}$）；VPD_l 为叶面大气蒸气压亏缺（kPa）；T_l 为叶温（℃）；PAR 为光合有效辐射（μmol $CO_2 \cdot m^{-2} \cdot s^{-1}$）。

* 表示显著水平（$P < 0.05$）；** 表示极显著水平（$P < 0.01$）。

4.2.3   小结与讨论

本试验 4 种偃麦草属植物叶片净光合速率日变化进程曲线均呈双峰型，存在光合"午休"现象，其净光合速率和气孔导度在午间均同步降低，但气孔关闭是否是光合速率降低的原因，除了气孔导度是否降低，最重要的依据是胞间 CO_2 浓度是否也同时降低（Farquhar *et al.*，1980；许大全，1990）。正午之前，中间偃麦草和偃麦草叶片胞间 CO_2 浓度处于上升阶段，而长穗偃麦草和毛偃麦草叶片的胞间 CO_2 浓度均下降。这说明造成中间偃麦草和偃麦草中午光合速率降低的因素是叶肉细胞光合能力的下降（周海燕等，2001；张利平等，1998），而造成长穗偃麦草和毛偃麦草中午光合速率降低的因素则是气孔导度的下降。

蒸腾作用影响植物的水分状况，在一定程度上反映植物调节水分的能力及适应干旱环境的方式（冷平生等，2000；黄顶等，2003）。4 种偃麦草属植物叶片的蒸腾速率日变化进程曲线均呈双峰型，有"午降"现象，且均与气孔导度呈极显著正相关，说明气孔导度是影响其蒸腾作用的直接因子。由图 4-5 和图 4-6 可知，上午随着光合有效辐射的增强，叶温升高，相对湿度降低，蒸腾作用加剧，叶片内水分暂时亏缺，叶面大气蒸气压亏缺加大，以致呼吸气孔出现部分关闭，气孔导度下降，从而导致正午蒸腾速率的降低。

叶片水分利用效率和光能利用效率日变化曲线反映 4 种偃麦草属植物的生理活动为早晚活跃、午间迟钝，进一步说明其对午间高温、低湿环境的适应。气孔的部分关闭可以使植物的用水效率提高，趋向最大和最优化。通过对 4 种偃麦草属植物叶片净光合速率、蒸腾速率、气孔导度、水分利用效率和光能利用效率的日均值进行比较，可得出总体规律是光合作用和蒸腾作用的能力越强，气孔导度越大，需水量越多，对水分利用效率就越低，但对光能利用效率却越高（如长穗偃麦草）；反之，光合作用和蒸腾作用的能力越弱，气孔导度越小，需水量越少，对水分利用效率就越高，但对光能的利用效率却越低（如毛偃麦草和中间偃麦草）。这种适应干旱环境的调节方式，对其本身的节水与生存是有利的（Farquhar *et al.*，1980）。而偃麦草水分利用效率和光能利用效率均高。

　　长穗偃麦草光合能力较强，需水量较多，在夏季高温低湿的情况下，通过适时灌溉有利于降低局部大气温度，增加湿度，减少植株水分蒸腾消耗，以满足其对水分的需要，对提高水分利用效率及克服"午休"有一定的积极作用。偃麦草光合能力较强，需水量一般，可作为水源不足地区的首选草种之一。毛偃麦草和中间偃麦草光合能力较弱，需水量较少，可通过合理密植实现水分利用效率的最优化，获得高产。

偃麦草属植物种质资源抗逆生理评价

🌿 内容提要

本章重点对偃麦草属植物种质资源的耐盐性、抗旱性和耐重金属特性进行评价，揭示其逆境生理特性和规律。采用温室苗期模拟 NaCl 盐分胁迫方法，完成了 34 份偃麦草属植物种质材料苗期耐盐性评价；通过欧氏距离聚类法对其叶片相对含水量（relative water content，RWC）、相对电导率（relative electrical conductivity，REC）、脯氨酸（proline，Pro）含量、K^+/Na^+ 的变化率，及相对生长速率（relative growth rate，RGR）变化率等进行聚类分析，可将 34 份种质材料分为 3 个耐盐群体，即耐盐、中度耐盐和敏盐种质，并优选出 12 份优异耐盐种质材料。采用温室土培模拟 NaCl 盐分胁迫方法，可将 13 份中间偃麦草种质材料分为 3 个耐盐级别，优选出 3 份强耐盐种质材料，并认为 0.9%NaCl 是中间偃麦草种质苗期可耐受 NaCl 胁迫的浓度阈值。采用水培法分析了长穗偃麦草耐盐种质材料 PI276399（与敏盐种质材料 PI578686 比较）的耐盐生理机制，表明耐盐种质具有更强的 K^+/Na^+ 选择性。通过温室模拟干旱胁迫的方法，完成了 27 份偃麦草属植物种质材料的抗旱性评价，分出强抗旱、中等抗旱和弱抗旱 3 个抗旱级别；分析了干旱胁迫下 3 个抗旱级别的植株生长形态和生理指标的变化趋势。利用温室土培模拟逆境胁迫方法，综合评价了长穗偃麦草植株耐重金属 Cd 和 Zn 单一及复合胁迫的能力、生理生化指标响应及变化规律。

 5.1 **偃麦草属植物种质资源耐盐性评价**

偃麦草属植物具有十分重要的利用价值（陈默君等，2000）。有的种质以其强抗旱性、耐盐碱性和抗病性等成为小麦远缘杂交的重要亲本材料，是改良小麦不可缺少的野生基因库（王洪刚等，2000）；有的种质是我国中西部地区重要的牧草资源，是防风固沙、水土保持、改良盐碱地的理想草本植物（孟林等，2003；谷安琳，2004）。关于偃麦草属植物耐盐性的研究，除了与其他牧草种或品种的比较研究（毛培春，2004；白玉娥，2004；张竞，2006），系统开展偃麦草属种间、品种间和种质材料间耐盐性比较研究的文献报道相对较少（董钻等，

2000；彭运翔等，2002；张耿等，2007）。本研究团队分别对 34 份偃麦草属植物
种质材料和 13 份中间偃麦草种质材料苗期耐盐性进行综合评价，以期筛选出优
异耐盐的种质材料，并分析在不同 NaCl 浓度胁迫下其生长和生理指标的变化趋
势及规律，同时还比较分析了长穗偃麦草敏盐种质材料和耐盐种质材料的生理特
性，揭示了长穗偃麦草种质材料的耐盐生理机制，旨在为偃麦草属植物耐盐种质
开发利用及耐盐新品种选育提供理论依据。

5.1.1 偃麦草属植物种质资源苗期耐盐性评价

1. 材料与方法

从美国植物种质资源库中收集整理 21 个国家的 8 种偃麦草属植物 34 份种质材
料（表 5-1），采用温室土培模拟逆境胁迫。试验期温室平均气温 26.5℃（白天）/
17.0℃（夜晚），相对湿度 52.2%（白天）/81.8%（夜晚）。试验土壤基质由过筛大田土、
草炭和细沙按 1∶1∶1 的体积比配制而成，有机质含量 3.62%、全氮含量 0.14%、速
效磷 23.03mg·kg^{-1}、速效钾 65.83mg·kg^{-1}、水溶性盐 42mS·cm^{-1}，pH 7.01。装入
花盆（上口径×下口径×高＝17cm×12cm×14cm），保证每盆干土重量为 1.5kg。
每份种质材料播种 15 盆，每盆 40 粒种子，待幼苗长到三叶期时，间苗，每盆选择
长势均匀的植株定苗 25 株，进行 NaCl 盐浓度胁迫处理。设置 4 个 NaCl 浓度（分
析纯 NaCl 占土壤干重的 0.3%、0.6%、0.9% 和 1.2%）及 1 个对照（CK，无 NaCl），
每处理 3 次重复。将配制好的不同浓度盐溶液分别一次性浇入相应花盆中，对照浇
入等量自来水，保证每盆土壤含水量为最大田间持水量的 70% 左右。胁迫试验开始
后，每天根据土壤水分的蒸发情况，浇入适量的水，保证土壤含水量相对恒定。

表 5-1 偃麦草属植物种质材料及来源

种质材料编号	种质库原编号	种名	种质材料名	来源
ER008	PI180407		—	印度
ER014	PI531747		D-3244	波兰
ER027	PI593438		MH-114-1085	土耳其
ER028	PI317410		QHAAV	阿富汗
ER030	PI499630		DT-3045	中国
ER032	PI502361	偃麦草	AR-200	俄罗斯
ER033	PI371689		PN-543	美国
ER035	PI401317		D-1061	伊朗
ER036	PI565007		AJC-312	哈萨克斯坦
ER037	PI595134		X93028	中国
ER038	PI634252		UKR-99-105	乌克兰
ER039	PI618807		W94029	蒙古国

续表

种质材料编号	种质库原编号	种名	种质材料名	来源
ER041	PI253431	—	—	塞尔维亚
ER044	PI598741	偃麦草	AJC-302	俄罗斯
ER045	PI311333		A-238	西班牙
EE007	PI297871		C. P. I. 27103	阿根廷
EE011	PI574516		ALKAR	美国
EE014	PI276399		C. P. I. No. 22748	德国
EE017	PI308592		FAO 18.173	意大利
EE022	PI578686	长穗偃麦草	ORBIT	加拿大
EE023	PI535580		811	突尼斯
EE026	PI595139		X93047	中国
EE027	PI401007		D-19	土耳其
EE047	PI578683		PLATTE	美国
EH001	PI276708	杂交偃麦草	IV-68	俄罗斯
EH002	PI277183		—	法国
EJ001	PI634312	脆轴偃麦草	D-3674	希腊
EJ003	PI414667		W6 11157	荷兰
EPO02	PI508561		546	阿根廷
EPO04	PI636523	黑海偃麦草	D-3494	阿根廷
EPO03	PI547312		VIR-44719	俄罗斯
EL001	PI440059	*E. lolioides**	D-2026	俄罗斯
EPU02	PI277185	*E. pungens**	—	法国
EI022	PI547334	中间偃麦草	D-3209	波兰

*表示没有对应的中文种名。

胁迫 15d 时，选取各 NaCl 盐浓度处理下的每份种质材料幼嫩叶片，采用饱和称重法测定 RWC（邹琦，2000），采用电导率仪法测定 REC（李合生，2000），采用茚三酮法测定 Pro 含量（李合生，2000），采用原子吸收分光光度法测定 K^+、Na^+ 含量（中国土壤学会农业化学专业委员会，1989）。按如下公式计算每份种质材料的 RWC、REC、Pro 含量和 K^+/Na^+ 的变化率。

RWC 变化率（%）=（0.9% NaCl 浓度下 RWC 测定值−对照 CK 的 RWC 测定值）/ 对照 CK 的 RWC 测定值 ×100%；

REC 变化率（%）=（0.9% NaCl 浓度下 REC 测定值−对照 CK 的 REC 测定值）/ 对照 CK 的 REC 测定值 ×100%；

Pro 含量变化率（%）=（0.9% NaCl 浓度下 Pro 含量测定值−对照 CK 的 Pro 含量测定值）/ 对照 CK 的 Pro 含量测定值 ×100%；

K^+/Na^+ 变化率=（对照 CK 的 K^+/Na^+ 值−0.9% NaCl 浓度下 K^+/Na^+ 值）/ 对照 CK 的 K^+/Na^+ 值 ×100%。

相对生长速率＝（胁迫后株高−胁迫前株高）/胁迫天数×100%；相对生长速率变化率（RGR 变化率）＝胁迫植株相对生长速率/对照植株相对生长速率×100%（费永俊等，2005）；耐盐系数为盐害症状出现前不同 NaCl 浓度处理下生长天数乘以 NaCl 百分比浓度的总和（陈穗云等，2000）；植株存活率为盐浓度胁迫处理 15d 时存活苗数与处理前存活总苗数的百分比；出现盐害到死亡的时间，以全盆 50% 以上植株死亡定为死亡时间（赵可夫，1993）。通过 SAS 8.2 统计软件对 0.9% NaCl 浓度下测定的 8 个耐盐指标原始测定数据进行单因素方差分析和欧氏最大距离聚类分析。

2．研究结果

1）苗期单项耐盐指标及相关性分析

不同 NaCl 浓度处理下，偃麦草属植物种质材料苗期的生长特性和生理指标变化不同。0.3% NaCl 浓度下，虽然植株生长受到一定程度的抑制，除 ER028、ER036、ER039 和 EE007 外，其余植株相对生长速率变化率（RGR 变化率）均在50% 以上；EL001 植株存活率为 90.24%，其余种质植株存活率为 100%。当 NaCl浓度为 0.6% 时，植株生长受到较明显的抑制，RGR 变化率均在 76.56% 以下，如ER036、EE007、ER028、EL001、ER033 和 EJ003 的 RGR 变化率分别为 18.98%、21.10%、26.09%、25.71%、34.05% 和 36.31%；而多数种质材料的植株存活率为100%，仅 ER028、EL001 和 EI022 植株存活率分别为 89.29%、90.24% 和 95.65%。当 NaCl 浓度为 0.9% 时，植株生长受到特别明显的抑制，RGR 变化率均处于 50%以下，有的甚至为−18.53%；而植株存活率除 ER008、ER014、EI022 和 ER038 分别为 77.27%、77.27%、75.21% 和 64.29% 外，其余均在 80% 以上，有的甚至仍达100%。当 NaCl 浓度为 1.2% 时，植株生长严重受阻，有的甚至死亡，RGR 变化率全部处于 25% 以下，有的材料甚至为−55.81%（EE022）、−43.48%（ER028）、−35.5%（EL001）和−22.02%（EJ003）；而植株存活率小于 50% 的有 ER008（49%）、ER014（43.18%）、ER028（47.69%）、ER033（41.94%）、ER036（40%）、ER037（46.67%）、ER039（30.76%）、ER045（38.46%）、EE022（38%）、EJ003（46%）、EPO03（44.62%）、EL001（44%）和 EI002（34.56%）。1.2% NaCl 浓度处理下植株发生的盐害级别均在 2 以上，有的甚至达到 4 的水平，出现盐害到死亡的时间大多处于 3～10d，充分说明超过植物耐受的盐浓度阈值，植物不能正常生长。

由 0.3%、0.6%、0.9% 和 1.2% NaCl 浓度胁迫处理和 CK 下的 RWC、REC、Pro 含量和 K^+/Na^+ 的测定分析可知，34 份偃麦草属植物种质材料叶片的 RWC和 K^+/Na^+ 值随着 NaCl 胁迫处理浓度的增加而呈递减趋势，而 REC 和 Pro 含量值则呈递增趋势，且 0.3% 和 0.6% NaCl 浓度下的各指标测定值与 CK 相比，变化幅度均相对较缓（表 5-2）。

表 5-2　不同 NaCl 浓度处理下 34 份偃麦草属

种质材料编号	0.0% NaCl（CK）				0.3% NaCl				
	RWC/%	REC/%	Pro 含量 /（μg·g⁻¹）	K⁺/Na⁺	RWC/%	REC/%	Pro 含量 /（μg·g⁻¹）	K⁺/Na⁺	RWC/%
ER008	89.96	11.89	45.00	30.44	86.00	13.33	54.18	9.49	82.13
ER014	96.86	9.09	59.68	21.62	92.80	14.76	177.09	6.72	86.48
ER027	94.16	8.25	45.27	19.04	91.48	8.38	50.27	11.57	88.82
ER028	91.31	11.42	103.04	15.83	89.95	17.00	283.16	4.81	82.61
ER030	92.14	8.79	63.43	20.08	89.16	11.18	71.20	7.72	85.37
ER032	94.34	11.60	48.52	28.84	82.42	16.07	266.50	12.36	79.53
ER033	94.96	8.38	39.72	20.26	92.59	8.72	48.29	8.11	86.96
ER035	92.24	11.60	89.54	32.56	84.94	12.91	59.76	10.59	82.48
ER036	86.76	9.21	39.60	22.91	86.83	13.96	78.05	3.75	80.08
ER037	88.41	7.18	44.63	14.47	85.63	7.72	61.24	5.20	80.31
ER038	94.39	10.52	61.08	37.75	89.01	15.06	68.34	7.42	85.72
ER039	94.11	7.29	60.12	26.08	83.06	6.16	59.02	8.82	70.13
ER041	88.59	7.20	50.17	20.51	87.98	10.06	59.41	16.16	82.22
ER044	95.94	10.11	59.27	17.27	91.31	10.92	69.52	10.00	83.70
ER045	94.01	4.18	31.50	17.57	85.85	4.52	68.79	7.08	85.42
EE007	83.66	10.43	40.79	13.07	82.48	10.46	51.36	4.78	73.45
EE011	93.33	9.83	51.81	8.02	89.33	8.78	66.14	5.15	86.05
EE014	97.97	10.81	50.72	7.27	94.34	13.87	124.57	5.04	90.29
EE017	96.07	13.98	44.40	12.43	86.87	12.84	74.50	7.55	78.62
EE022	94.01	11.52	43.96	16.23	87.99	13.62	49.31	3.12	83.25
EE023	86.54	19.05	41.21	8.06	85.91	21.75	65.16	5.75	80.15
EE026	96.93	7.93	36.57	18.00	88.50	12.88	43.94	8.52	89.00
EE027	92.59	4.43	27.00	8.80	89.23	4.37	30.30	3.88	87.89
EE047	94.29	9.88	41.51	12.26	85.85	11.11	37.32	6.50	83.87
EH001	98.69	10.74	98.05	10.14	92.64	11.46	156.97	6.38	90.20
EH002	97.22	10.20	103.86	13.48	92.86	12.63	126.91	10.08	90.04
EJ001	83.66	14.02	60.38	11.36	83.48	14.17	52.38	5.50	73.45
EJ003	89.99	9.78	50.59	9.29	84.76	11.86	185.44	5.59	68.41
EPO02	89.36	13.84	47.20	5.94	75.96	15.16	51.40	2.31	79.02
EPO04	86.59	14.88	41.74	4.32	85.66	22.55	43.55	2.57	83.11
EPO03	86.76	7.89	33.60	7.68	79.74	9.16	116.33	5.66	83.71
EL001	94.31	19.59	50.69	12.22	87.39	19.87	120.30	2.14	79.40
EPU02	91.69	3.15	95.52	8.74	89.55	3.77	166.65	3.34	87.34
EI022	85.18	12.44	37.07	23.54	82.08	14.85	54.04	4.79	76.26

注："—"表示因植株存活稀少或已死亡，无法测定。

植物种质材料的 RWC、REC、Pro 和 K^+/Na^+ 值

0.6% NaCl			0.9% NaCl				1.2% NaCl			
REC /%	Pro 含量 / ($\mu g \cdot g^{-1}$)	K^+/Na^+	RWC /%	REC /%	Pro 含量 / ($\mu g \cdot g^{-1}$)	K^+/Na^+	RWC /%	REC /%	Pro 含量 / ($\mu g \cdot g^{-1}$)	K^+/Na^+
20.59	94.93	7.37	74.18	20.71	836.84	4.99	69.34	25.51	3398.53	2.36
16.16	204.18	4.99	76.56	21.06	1185.61	2.30	—	—	—	—
11.16	257.58	8.42	80.36	15.30	786.18	3.53	75.89	22.52	3008.77	2.46
17.89	926.50	2.84	71.28	25.83	2280.97	1.29	—	—	—	—
13.89	81.72	7.18	81.77	15.47	819.45	3.35	75.77	21.40	2263.88	2.39
18.39	591.90	6.78	77.73	24.76	886.14	4.74	70.11	35.30	3210.77	1.93
17.50	85.46	5.86	73.63	20.62	897.98	2.24	65.12	21.63	3958.79	1.44
19.82	443.42	9.23	82.95	13.90	870.46	8.68	78.95	17.30	1964.66	—
22.80	552.99	2.79	76.55	33.18	881.46	1.38	72.55	49.44	3990.02	1.20
13.49	730.55	3.49	75.94	13.09	735.96	3.11	70.62	21.22	2411.09	2.32
15.51	106.28	6.35	76.48	22.36	1202.74	5.67	72.48	34.18	3337.09	3.42
12.47	357.25	6.50	71.75	30.10	1451.17	2.13	—	—	—	—
10.50	141.77	14.89	77.54	12.65	709.40	10.20	72.53	21.58	2275.72	6.95
13.95	259.59	5.16	81.30	18.88	1052.58	3.78	67.34	20.75	2962.69	
7.71	85.26	4.68	80.57	7.64	509.10	2.87	74.68	19.61	2412.32	2.14
18.51	46.05	4.12	65.57	20.99	818.93	3.77	60.50	34.45	3612.62	1.58
17.98	145.72	4.85	82.99	15.59	505.74	4.14	76.99	35.38	1731.65	3.51
14.20	129.33	4.80	87.24	15.58	446.15	4.33	82.24	35.96	1794.30	2.92
15.12	172.67	5.33	85.33	17.72	433.58	4.42	79.33	36.86	2074.63	3.44
19.10	453.92	2.68	75.93	24.26	962.22	1.30	67.52	13.33	3698.66	1.09
23.58	183.12	5.08	76.28	27.19	391.72	4.82	72.56	26.99	1790.94	3.54
13.22	79.11	6.58	86.40	11.63	332.69	4.73	81.40	36.57	1645.28	3.44
8.60	352.45	3.55	77.29	8.79	486.48	3.39	71.56	20.97	2984.32	
17.45	116.59	5.73	83.82	16.12	397.82	4.28	77.82	26.04	1804.81	3.03
13.42	233.42	5.54	88.03	16.69	855.85	4.27	84.03	18.25	1579.25	3.11
16.05	156.57	8.35	86.93	16.81	887.73	5.48	82.93	21.23	1417.31	4.50
15.51	241.90	4.70	70.24	27.43	1045.88	3.54	64.92	32.63	2824.60	1.80
13.96	883.60	3.69	70.50	22.46	1121.84	1.22	61.84	32.36	3977.23	1.06
16.95	84.52	2.05	74.13	27.49	889.48	1.77	68.54	16.02	3365.02	—
24.18	614.08	2.06	74.96	26.87	609.83	1.02	70.45	16.19	2295.12	
9.67	378.32	4.63	74.31	14.59	563.11	2.96	68.54	22.52	2796.56	1.36
21.90	366.68	1.91	72.92	52.81	1298.57	1.57	63.15	33.89	4406.11	1.10
5.43	265.57	3.18	81.58	5.48	1170.06	1.92	76.58	68.60	2089.85	—
17.33	708.38	2.66	66.12	33.51	837.90	1.19	—	—	—	—

在 0.9% NaCl 浓度处理下，参试的偃麦草属植物种质材料的生长受到明显抑制，但均维持绿色状态。由表 5-2 可知，0.9% NaCl 浓度是 RWC、REC、Pro 含量和 K^+/Na^+ 四个生理指标值变化的拐点，该 NaCl 浓度下测定的 RWC、REC、Pro 含量的变化率方差分析结果显示，大多数种质材料间存在显著差异（表 5-3）。RWC、REC、Pro 含量和 K^+/Na^+ 变化率绝对值小的种质材料，RGR 变化率和耐盐系数多数较大，植株存活率较高，出现盐害到死亡的时间较长。相关性分析结果表明，测试的 8 个耐盐指标间存在不同程度的相关性（表 5-4），它们提供的信息会发生重叠。因此，单项耐盐评价指标并不能客观评价偃麦草属植物种质材料的苗期耐盐性。

表 5-3 0.9% NaCl 浓度处理 15d 偃麦草属植物种质材料各项生理指标和相对生长速率变化率

种质材料编号	RWC 变化率 /%	REC 变化率 /%	Pro 含量变化率 /%	K^+/Na^+ 变化率 /%	RGR 变化率 /%	耐盐系数	植株存活率 /%	出现盐害到死亡的时间 /d
ER008	−17.54f	74.14klij	1759.71gf	83.61	43.75	23.10	77.27	4
ER014	−20.96dc	131.67ed	1886.51d	87.83	23.56	21.90	77.27	4
ER027	−14.66ji	85.40gijh	1636.78jih	81.47	35.67	27.90	100.00	6
ER028	−21.93bc	126.10ed	2113.60c	91.86	12.68	20.47	85.00	3
ER030	−11.26lmn	76.0klijh	1191.91m	83.34	48.06	26.70	100.00	4
ER032	−17.61f	113.43ef	1726.18gfh	83.57	35.98	24.50	100.00	5
ER033	−22.46ba	146.04d	2160.51c	88.94	15.69	25.00	93.33	3
ER035	−10.07n	19.82o	872.13n	73.33	47.52	30.80	100.00	8
ER036	−11.76lm	260.20b	2125.83c	93.99	15.77	18.12	88.46	4
ER037	−14.11ji	82.24kgijh	1549.06jk	78.48	34.76	26.10	98.15	4
ER038	−18.98e	112.58ef	1869.14ed	84.99	24.08	24.42	64.29	4
ER039	−23.77a	312.65a	2313.90b	91.84	−18.53	21.50	100.00	5
ER041	−12.47lk	75.74klijh	1313.89l	50.28	41.44	26.30	94.44	6
ER044	−15.26ih	86.82gijh	1675.78gih	78.13	38.49	28.50	96.67	5
ER045	−14.30ji	82.89gijh	1516.04k	83.66	22.36	26.10	100.00	5
EE007	−21.63bc	101.31gf	1907.89d	71.17	28.87	20.20	86.00	4
EE011	−11.08lmn	58.64klm	876.05n	48.33	48.01	30.70	100.00	5
EE014	−10.96mn	44.12on	779.68on	40.42	44.45	31.26	78.57	5
EE017	−11.19lmn	26.77lm	876.59n	64.48	46.06	31.80	100.00	8
EE022	−19.23de	110.58ef	2088.65c	91.99	18.60	23.70	100.00	4
EE023	−11.86lm	42.75nm	850.58on	40.22	44.23	33.80	100.00	7

续表

种质材料编号	RWC 变化率 /%	REC 变化率 /%	Pro 含量变化率 /%	K$^+$/Na$^+$ 变化率 /%	RGR 变化率 /%	耐盐系数	植株存活率 /%	出现盐害到死亡的时间 /d
EE026	−10.87mn	46.71nm	809.68on	73.73	43.26	33.00	100.00	6
EE027	−16.52gfh	98.39gifh	1701.71gfh	61.50	34.58	26.40	100.00	9
EE047	−11.10lmn	63.09kljm	858.50on	65.08	47.27	31.08	100.00	1
EH001	−10.80mn	55.37lm	772.88on	57.86	47.12	29.50	82.61	6
EH002	−10.59mn	64.86kljm	754.72o	59.37	44.63	22.70	100.00	3
EJ001	−16.05gh	95.66gifh	1632.27jih	66.56	29.62	28.00	100.00	5
EJ003	−21.66bc	129.61ed	2117.43c	86.89	12.44	21.45	100.00	5
EPO02	−17.05gf	98.60gfh	1784.60ef	70.25	34.38	23.55	100.00	5
EPO04	−13.43jk	80.66kgijh	1361.15l	73.60	43.54	25.20	100.00	4
EPO03	−14.35ji	84.83gijh	1575.97jik	61.42	40.95	26.40	92.59	8
EL001	−22.69ba	169.66c	2461.99a	87.11	12.35	20.30	71.43	5
EPU02	−11.03lmn	74.09klij	1124.93m	57.14	47.14	35.10	100.00	5
EI022	−22.38b	169.29c	2160.51c	94.94	−10.20	15.30	75.21	5

注：同列不同小写字母表示差异显著（$P<0.05$）。

表 5-4　偃麦草属植物种质材料 8 个测试指标的相关系数

	x_1	x_2	x_3	x_4	x_5	x_6	x_7	x_8
x_1	1							
x_2	0.64**	1						
x_3	0.87**	0.77**	1					
x_4	0.66**	0.64**	0.77**	1				
x_5	−0.82**	−0.86**	−0.80**	−0.70**	1			
x_6	−0.73**	−0.71**	−0.80**	−0.70**	0.74**	1		
x_7	−0.40*	−0.22	−0.33*	−0.23	0.29	0.44**	1	
x_8	−0.26	0.26	−0.25	−0.38*	0.22	0.38*	0.21	1

注：x_1 为 RWC 变化率 /%；x_2 为 REC 变化率 /%；x_3 为 Pro 含量变化率 /%；x_4 为 K$^+$/Na$^+$ 变化率 /%；x_5 为 RGR 变化率 /%；x_6 为耐盐系数；x_7 为植株存活率 /%；x_8 为出现盐害到死亡的时间 /d。

* 表示显著水平（$P<0.05$）；** 表示极显著水平（$P<0.01$）。

2）偃麦草属植物种质材料耐盐性聚类分析

将 0.9% NaCl 浓度处理下各生理指标（RWC、REC、Pro 含量和 K$^+$/Na$^+$）变化率和 RGR 变化率、耐盐系数、植株存活率、出现盐害到死亡的时间 8 个耐盐指标进行聚类分析（图 5-1），将 34 份偃麦草属植物种质材料分为 3 个耐盐级别：耐盐种质 12 份包括 ER030、ER035、ER041、EE011、EE014、EE017、EE023、EE026、EE047、EH001、EH002 和 EPU02；中度耐盐种质 14 份包括 ER008、ER014、ER027、ER032、ER037、ER038、ER044、ER045、EE007、EE027、EJ001、EPO02、EPO03 和 EPO04；敏盐种质 8 份包括 ER028、ER033、ER036、ER039、EE022、EI022、EJ003 和 EL001。

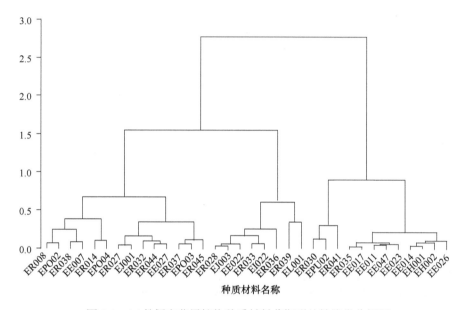

图 5-1　34 份偃麦草属植物种质材料苗期耐盐性聚类分析图

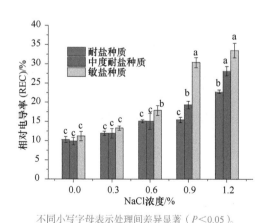

不同小写字母表示处理间差异显著（$P < 0.05$）。

图 5-2　偃麦草属植物种质材料不同耐盐群体相对电导率的变化

3）偃麦草属植物种质材料不同耐盐群体生理指标变化规律

（1）REC 对 NaCl 胁迫的响应及变化规律。在 NaCl 连续胁迫处理下，植物叶片 REC 上升越快，表明细胞膜受到的伤害越大，耐盐性就越差。由图 5-2 显示，随着 NaCl 浓度增加，REC 均呈逐渐上升趋势，其中 0.3% 和 0.6% NaCl 浓度胁迫处理下，3 个耐盐群体 REC 间多数没有显著差异；当 NaCl 浓度为 0.9% 时，3 个耐盐群体 REC 间存在显著差异（$P <$

0.05）。敏盐种质 REC 在 0.6% NaCl 浓度下为 17.87%，在 0.9% 和 1.2% NaCl 浓度下分别为 30.35% 和 33.51%，而耐盐种质 REC 增幅相对缓慢，0.6% NaCl 浓度下为 15.06%，0.9% 和 1.2% NaCl 浓度下为 15.40% 和 22.76%。

（2）Pro 含量对 NaCl 胁迫的响应及变化规律。随着 NaCl 处理浓度的增加，Pro 含量均呈逐渐增加的趋势。0.3% NaCl 浓度处理下，3 个耐盐群体叶片的 Pro 含量间没有显著差异，当 NaCl 浓度增加至 0.6% 时，差异显著（$P < 0.05$）。敏盐种质 Pro 含量由 CK 的 53.1μg · g^{-1} 增加到 0.9% 和 1.2% 浓度下的 1216.51μg · g^{-1} 和 4006.16μg · g^{-1}，而耐盐种质 Pro 含量由 CK 的 63.9μg · g^{-1} 增 加 到 0.9% 和 1.2% 浓度下的 651.72μg · g^{-1} 和 1869.36μg · g^{-1}，中度耐盐种质 Pro 含量增幅居于二者之间，在 1.2% 浓度下 Pro 含量达 2970.73μg · g^{-1}（图 5-3）。Pro 含量随着 NaCl 胁迫浓度的增加而增加，且增幅越大，耐盐性越差，这与在黑麦草属植物（李孔晨等，2008）、转基因冰草（徐春波等，2006）、碱茅〔*Puccinellia distans*（L.）Parl.〕（王锁民等，1994）等禾本科牧草中的研究结果相一致。

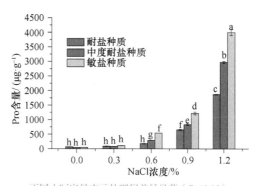

不同小写字母表示处理间差异显著（$P < 0.05$）。

图 5-3　偃麦草属植物种质材料不同耐盐群体
Pro 含量的变化

（3）K$^+$ 和 Na$^+$ 含量对 NaCl 胁迫的响应及变化规律。在盐生环境下，植物维持体内 K$^+$、Na$^+$ 平衡的能力与其耐盐性呈正相关（翁森红等，1998；Tester *et al.*，2003）。由图 5-4 可知，3 个耐盐群体叶片中 K$^+$ 含量随着 NaCl 处理浓度的增加而呈逐渐下降趋势，Na$^+$ 含量则呈逐渐上升趋势，耐盐种质叶片中 K$^+$ 下降幅度和 Na$^+$ 上升幅度相对缓慢；敏盐种质叶片中 K$^+$ 下降幅度和 Na$^+$ 上升幅度则较大。这与石德成等（1993）的研究结果相似，即大多数植物对 K$^+$、Na$^+$ 吸收具有拮抗作用，随着体内 Na$^+$ 含量上升，K$^+$ 含量则下降。本研究 3 个耐盐群体叶片中 K$^+$/Na$^+$ 随着 NaCl 浓度的增加呈逐渐下降趋势（图 5-5）。相对 CK，NaCl 处理浓度 0.3% 时的耐盐、中度耐盐和敏盐种质叶片中 K$^+$/Na$^+$ 呈急速下降趋势，CK 下分别为 14.3%、17.07% 和 18.3%，0.3% 浓度下分别为 7.73%、6.75% 和 5.14%。当 NaCl 浓度分别为 0.3%、0.6%、0.9% 和 1.2% 时，K$^+$/Na$^+$ 下降相对较为缓慢，耐盐种质叶片中 K$^+$/Na$^+$ 显著高于中度耐盐和敏盐种质。耐盐种质叶片中 K$^+$/Na$^+$ 在 0.3% NaCl 浓度时为 7.73%，在 0.9% 和 1.2% 浓度时分别为 5.05% 和 3.68%，敏盐种质叶片中 K$^+$/Na$^+$ 在 0.3% 时为 5.14%，在 0.9% 和 1.2% 浓度时为 1.54% 和 1.18%（图 5-5）。

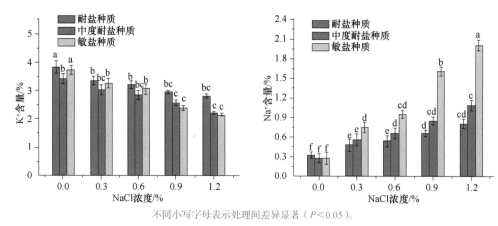

不同小写字母表示处理间差异显著（*P*<0.05）。

图 5-4　偃麦草属植物种质材料不同耐盐群体 K$^+$、Na$^+$含量的变化

（4）RWC 对 NaCl 胁迫的响应及变化规律。盐浓度导致植物叶片 RWC 下降，且随着盐浓度的增加，RWC 下降幅度增大（王雪青，2007）。当 0.3% 和 0.6% NaCl 处理时，3 个偃麦草属植物种质材料耐盐群体叶片 RWC 的下降幅度分别为 11.94%、11.90%、13.26% 和 15.06%、15.03%、17.87%，相互间没有显著差异。当 NaCl 浓度升至 0.9% 和 1.2% 时，耐盐种质叶片 RWC 分别为 83.04% 和 78.43%，由 CK 的 93.81% 分别下降了 11.48% 和 16.39%；而敏盐种质叶片 RWC 分别为 72.34% 和 66.04%，由 CK 的 91.33% 分别下降了 20.79% 和 27.69%；中度耐盐种质叶片 RWC 变化居于二者之间（图 5-6）。充分说明随着 NaCl 浓度增加，RWC 下降幅度增大，且耐盐种质 RWC 较敏盐种质下降速度缓慢，更能耐受 NaCl 胁迫。王雪青等（2007）对野大麦盐胁迫研究显示植株 RWC 变化越小，

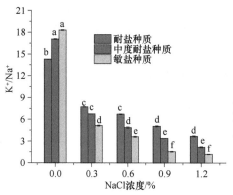

不同小写字母表示处理间差异显著（*P*<0.05）。

图 5-5　偃麦草属植物种质材料不同耐盐群体
K$^+$/Na$^+$ 的变化

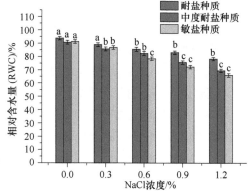

不同小写字母表示处理间差异显著（*P*<0.05）。

图 5-6　偃麦草属植物种质材料不同耐盐
群体相对含水量的变化

保水能力和耐盐能力越强。

3．小结与讨论

牧草耐盐性是一个复杂的生理过程，任何一个形态学指标和生理生化指标都不能单独准确地评价牧草的耐盐性（刘春华等，1992；张竞，2006），因此，对偃麦草属植物耐盐性鉴定应从形态、生理、生化等众多指标中筛选有显著影响的几个主要指标进行综合分析判断。尚春艳等（2008）对中间偃麦草苗期 NaCl 胁迫的生理响应研究中，选取 RWC、REC、Pro 含量和 MDA 含量 4 个生理指标进行综合分析，将 13 份中间偃麦草种质材料划分为 3 个耐盐级别，认为 0.9% 是中间偃麦草种质材料苗期可耐受 NaCl 胁迫的浓度阈值。本研究通过对 34 份偃麦草属植物种质材料在 0.9% NaCl 浓度下胁迫 15d 后的 RWC、REC、Pro 含量和 K^+/Na^+ 的变化率，以及 RGR 变化率、耐盐系数、植株存活率、出现盐害到死亡的时间 8 个指标的综合聚类分析，优选出 12 份强耐盐种质，评价指标更全面，评价结果更能反映实际情况。

植物叶片 RWC 变化在一定程度上反映植株的耐盐能力和保水能力，RWC 变化越小，其保水能力和耐盐能力越强（王雪青等，2007）。对碱茅（王锁民等，1994）、转基因冰草（徐春波等，2006）、中间偃麦草（尚春艳等，2008）和黑麦草（李孔晨等，2008）等禾本科牧草种质材料耐盐性评价中发现，Pro 含量随 NaCl 胁迫浓度增加而增加，且增幅越大，耐盐性越差。大多数植物在盐生环境下，对 K^+、Na^+ 吸收具有拮抗作用，随着体内 Na^+ 含量上升，K^+ 含量下降，K^+/Na^+ 值下降，充分说明植物维持体内 K^+、Na^+ 平衡的能力与其耐盐性呈正相关（翁森红等，1998）。本研究同样证实了 NaCl 胁迫下 34 份偃麦草属植物种质材料叶片的 RWC 和 K^+/Na^+ 值随胁迫浓度增加而呈递减趋势，而 REC 和 Pro 含量值则呈递增趋势，且在 0.3% 和 0.6% NaCl 胁迫下的 RWC、REC、Pro 含量和 K^+/Na^+ 的测定值与 CK 相比，变化幅度均相对较缓。

对 0.9% NaCl 浓度胁迫处理 34 份偃麦草属植物种质材料 15d 后的 RWC 变化率、REC 变化率、Pro 含量变化率、K^+/Na^+ 变化率、RGR 变化率、耐盐系数、植株存活率和出现盐害到死亡的时间的相关性分析结果表明，这些指标之间都存在一定的相关性，说明这些指标都可作为偃麦草属植物种质材料苗期耐盐性评价的有效指标，这与张耿等（2007）对偃麦草属植物种质材料苗期耐盐指标的筛选有相似之处，但是否适用于其他生育阶段，还有待进一步研究证实。

在 NaCl 胁迫处理下，偃麦草属植物种质材料耐盐、中度耐盐和敏盐群体各项生理指标呈不同变化趋势，其中 REC、Pro 含量和 Na^+ 含量均呈逐渐增加趋势，而 K^+ 含量、K^+/Na^+ 和 RWC 则呈逐渐下降趋势，其上升和下降幅度存在差异；与对照（CK）相比，0.3% 和 0.6% NaCl 浓度胁迫下三个耐盐群体植株叶片的 RWC、REC、Pro 含量、Na^+ 含量、K^+ 含量和 K^+/Na^+ 值变化幅度均相对较缓，当 NaCl 浓度为 0.9% 时各生理指标变幅呈显著差异（$P < 0.05$）。

5.1.2　中间偃麦草种质资源苗期耐盐性评价

中间偃麦草系偃麦草属根茎疏丛型多年生禾草，适应性广，具有强抗寒、耐旱、耐盐碱等特点，既可作为我国高寒地区和干旱半干旱地区生态环境建设用草种，又由于草质柔软、适口性好、饲用价值高等可用于放牧或调制干草（贾慎修，1989）；同时，它也是小麦的重要野生亲缘物种之一（陈钢等，1998）。国内一些学者从不同角度对中间偃麦草种质资源抗旱性评价和小麦遗传育种应用开展了试验研究（王洪刚等，2000；李雪莲，2005；王黎明等，2005；张国芳等，2007）。截至目前虽然在中间偃麦草种质资源耐盐性鉴定评价方面已有一些研究报道（毛培春，2004；白玉娥，2004；张竞，2006），但参与评价的种质材料来源范围较小、评价指标相对单一，仍需要对不同国家或地区生境来源的更多种质材料做出系统评价，进一步优选耐盐性更强的中间偃麦草种质材料。本研究采用温室土培模拟逆境（NaCl）胁迫技术，对来自 11 个国家的 13 份中间偃麦草种质材料苗期耐盐生理生化指标的响应及变化规律进行分析，筛选出优异耐盐种质材料，并寻求中间偃麦草种质材料苗期可耐受 NaCl 的浓度阈值，为中间偃麦草和小麦耐盐新品种选育提供优异种质和重要科学依据。

1. 材料与方法

试验材料为来自 11 个国家的 13 份中间偃麦草种质材料（表 5-5）。试验土壤由过 2mm 细筛的大田土和草炭按 2:1 的体积比配制而成，有机质含量 4.55%、全氮含量 0.162%、速效磷 42.97mg·kg^{-1}、速效钾 121.0mg·kg^{-1}、水溶性盐 36.3mS·cm^{-1}，pH 7.01。装入上口径 30cm、下口径 13cm、高 16cm 的花盆，每盆土壤干重为 3kg。每份种质材料播种 5 盆，每盆均匀撒播 40 粒种子，放置温室内培养，温室平均气温 26.5℃（白天）/17.0℃（夜晚），相对湿度 52.2%（白天）/81.8%（夜晚）。

表 5-5　参试的中间偃麦草种质材料及来源

种质材料编号	种质库原编号	种质材料	来源
EI017	PI578694	CLARKE	加拿大
EI020	PI531723	6 E-5	加拿大
EI030	PI273733	No. 33826	俄罗斯

续表

种质材料编号	种质库原编号	种质材料	来源
EI031	PI297872	C. P. I. 24625	俄罗斯
EI037	PI494685	Ag-1	罗马尼亚
EI038	PI516553	GR 464	摩洛哥
EI041	PI531725	D-3215	德国
EI042	PI531726	690	澳大利亚
EI043	PI547333	D-2773	中国
EI044	PI547335	D-3215	波兰
EI045	PI547337	D-3684	法国
EI046	PI574517	OAHE	美国
EI049	PI440021	D-2041	哈萨克斯坦

　　待幼苗长到 3～4 叶时，间苗，每盆定苗 25 株，开始盐分胁迫处理。分别以 NaCl 占土壤干重的 0.3%、0.6%、0.9% 和 1.2% 设置 4 个处理浓度及 1 个对照（CK，无 NaCl）。将配制好的不同浓度盐溶液，分别浇入相应的花盆中，对照浇入等量的自来水，保证每盆的土壤含水量为最大持水量的 70% 左右。胁迫试验开始后，每天称量盆重计算土壤水分蒸发量，然后浇入适量的水，保证花盆重量与最初盐溶液处理后的重量基本一致，即保证土壤含水量相对恒定。

　　分别于 NaCl 胁迫 5d、10d 和 15d 时，对每份种质材料的植株幼嫩叶片取样，测定 RWC、REC、Pro 含量和 MDA 含量，同时记录盐害级别和植株存活率。RWC、REC 和 Pro 含量测定方法同 5.1.1，MDA 含量采用硫代巴比妥酸法（李合生，2000）测定。每个单项指标（RWC、REC、Pro 含量和 MDA 含量）变化率 =（盐处理后的指标测定值 − 对照的指标测定值）/ 对照的指标测定值 ×100%。

　　盐害级别，按幼苗叶片的受害程度由轻至重分为 1～3 级，分级标准参考王建飞等（2004）略做修改。1 级，生长基本正常，70% 以上的叶面积呈绿色；2 级，生长受抑制，30%～70% 的叶面积呈绿色；3 级，生长严重受阻或接近死亡、死亡，少于 30% 的叶面积呈绿色。

　　根据每份种质材料受不同盐浓度胁迫后叶心的枯黄程度判断植株是否死亡，叶心全部枯黄的被定为死亡。植株存活率（%）= 盐处理后存活苗数 / 原幼苗总数 ×100%。

　　2. 研究结果

　　1）RWC 对 NaCl 胁迫的响应及变化规律

　　随着 NaCl 浓度的增加和处理时间的延长，参试的 13 份中间偃麦草种质材

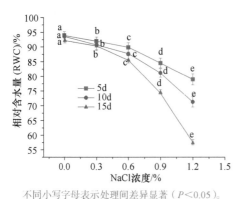

不同小写字母表示处理间差异显著（$P<0.05$）。

图 5-7 不同 NaCl 胁迫对中间偃麦草叶片
相对含水量的影响

料幼苗叶片的平均 RWC 下降。随着 NaCl 浓度的增加，胁迫 5d 时，RWC 由 94.0%（CK）下降到 79.1%（NaCl 浓度 1.2% 时），下降幅度不明显；胁迫 15d 时，RWC 由 92.3%（CK）下降到 57.7%（NaCl 浓度 1.2% 时），下降幅度较大（图 5-7），可见，随着 NaCl 胁迫时间的延长，RWC 受盐害影响越大。在 0.3% 和 0.6% NaCl 浓度胁迫下，随着胁迫时间的延长，RWC 下降幅度较小；当 NaCl 浓度为 0.9% 和 1.2% 时，胁迫 15d 时 RWC 分别降到 74.4% 和 57.7%，下降幅度较大（图 5-7）。

2）REC 对 NaCl 胁迫的响应及变化规律

细胞膜是植物与环境之间的界面与屏障，各种不良环境对细胞的影响往往首先作用于细胞膜。REC 直接反映植物细胞对细胞内环境的稳定能力和对外界环境变化的适应与抵御能力，是抗渗透胁迫的主要生理指标之一（林栖凤，2004）。REC 越大，表明植物细胞在逆境下受害越严重。随着 NaCl 浓度的增加和胁迫时间的延长，13 份中间偃麦草种质材料苗期叶片平均 REC 也增加。当 NaCl 浓度分别为 0、0.3%、0.6% 和 0.9%，胁迫 5d、10d 和 15d 时，REC 的增幅较缓，两相邻浓度间 REC 增幅均在 0.8%～3.3%；但当浓度为 1.2% 时，REC 分别由 8.6%、12.3% 和 16.2% 急剧增加至 14.9%、20.0% 和 23.0%（图 5-8）。

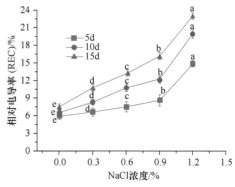

不同小写字母表示处理间差异显著（$P<0.05$）。

图 5-8 不同 NaCl 胁迫对中间偃麦草叶片相对电导率的影响

3）Pro 含量对 NaCl 胁迫的响应及变化规律

Pro 是最重要和有效的渗透调节物质，几乎所有的逆境都会造成植物体内 Pro 的累积（Hare 等，1997；王忠，2000），Pro 含量可作为植物抗盐能力和盐害程度的指标（赵可夫，1993）。随着 NaCl 胁迫时间的延长和浓度的增加，13 份中间偃麦草种质材料苗期叶片平均 Pro 含量增加。0.3% 和 0.6% NaCl 胁迫 15d 时，Pro 含量分别比对照高 174.9μg·g^{-1} 和 515.0μg·g^{-1}，积累量相对较小；NaCl 浓度为 0.9% 和 1.2% 时，Pro 含量急剧增加，分别比对照高 1675.3μg·g^{-1}

和 2252.6μg·g^{-1}，1.2% 浓度下 Pro 含量相对最多（图 5-9），植株受害也最严重。

4）MDA 含量对 NaCl 胁迫的响应及变化规律

MDA 是膜脂过氧化的产物，其含量的高低反映膜脂过氧化程度（林栖凤，2004）。本研究表明，13 份中间偃麦草种质材料叶片的平均 MDA 含量随着 NaCl 浓度和胁迫时间的增加而增加。NaCl 胁迫 5d 和 10d 时，平均 MDA 含量分别由 CK 的 0.0069μmol·g^{-1} 和 0.0076μmol·g^{-1} 增加到浓度为 1.2% 时的 0.0103μmol·g^{-1} 和 0.0120μmol·g^{-1}，且增幅较缓；而胁迫 15d 时，0.9% 和 1.2% NaCl 浓度下 MDA 含量相对于 CK 的变化率分别是 35.8% 和 92.6%，MDA 含量急剧增加（图 5-10），同时也表明植株受害越严重。

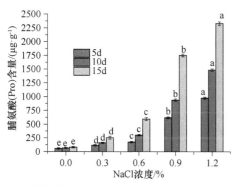

不同小写字母表示处理间差异显著（$P < 0.05$）。

图 5-9　不同 NaCl 胁迫对中间偃麦草叶片脯氨酸含量的影响

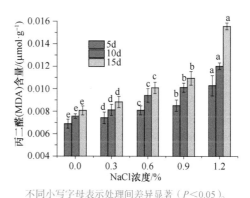

不同小写字母表示处理间差异显著（$P < 0.05$）。

图 5-10　不同 NaCl 胁迫对中间偃麦草丙二醛含量的影响

5）NaCl 胁迫下盐害级别和植株存活率情况

盐害级别和植株存活率更直观地反映盐胁迫下植株受害的情况。0.3% 和 0.6% NaCl 胁迫 15d 时，13 份中间偃麦草种质材料的盐害级别均为 1，植株存活率均为 100%。0.9% NaCl 胁迫 15d 时，植株存活率为 50%～70%，盐害级别为 3 和 2 的种质材料分别有 EI030、EI041、EI042 和 EI020、EI045；而盐害级别为 2、植株存活率为 70%～80% 和 ＞80% 的种质材料分别有 EI017、EI031、EI044、EI046、EI049 和 EI037、EI038、EI043。1.2% NaCl 胁迫 15d 时，所有材料盐害级别均为 3，植株存活率均低于 50%，最低仅为 12.8%（EI041）。可见，随着 NaCl 浓度的增加和胁迫时间的延长，中间偃麦草种质材料的盐害级别逐渐增大，植株存活率降低。虽然 0.9% NaCl 胁迫下，各种质材料的生长受到抑制，但仍能保持绿色生长状态，因此，初步认为 0.9% 是中间偃麦草种质材料苗期耐受 NaCl 胁迫的浓度阈值。

6）耐盐性综合评价

由 0.9% NaCl 胁迫 5d、10d 和 15d 时，13 份中间偃麦草种质材料间的 RWC、REC、Pro 含量和 MDA 含量的变化率的方差分析结果可知，各种质材料间在 4 个耐盐生理指标变化率上存在差别，甚至多数间存在显著差异（表 5-6），证明这 4 个生理指标是苗期耐盐性评价的有效指标。

表 5-6　0.9% NaCl 浓度处理下中间偃麦草种质材料生理指标变化率　（单位：%）

种质材料编号	5d				10d				15d			
	RWC	REC	Pro*	MDA**	RWC	REC	Pro*	MDA**	RWC	REC	Pro*	MDA**
EI017	−9.5ed	46.2ed	950.4dc	23.0a	−13.6bac	85.8d	1345.0cb	33.8bdec	−17.3dc	109.8f	2051.2ecd	35.3dec
EI020	−10.2b	46.4ef	979.9bc	23.1a	−12.6ebdc	97.0cb	1354.1cb	33.6bdec	−17.4dc	122.8d	2142.1ba	35.6bdec
EI030	−10.8a	47.9bcd	1025.5a	22.8a	−13.8ba	107.5a	1417.0a	35.2a	−18.0ba	134.4b	2195.9a	36.4ba
EI031	−9.2ef	42.6gf	972.5bc	23.8a	−13.5bdac	88.3d	1305.5cbd	32.9bdec	−17.2de	110.8f	2079.4bcd	35.9bac
EI037	−9.0f	41.6g	925.1f	22.9a	−12.1ef	54.4e	1203.5f	32.5e	−16.2f	63.4ih	1956.9f	34.8e
EI038	−9.8cd	42.1gf	935.3e	23.0a	−12.4edc	55.8e	1265.8ed	32.9de	−16.7fe	96.2h	1998.7ef	34.8de
EI041	−10.6a	50.3ba	1032.8a	23.6a	−13.8a	108.0a	1449.9a	34.9ba	−18.5a	140.3a	2203.0a	36.5a
EI042	−10.8a	52.1a	1018.4a	23.6a	−13.8ba	105.3a	1388.8a	34.3bac	−17.7bc	130.8c	2187.7a	36.1bac
EI043	−9.7cd	41.2g	926.9e	22.9a	−12.2ed	57.3e	1234.0fe	33.3dec	−17.0de	93.0i	1981.4ef	34.7e
EI044	−9.2ef	43.6gf	962.8de	23.3a	−13.1ebdac	86.9d	1300.3dc	33.5bdec	−17.3dc	101.6g	2016.7efd	35.4dec
EI045	−10.7a	49.0bc	1002.8ba	24.0a	−13.0ebdac	98.7b	1361.3b	34.0bdac	−17.4dc	129.9c	2169.1a	35.8bac
EI046	−10.2b	47.1ecd	983.2bc	24.2a	−12.6ebdac	94.7cb	1340.4cb	33.9bdec	−17.3dc	118.4e	2071.4bcd	35.7bdac
EI049	−9.9b	46.1ecd	977.6bc	23.6a	−13.7bac	92.0cd	1349.4cb	33.2dec	−18.0ba	122.8d	2096.9bc	35.8bac

注：同列不同字母表示差异显著（$P<0.05$）。

* 表示 Pro 含量；** 表示 MDA 含量。

将 0.9% NaCl 胁迫 15d 的 13 份中间偃麦草种质材料叶片的 RWC、REC、Pro 含量和 MDA 含量的变化率进行综合聚类分析（图 5-11），结合其盐害级别和植

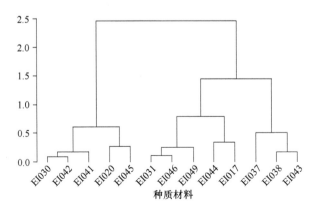

图 5-11　13 份中间偃麦草种质材料苗期耐盐性分析聚类图

株存活率情况，将 13 份中间堰麦草种质材料分为 3 个耐盐级别群体，即耐盐的 EI037、EI038 和 EI043，中度耐盐的 EI017、EI031、EI044、EI046 和 EI049，敏盐的 EI020、EI030、EI041、EI042 和 EI045。

3 个耐盐级别群体的处理盐浓度（包括对照）与 4 个耐盐生理指标的相关与回归分析结果表明（表 5-7），NaCl 浓度与 RWC 呈极显著负相关，与 REC、Pro 含量和 MDA 含量呈极显著正相关。

表 5-7　不同耐盐级别群体胁迫 15d 时 NaCl 浓度与 4 个生理指标间的回归方程及相关系数

耐盐级别群体	回归方程与相关系数			
耐盐	$y_1=95.6680-2162.5556x$ $R=-0.899$　$R^2=0.809$	$y_2=6.5940+596.3334x$ $R=0.986$　$R^2=0.971$	$y_3=-93.3994+145223.3610x$ $R=0.923$　$R^2=0.852$	$y_4=9.034\times10^{-3}+0.35x$ $R=0.998$　$R^2=0.996$
中度耐盐	$y_1=94.1632-2706.4670x$ $R=-0.910$　$R^2=0.829$	$y_2=7.5400+873.3334x$ $R=0.994$　$R^2=0.987$	$y_3=-171.929+217801.6x$ $R=0.905$　$R^2=0.818$	$y_4=6.322\times10^{-3}+0.373x$ $R=0.991$　$R^2=0.983$
敏盐	$y_1=100.1611-3113.6843x$ $R=-0.859$　$R^2=0.739$	$y_2=8.1250+1383.3334x$ $R=0.997$　$R^2=0.994$	$y_3=-252.196+218486x$ $R=0.889$　$R^2=0.790$	$y_4=8.878\times10^{-3}+0.387x$ $R=0.980$　$R^2=0.960$

注：R 为相关系数，R^2 为判定系数（$P<0.01$）；y_1，y_2，y_3，y_4 分别代表 RWC、REC、Pro 含量、MDA 含量；x 代表 NaCl 浓度。

3．小结与讨论

随着胁迫时间的延长和 NaCl 浓度的增加，中间偃麦草种质材料的 RWC 降低，而 REC、Pro 含量和 MDA 含量均增加，且变化幅度越大，表明其耐盐性越差。盐环境下土壤水势下降，产生水分胁迫，导致植株 RWC 下降，如果土壤盐分过高，则植物根系吸水困难，产生次生盐害。水分胁迫时植物体内积累各种有机物质和无机物质，以提高细胞液浓度，降低渗透势。Pro 是植物体内最重要和有效的渗透调节物质。盐胁迫导致生物膜直接受到伤害，细胞膜透性增加，进而使植物代谢紊乱，发生膜脂过氧化作用，产生 MDA。盐胁迫通过积累大量的 Pro 来保持植物原生质与外界环境的渗透平衡且保持膜结构完整性。研究表明，0.3% 和 0.6% NaCl 浓度下 RWC、Pro 含量、REC 和 MDA 含量变化不大，有利于中间偃麦草的生长发育；当 NaCl 浓度由 0.6% 升至 0.9% 时，中间偃麦草种质材料叶片 Pro 含量呈急剧增加趋势，而 REC 和 MDA 含量增加相对缓慢，说明 Pro 含量对中间偃麦草种质材料叶片的 REC 和 MDA 起到一定调节作用，使中间偃麦草在 0.9% NaCl 浓度以下能维持正常生长。0.9%～1.2% NaCl 浓度胁迫 15d 时，MDA 含量急剧增高，说明 Pro 的渗透调节作用是有一定浓度范围的，超出范围渗透调节作用会减弱，这与王学文等（2007）的研究结果一致。

植物耐盐性强弱是多个生理和生长指标的综合体现。本研究结果说明 NaCl

胁迫浓度与 RWC 呈极显著负相关（$P<0.01$），与 REC、Pro 含量和 MDA 含量呈极显著正相关（$P<0.01$），因此，这 4 个生理指标可作为中间偃麦草种质材料苗期耐盐性综合评价的有效指标。通过这 4 个生理指标与胁迫处理 NaCl 浓度的相关回归分析来鉴定和评价中间偃麦草种质材料苗期耐盐性，结果真实可靠。综合 0.9% NaCl 胁迫 15d 时 13 份中间偃麦草种质材料苗期叶片 RWC、REC、Pro 含量和 MDA 含量变化率的聚类结果及盐害级别和植株存活率情况，优选出较强耐盐的中间偃麦草种质 3 份，包括 EI037、EI038 和 EI043。同时还初步认为 0.9% NaCl 浓度是中间偃麦草种质材料苗期可耐受盐的浓度阈值。由于试验条件、种质材料数量和浓度梯度设置等的限制，该结果有待深入完善。

5.1.3 长穗偃麦草种质资源耐盐机理分析

1. 材料与方法

将长穗偃麦草耐盐种质（$2n=70$，PI276399）和敏盐种质（$2n=28$，PI578686）（孟林等，2009b，c）的籽粒饱满种子经 5% 次氯酸钠溶液消毒 5min 后用蒸馏水清洗干净，均匀播种在铺有吸水纸的培养皿中，25℃暗培养 7d，发芽后，移入黑色培养盒（20cm×10cm×7cm），浇灌 Hoagland 营养液 [2mmol·L^{-1} KNO$_3$，0.5mmol·L^{-1} NH$_4$H$_2$PO$_4$，0.25mmol·L^{-1} MgSO$_4$·7H$_2$O，1.5mmol·L^{-1} Ca(NO$_3$)$_2$·4H$_2$O，0.5mmol·L^{-1} Fe-citrate，92μmol·L^{-1} H$_3$BO$_3$，18μmol·L^{-1} MnCl$_2$·4H$_2$O，1.6μmol·L^{-1} ZnSO$_4$·7H$_2$O，0.6μmol·L^{-1} CuSO$_4$·5H$_2$O，0.7μmol·L^{-1}(NH$_4$)$_6$Mo$_7$O$_{24}$·4H$_2$O] 0.6L，培养 5 周。Hoagland 营养液约 3d 更换一次。培养室昼夜温度为 22℃（白天）/16℃（夜晚），光照 16h·d^{-1}，光强约为 600μmol·m^{-2}·s^{-1}，空气相对湿度为 50%～60%。用 25mmol·L^{-1} 和 150mmol·L^{-1} NaCl 处理 5 周龄长穗偃麦草幼苗，分别于胁迫处理 0h、3h、6h、12h、24h、48h、72h、96h、120h、144h 和 168h 后取样。每处理 3 次重复。

相对生长速率（RGR）＝（$\ln W_j - \ln W_i$）/Δt，W_j 表示处理 7d 后的干重，W_i 表示处理前的干重，Δt 表示取样时间（Martínez et al.，2005）。H$_2$O$_2$ 含量参照 Guo et al.（2013）方法稍加修改，取 0.1g 新鲜根样，剪碎后加 10mL 0.1% 三氯乙酸，4℃离心（12000g×20min），取 1mL 上清液，加 10mL 磷酸钠缓冲液混合（pH 7.0），再加 2mL KI 溶液（1mol·L^{-1}），测定 390nm 的吸光度值，单位为 μmol·g^{-1} FW。

采用火焰分光光度法测定 K$^+$ 和 Na$^+$ 含量。胁迫处理结束后，用蒸馏水冲洗长穗偃麦草植株以去除表面的盐分，然后将根样置于预冷的 20mmol·L^{-1} CaCl$_2$ 中润洗 2 次，共 8min，以交换细胞壁间的 Na$^+$，用吸水纸吸干其表面水分后（Wang et al.，

2007)，将植株根和地上部分开，放在80℃下烘至恒重，称量干重。将烘至恒重的干样放入20mL试管中，加入10mL的100mmol·L^{-1}冰醋酸，在90℃温浴2h，冷却、过滤、稀释适当倍数后，利用AA-6300C原子吸收分光光度计测定其K$^+$和Na$^+$含量。

K$^+$和Na$^+$离子净吸收率采用如下公式计算，即K$^+$、Na$^+$离子净吸收率（nmol·g^{-1}RFW·min^{-1}）=（$C_2 - C_1$）·RFW^{-1}·（$t_2 - t_1$）$^{-1}$，C_1表示处理前整株的K$^+$、Na$^+$含量，C_2表示处理后整株的K$^+$、Na$^+$含量，RFW表示根鲜重，t_1和t_2表示两次收获长穗偃麦草的时间。

采用Wang等（2009）的方法计算SA和ST，即SA=（植株中K$^+$/Na$^+$）/（根层土壤有效性K$^+$/Na$^+$），土壤有效性K$^+$、Na$^+$是水溶性、交换性及有效的非交换性K$^+$、Na$^+$之和。SA值愈大，表示根系排斥Na$^+$和吸收K$^+$的能力愈强，根系选择性吸收能力愈强。ST=（地上部K$^+$/Na$^+$）/（根中K$^+$/Na$^+$）。ST越大，表明根系控制Na$^+$，促进K$^+$向地上部运输的能力越强，即地上部的选择性运输能力越强。

2．研究结果

1）NaCl处理对相对生长速率（RGR）的影响及变化规律

无NaCl处理（对照）下，耐盐种质PI276399和敏盐种质PI578686的RGR之间无显著差异；而25~200mmol·L^{-1}NaCl处理与对照相比，RGR均呈下降趋势，且25mmol·L^{-1}和50mmol·L^{-1}NaCl处理下的RGR无显著差异；当NaCl浓度增加至100~200mmol·L^{-1}时，耐盐种质PI276399的RGR较对照减少26.28%~44.42%，敏盐种质PI578686的RGR较对照减少59.7%~76.96%，PI276399的RGR是PI578686的1.74~2.3倍（图5-12）。

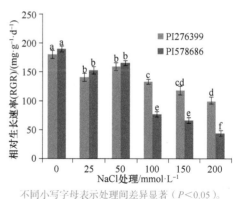

不同小写字母表示处理间差异显著（$P < 0.05$）。

图5-12　0~200mmol·L^{-1}NaCl处理对长穗偃麦草敏盐种质和耐盐种质相对生长速率的影响

2）NaCl处理对长穗偃麦草Na$^+$和K$^+$浓度的影响及变化规律

与对照相比，25~200mmol·L^{-1}NaCl处理7d后的长穗偃麦草耐盐和敏盐种质植株根中的Na$^+$含量高于叶片，25~50mmol·L^{-1}NaCl处理下地上部和根中的Na$^+$浓度无显著差异，100~200mmol·L^{-1}NaCl处理下，敏盐种质PI578686地上部和根中的Na$^+$浓度分别是耐盐种质PI276399地上部和根中的1.49~1.59倍和1.24~1.33倍［图5-13（a）］。相比之下，长穗偃麦草Na$^+$浓度的增加，减少了地上部和根中K$^+$浓度［图5-13（b）］，PI578686的K$^+$浓度明显小于PI276399，这表明PI276399可以更有效地维持植株组织中低Na$^+$浓度和高K$^+$浓

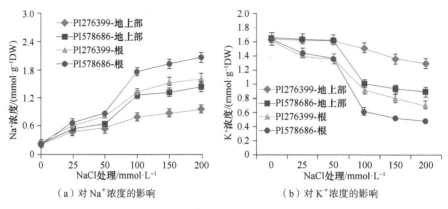

（a）对 Na$^+$浓度的影响　　　　　　（b）对 K$^+$浓度的影响

图 5-13　0～200mmol·L^{-1} NaCl 处理对长穗偃麦草敏盐种质和
耐盐种质根与地上部中 Na$^+$和 K$^+$浓度的影响

度，且 K$^+$/Na$^+$高于 PI578686。

与对照相比，在 25mmol·L^{-1} 和 150mmol·L^{-1} NaCl 处理下，随着处理时间的延长，长穗偃麦草植株地上部和根中 Na$^+$浓度均呈增加趋势，但根中 Na$^+$浓度显著高于地上部［图 5-14（a），（b）］。25mmol·L^{-1} NaCl 处理下，地上部 K$^+$浓度几乎保持不变，而当 NaCl 处理 48h 后根中 K$^+$浓度开始下降，同时地上部和根中 Na$^+$和 K$^+$浓度在 0～168h 均无显著差异［图 5-14（a），（c）］。另外，在 150mmol·L^{-1} NaCl 处理 12～168h，PI578686 地上部和根中的 Na$^+$浓度分别是 PI276399 中的 1.18～1.52 倍和 1.16～1.38 倍［图 5-14（b）］；地上部和根中 K$^+$浓度随着处理时间的延长呈逐渐减少趋势，但 PI578686 地上部和根中的 K$^+$浓度下降程度大于 PI276399［图 5-14（d）］。

3）NaCl 处理对长穗偃麦草 SA 和 ST 值的影响及变化规律

在 25mmol·L^{-1} 和 50mmol·L^{-1} NaCl 处理下的长穗偃麦草植株的 SA 值和 ST 值无显著差异［图 5-15（a），（b）］，在 100～200mmol·L^{-1} NaCl 处理下，PI578686 的 SA 值为 27.03～38.74，PI276399 的 SA 值为 58.49～78.58［图 5-15（a）］，且随着 NaCl 浓度的增加，耐盐种质 PI276399 的 ST 值高于 PI578686［图 5-15（b）］。在 25mmol·L^{-1} 和 150mmol·L^{-1} NaCl 处理下，随着处理时间（0～168h）的延长，耐盐和敏盐种质植株的 SA 值急剧下降［图 5-16（a），（b）］，而 ST 值则呈逐渐上升趋势［图 5-16（c），（d）］；当 25mmol·L^{-1} NaCl 处理 3～168h 时，PI578686 和 PI276399 的 SA 值和 ST 值均无显著差异（$P<0.05$）［图 5-16（a），（c）］，当 150mmol·L^{-1} NaCl 处理 72、96、120、144、168h 时，PI276399 的 SA 值较 PI578686 增加了 48.74%、57.56%、82.77%、100% 和 93.67%［图 5-16（b）］，而处理 96、120、144、168h 时 PI276399 的 ST 值较 PI578686 增加了 12.97%、10.31%、8.69% 和 13.51%［图 5-16（d）］。

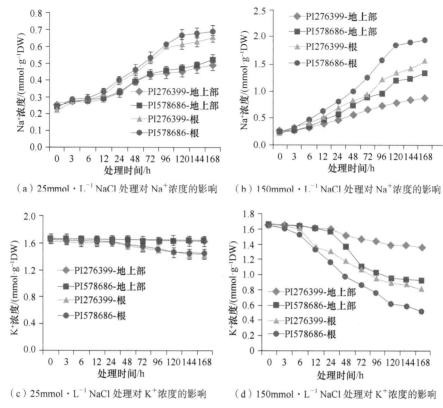

（a）25mmol·L⁻¹ NaCl 处理对 Na⁺浓度的影响　（b）150mmol·L⁻¹ NaCl 处理对 Na⁺浓度的影响

（c）25mmol·L⁻¹ NaCl 处理对 K⁺浓度的影响　（d）150mmol·L⁻¹ NaCl 处理对 K⁺浓度的影响

图 5-14　25mmol·L⁻¹ 和 150mmol·L⁻¹ NaCl 处理 0～168h 对长穗偃麦草敏盐种质（PI578686）和耐盐种质（PI276399）地上部和根中 Na⁺和 K⁺浓度的影响

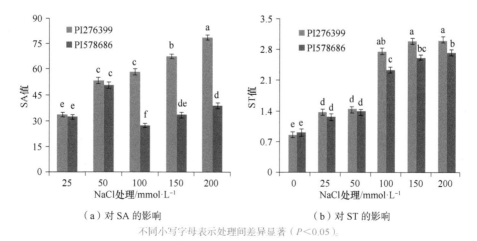

（a）对 SA 的影响　（b）对 ST 的影响

不同小写字母表示处理间差异显著（$P<0.05$）。

图 5-15　0～200mmol·L⁻¹ NaCl 处理 7d 对长穗偃麦草敏盐种质（PI578686）和耐盐种质（PI276399）SA 和 ST 的影响

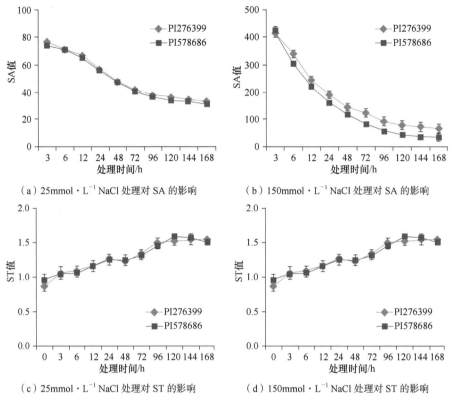

图 5-16　25mmol·L^{-1} 和 150mmol·L^{-1} NaCl 处理 0～168h 对长穗偃麦草敏盐种质（PI578686）和耐盐种质（PI276399）SA 和 ST 的影响

4）NaCl 处理对长穗偃麦草 Na$^+$、K$^+$ 净吸收率和 H$_2$O$_2$ 含量的影响及变化规律

在 25～200mmol·L^{-1} NaCl 处理 7d 后，随着处理浓度的增加，长穗偃麦草体内 Na$^+$ 净吸收率增加，耐盐种质 PI276399 的 Na$^+$ 净吸收率低于 PI578686，其中 100、150、200mmol·L^{-1} NaCl 处理下，PI276399 的 Na$^+$ 净吸收率是 PI578686 的 43.31%、45.76% 和 35.63%［图 5-17（a）］。营养液中 Na$^+$ 会显著减少 K$^+$ 吸收率，100、150、200mol·L^{-1} NaCl 处理下，耐盐种质 PI276399 与 PI578686 相比，K$^+$ 分别增加了 87.46、124.07 和 171.96nmol·g^{-1} RFW·min^{-1}［图 5-17（b）］。

随着外部 NaCl 浓度的增加，长穗偃麦草耐盐种质和敏盐种质的 H$_2$O$_2$ 含量均呈上升趋势，而 100～200mmol·L^{-1} NaCl 高浓度处理下，耐盐种质 PI276399 中的 H$_2$O$_2$ 含量较敏盐种质 PI578686 降低了 24.62%～37.84%（图 5-18）。这也充分说明耐盐种质 PI276399 和敏盐种质 PI578686 的 Na$^+$ 和 K$^+$ 净吸收率之间存在差异，可能与耐盐种质较敏盐种质能更好地控制活性氧（ROS）自由基有关。

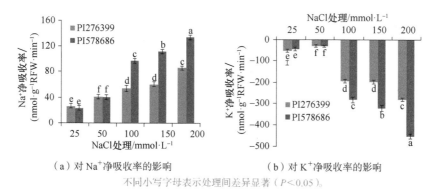

（a）对 Na⁺净吸收率的影响　　　　　（b）对 K⁺净吸收率的影响

不同小写字母表示处理间差异显著（$P<0.05$）。

图 5-17　0～200mmol·L⁻¹ NaCl 处理 7d 对长穗偃麦草敏盐种质（PI578686）
和耐盐种质（PI276399）Na⁺净吸收率和 K⁺净吸收率的影响

3．小结与讨论

高等植物生长过程中对盐分胁迫耐
受性差异很大（Munns *et al.*，2008）。植
物生物量是评价高等植物耐盐性的重要
参数（Guo *et al.*，2013）。本研究比较分
析了不同浓度 NaCl 处理下长穗偃麦草
耐盐种质和敏盐种质植株 RGR 变化及
对 NaCl 的响应。随着 NaCl 浓度的增加，
RGR 呈下降趋势，但高 NaCl 浓度处理
下耐盐种质 PI276399 的 RGR 较敏盐种
质 PI578686 的高。此外，高 NaCl 浓度
处理下，耐盐种质 PI276399 较敏盐种质
PI578686 具有更强的根系和更高的根 /

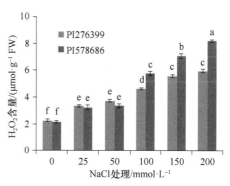

不同小写字母表示处理间差异显著（$P<0.05$）。

图 5-18　0～200mmol·L⁻¹ NaCl 处理 7d 对
长穗偃麦草敏盐种质（PI578686）和耐盐种
质（PI276399）H₂O₂ 含量的影响

茎比（数据未发表）。在耐盐模式植物盐芥〔*Thellungiella salsuginea*（Pall.）O. E.
Schulz〕中也有类似报道（Alemán *et al.*，2009）。

有研究报道耐盐性强的植物细胞质能维持较低的 Na⁺浓度（Yeo *et al.*，
1983；Tester *et al.*，2003）。本研究证实在 NaCl 处理下长穗偃麦草 PI276399
能够维持较低的 Na⁺浓度，较 PI578686 耐盐性更强。25～50mmol·L⁻¹ NaCl
处理下，长穗偃麦草耐盐和敏盐种质植株地上部和根中的 Na⁺和 K⁺浓度无显
著差异，25mmol·L⁻¹ NaCl 处理 0～168h，Na⁺和 K⁺积累也是类似趋势，这
表明低浓度盐处理下耐盐和敏盐种质均能有效地调节 Na⁺进入液泡，以减轻过
量 Na⁺的有害影响。而 100～200mmol·L⁻¹ NaCl 处理下，耐盐种质 PI276399

与敏盐种质 PI578686 相比，细胞质能维持较低的 Na^+ 浓度，在小麦和星星草研究中也发现了类似结果。高等植物可通过将 Na^+ 从细胞质溶液转存在液泡内，以减少对 Na^+ 的吸收和积累，这是高等植物重要的耐盐机制之一。该研究揭示了在高浓度 NaCl 胁迫下，耐盐种质 PI276399 对 Na^+ 的吸收率较低，减少 Na^+ 进入根系，有助于限制根部的 Na^+ 转移至地上部，以避免地上部的 Na^+ 浓度增大，影响其光合作用。另外，研究发现耐盐种质 PI276399 和敏盐种质 PI578686 的 K^+ 累积和分布也存在明显差异。一旦过量的 Na^+ 进入植物细胞，就会因盐诱导而减轻细胞膜的去极化，引起 K^+ 外排，植物离子浓度降低。维持细胞质高 K^+/Na^+ 是耐盐性重要机制之一。研究发现耐盐种质 PI276399 不仅维持了较低的 Na^+ 浓度，而且具有较高的 K^+ 浓度，PI276399 对 K^+ 的选择性吸收和转运能力强于 Na^+，因此，高 NaCl 盐浓度下，长穗偃麦草耐盐种质 PI276399 较敏盐种质 PI578686 具有较高的 K^+/Na^+。

植物对 K^+、Na^+ 的选择性吸收是耐盐性的重要决定因素。非选择性阳离子通道（NSCC）是 Na^+ 进入根细胞质的主要通道，相对于阴离子，NSCC 对阳离子具有较高的选择性（Shabala S et al., 2006），但是，NSCC 对阳离子种类没有选择性。Shabala 等（2005）报道由 NSCC 介导的 Na^+ 进入根细胞后，引起 K^+ 通过 SKOR 进入细胞（Bose et al., 2014）。一般来说，盐胁迫下植物组织中会快速地积累 ROS，ROS 可有效地激活 NSCC 通道，促进细胞质中 Na^+ 的吸收和 K^+ 的外排（Demidchik et al., 2007）。本研究发现在高浓度 NaCl 胁迫下，长穗偃麦草耐盐种质 PI276399 根中的 H_2O_2 含量显著低于敏盐种质 PI578686。这表明 PI276399 可有效控制 H_2O_2 的积累，减轻脂质过氧化损伤，保护膜的完整性，进而降低 NSCC 对根细胞内 ROS 的敏感性，有助于 K^+ 的保留和对 K^+ 的选择性吸收。结果还表明，耐盐种质 PI276399 对 K^+ 的选择性吸收和转运能力高于 Na^+，具有地上部 Na^+ 转运低而 K^+ 转运高的特征；对 K^+/Na^+ 的选择性吸收通道最可能出现在木质部/共质体边界的薄壁组织上。我们先前的研究结果表明 SOS1 和 HKT（高亲和性钾转运蛋白）在 Na^+ 的长距离运输中起重要作用，有利于维持木质部薄壁细胞膜（XPCs）的完整性，调节 XPCs 上 HKT 和 SKOR 的转运活性，进一步保持 K^+ 的选择性转运能力（Guo et al., 2012）。

5.2 偃麦草属植物种质资源抗旱性评价

水是植物所有生理活动的重要成分，是运输代谢物和营养物的主要介质，对植物体的所有生理活动过程非常重要。水分的存在使植物体保持固有形态，维持植物正常生长（陈少良，2002）。植物个体水分不足，表现为水分亏缺或水分胁迫（或干旱胁迫）。在非生物逆境胁迫中，水分胁迫（或干旱胁迫）是植物生长过程中发生的一种最普遍的逆境胁迫。本研究分别对 10 个偃麦草属植物种，17 份偃麦草和中间偃麦草种质材料进行苗期抗旱性评价，旨在为偃麦草属植物资源抗旱性综合评价及优异抗旱新品种的选育提供理论依据。

5.2.1　偃麦草属植物种苗期抗旱性评价

偃麦草属植物全世界有 40 余种，我国野生分布和有栽培历史的约 11 种，其生态适应性强，繁殖能力强（陈默君等，2000；吕伟东等，2007）。近年来，许多专家学者对偃麦草属植物种质资源的形态解剖结构、抗旱耐盐性鉴定与评价开展研究，如史广东（2009）对 12 种偃麦草属植物的叶片表皮形态与结构电镜扫描分析认为，叶表皮细胞类型、附属物类型及分布可作为属内类群鉴定和种间亲缘关系分析的重要参考依据。张耿等（2008）对 21 份偃麦草属植物种质材料，尚春艳等（2008）对 13 份中间偃麦草种质材料，孟林等（2009b，c）对 34 份偃麦草属植物种质材料分别进行了苗期耐盐性评价，优选出一批耐盐性较强的种质材料。张国芳等（2005）对 17 份偃麦草和中间偃麦草种质材料，李培英等（2008）对 20 份偃麦草种质材料分别进行了苗期抗旱性评价，共筛选出 7 份抗旱性较强的偃麦草种质。孙宗玖等（2009）利用干旱复水法研究了 4 份偃麦草种质材料对渗透调节物质的响应。本研究采用温室模拟干旱胁迫——复水法，对来自 6 个国家的 10 种偃麦草属植物的苗期抗旱性进行综合分析与评价，划分抗旱级别，旨在为偃麦草属植物种抗旱性的综合鉴定及抗旱优质新品种的选育提供理论依据。

1. 材料与方法

试验用种除 ET001 由中国农业科学院草原研究所提供外，其余均由美国国家植物种质资源库提供（表 5-8）。试验于日光温室进行。试验期间温室平均气温 27.5℃（白天）/16.5℃（夜晚），相对湿度 53.6%（白天）/83.2%（夜晚）。试验用土壤基质由大田土、草炭、细沙按体积比 2∶1∶1 均匀混合而成，每个塑料试验器皿（长 60cm× 宽 38cm× 高 19cm）装入土壤基质 50kg。土壤基质养分含量为有机质 45.3g·kg^{-1}、全氮 23.8g·kg^{-1}、全磷 8.65g·kg^{-1}、全钾 16.1g·kg^{-1}、碱解氮 215.35mg·kg^{-1}、速效磷 6.41mg·kg^{-1}、速效钾 99.95mg·kg^{-1}，pH 为 6.64。先穴盆培养，出苗后移栽至塑料试验器皿。每个塑料试验器皿划为 4 个区，每区穴播 1 份种质材料，每穴定苗 2 株，穴间距 2cm，4 次重复，待长至 4～5 片叶时进行干旱胁迫处理。

表 5-8 参试偃麦草属植物种与来源

植物种编号	种质库原编号	种名	来源
EJ003	PI414667	脆轴偃麦草	希腊
ER037	PI595134	偃麦草	中国
EL001	PI440059	*E. lolioides**	俄罗斯
ET001	309	毛偃麦草	中国
ES001	PI531749	*E. scirpea**	意大利
EI022	PI547334	中间偃麦草	波兰
EC002	PI547311	*E. caespitosa**	俄罗斯
EE013	PI547326	长穗偃麦草	法国
EH001	PI276708	杂交偃麦草	俄罗斯
EPU002	PI277185	*E. pungens**	法国

* 表示该种没有对应的中文名。

定株后干旱胁迫前浇透水，土壤体积相对含水量保持在 25.38%±2.23%，干旱胁迫到 35d 时，土壤体积相对含水量降至 4.75%±1.66%，开始复水。分别于停水当天（0d，对照 CK）和干旱胁迫 7d、14d、21d、28d 和 35d，及复水后 7d 上午 8:00 时采集植物样，测定如下生理生化指标，重复 3 次，计算平均值。RWC、REC、MDA 含量和 Pro 含量测定方法同 5.1.1 和 5.1.2，可溶性糖含量（SSC）采用硫酸-蒽酮显色法测定。植株存活率（SR）（%）为干旱胁迫处理 35d 复水 7d 后，统计存活的苗数与处理前成活总苗数的百分比。采用 SAS8.0 统计软件进行方差分析，并将干旱胁迫 35d 时 5 个生理指标的测定值采用 SPSS16.0 进行欧氏距离聚类分析。

2. 研究结果

1）干旱胁迫对土壤相对含水量和植株存活率（SR）的影响

随着干旱胁迫时间的延长，土壤相对含水量呈直线下降趋势。当干旱胁迫 35d 时，土壤体积相对含水量由胁迫 0d 的 25.38% 下降到 4.75%，此时复水使土壤体积含水量达到 25% 左右。复水 7d 后，10 个植物种的 SR（37.25%～82.25%）表现不同，EJ003、EH001 和 EPU002 的 SR 超过 75.50%，而 EL001 和 EI022 的 SR 仅为 45.30% 和 37.25%（表 5-9）。

表 5-9 干旱胁迫 35d 复水 7d 后植株存活率（SR）　　　　　（单位：%）

植物种	SR	植物种	SR	植物种	SR	植物种	SR	植物种	SR
EJ003	75.5	EL001	45.3	ES001	65.15	EC002	62.15	EH001	82.25
ER037	50.25	ET001	70.6	EI022	37.25	EE013	65.6	EPU002	80.3

2）干旱胁迫对 RWC 的影响

干旱胁迫 35d 时的 RWC 与对照相比，EI022、EC002 和 EL001 的 RWC 下降幅度最大，分别降至 37.75%、43.91% 和 43.13%（表 5-10），表明其叶片保水

能力相对较差；EJ003、EH001 和 EPU002 降幅较小，RWC 仍保持在 71.64%、76.51% 和 70.61%，表明其叶片保水能力较强。复水 7d 后，10 个偃麦草属植物种的 RWC 均能恢复到干旱胁迫 0d 时的 92.2%～101.5%。

表 5-10　干旱胁迫下 10 种偃麦草属植物的 RWC 变化　（单位：%）

植物种	0d	7d	14d	21d	28d	35d	复水
EJ003	97.46ab	96.62ab	95.26ab	94.52a	83.62a	71.64b	94.89cde
ER037	98.50a	94.44e	90.68e	62.53ef	58.13e	47.52ef	96.39bcd
EL001	98.72a	94.44e	91.44e	64.72e	49.96g	43.13g	95.63bcde
ET001	97.13b	96.46bc	92.86d	83.10c	72.41d	63.57c	96.74bc
ES001	96.91b	94.34e	88.99f	60.25f	51.32g	48.85de	94.33e
EI022	96.89b	93.21f	85.05g	45.36g	43.59h	37.75h	96.81ab
EC002	97.04b	95.02de	94.01bcd	85.60c	79.60c	43.91fg	94.73de
EE013	97.79ab	94.10ef	93.66cd	72.66d	54.46f	52.41d	98.61a
EH001	98.85a	97.52a	94.27abc	89.88b	79.79b	76.51a	91.13f
EPU002	95.52c	95.67cd	95.43a	93.40a	82.30a	70.61b	96.93ab

注：同列不同小写字母表示差异显著（$P<0.05$）。

3）干旱胁迫对 REC 的影响

随着干旱胁迫时间的延续，REC 值逐渐增大。干旱胁迫 35d 时，REC 均达到最大值（表 5-11），特别是 EI022 和 ES001 的 REC 与胁迫 0d 时比较，分别增加了 48.78% 和 39.05%，而 ET001 仅增加了 20.1%。复水 7d 后，REC 值均有不同程度回落，其中 EH001、EJ003 和 EPU002 仅恢复到干旱胁迫 0d 时的 63.8%、83.3% 和 89.8%，其余均能恢复到干旱胁迫 0d 时的 98.4%～227.5%。

表 5-11　干旱胁迫下 10 种偃麦草属植物的 REC 变化　（单位：%）

植物种	0d	7d	14d	21d	28d	35d	复水
EJ003	22.14g	23.43f	26.20g	27.62g	45.40g	49.18e	26.58bc
ER037	32.60b	38.31b	48.75b	51.08c	57.66d	65.31c	14.33f
EL001	34.00a	35.51c	51.45a	60.13b	60.78c	70.47b	17.69e
ET001	27.28ef	29.34e	43.69d	44.19d	47.22fg	47.38e	16.18ef
ES001	30.59c	32.12d	35.66f	41.98b	68.33b	69.64b	29.53ab
EI022	33.63ab	45.19a	46.48c	74.90a	77.78a	82.41a	22.98d
EC002	28.74d	33.44d	33.90f	36.35f	45.33g	55.04d	29.21ab
EE013	27.64de	28.97e	37.87e	39.88e	49.55f	64.13c	24.21cd
EH001	19.32h	37.80b	44.71cd	45.61d	52.09e	55.00d	30.26a
EPU002	26.41f	37.79b	42.75d	45.76d	46.20g	55.15d	29.41b

4）干旱胁迫对 MDA 含量的影响

干旱胁迫会导致自由基的大量产生，致使 MDA 生成，因此 MDA 含量不但反映膜脂过氧化程度，也间接反映组织中自由基的多少。试验结果显示，MDA 含量随着干旱胁迫压力的增大，整体呈先升后降趋势。当胁迫 7d 时，ER037 和 EL001 的 MDA 含量值达最大峰值；当胁迫 21d 时，ES001、EC002、EE013、EH001 和 EPU002 的 MDA 含量值达最大峰值；而 EJ003、ET001 和 EI022 于干旱胁迫 28d 时达到最大峰值，表明在干旱逆境下，不同植物种恢复能力与补偿能力不同，导致所受伤害水平不同（表 5-12）。复水 7d 后，MDA 含量值均有不同程度回落，其中 EJ003、EL001 和 ET001 仅分别恢复到干旱胁迫 0d 时的 83.5%、51.1% 和 90.2%，其余均能恢复到干旱胁迫 0d 时的 91.4%～206.0%。

表 5-12　持续干旱胁迫下 10 种偃麦草属植物的 MDA 含量变化

（单位：$\mu mol \cdot g^{-1}$）

植物种	0d	7d	14d	21d	28d	35d	复水
EJ003	26.79f	32.93f	34.70f	37.74g	39.35d	36.83cd	32.07b
ER037	22.44h	30.73g	26.11i	30.05h	29.66g	24.69g	20.90f
EL001	15.28i	35.56e	30.39h	27.49i	31.25f	30.76f	29.91c
ET001	27.64e	32.25f	33.56g	37.71g	38.46d	33.79e	30.65c
ES001	41.54a	64.78a	58.76b	65.57b	58.96a	41.47b	36.53a
EI022	33.56c	35.71e	44.01d	40.09f	58.86a	35.86d	16.29g
EC002	27.64e	38.08d	39.65e	45.11e	38.91d	43.32a	20.24f
EE013	38.30b	45.83b	62.98a	69.31a	53.61b	37.95c	26.45d
EH001	25.02g	44.31c	44.99c	50.93d	34.31e	33.71e	26.45e
EPU002	28.96c	35.85e	31.65f	55.60c	50.98c	35.70d	31.68b

5）干旱胁迫对 Pro 含量的影响

随着干旱胁迫时间的延续，Pro 含量呈急骤增加趋势（表 5-13）。当干旱胁迫 35d 时，10 个偃麦草属植物种叶片的 Pro 含量均达到最大值。其中，增幅最大的是 ER037、EL001、ES001、EI022 和 EE013，表现出对水分胁迫非常敏感的特征；而 EJ003 和 EH001 增幅相对较小。复水 7d 后，Pro 含量均有不同程度回落，但均不能恢复到干旱胁迫前的水平，ES001、EC002、EE013、EH001 和 EPU002 的 Pro 含量也仅回落到干旱胁迫 0d 时的 30.3%、26.1%、46.8%、17.8% 和 11.7%，但与胁迫 35d 时相比，EJ003、EH001 和 EPU002 的 Pro 含量相对变幅较小。

6）干旱胁迫对 SSC 的影响

随着干旱胁迫时间的延续和压力的增大，10 种偃麦草属植物 SSC 呈增加趋势。当胁迫 35d 时，SSC 均达最大值；复水 7d 后，SSC 值虽不同程度地回落，但均不能恢复到胁迫前的水平（表 5-14）。

表 5-13　干旱胁迫下 10 种偃麦草属植物的 Pro 含量变化　　（单位：$\mu g \cdot g^{-1}$）

植物种	0d	7d	14d	21d	28d	35d	复水
EJ003	44.11e	75.40f	208.22d	350.31h	383.13f	1310.3f	80.32f
ER037	97.01b	185.31b	216.16d	3483.62c	4174.83a	8229.4a	111.60e
EL001	84.30c	185.88b	268.30c	2525.56e	4072.87b	8360.0a	100.24e
ET001	39.79e	73.34f	133.18e	183.18i	483.23e	5417.7d	60.11g
ES001	24.92f	57.85g	545.03b	3758.29b	4104.89ab	8309.1a	82.26f
EI022	74.93d	240.58a	741.08a	4079.74a	4166.23a	8312.5a	106.81e
EC002	44.61e	63.13g	147.65e	723.97f	1949.18d	6586.6c	170.72d
EE013	102.53a	109.10e	269.05c	2785.28d	3973.43c	7559.7b	219.00c
EH001	72.30d	124.14d	251.14c	408.28g	497.93e	2936.0e	405.25b
EPU002	71.65d	137.88c	222.93d	299.89hi	316.45f	5250.1d	613.29

表 5-14　干旱胁迫下 10 种偃麦草属植物的 SSC 变化　　（单位：$mg \cdot g^{-1}$）

植物种	0d	7d	14d	21d	28d	35d	复水
EJ003	2.92de	3.15f	4.95e	5.57e	7.83i	16.49f	9.91c
ER037	1.31g	2.78g	3.90g	10.85b	28.86c	30.66b	17.29a
EL001	2.27f	2.87g	3.27h	5.52e	23.31e	30.05b	5.26f
ET001	2.60ef	3.25f	4.38f	3.35f	9.02h	24.25d	13.46b
ES001	3.03cd	4.08d	13.01a	11.16b	24.95a	29.75b	6.94e
EI022	3.67e	6.45a	8.25b	20.83a	26.65b	28.86bc	5.13f
EC002	4.33a	5.52b	5.57d	8.03c	25.79d	33.85a	8.58d
EE013	3.26c	3.84e	7.45c	7.03d	17.85f	26.36c	5.67f
EH001	3.71b	4.12d	7.94b	10.69b	12.72g	19.87e	7.76de
EPU002	3.67b	4.61c	5.45d	7.83c	12.98g	21.10e	8.30d

7）综合聚类分析

在整个干旱胁迫过程中各试验材料的 SR、RWC、REC、MDA 含量、Pro 含量和 SSC 6 个指标的变化趋势、变化幅度与抗旱性关系分析的基础上，利用干旱胁迫 35d 时测定的 RWC、REC、MDA 含量、Pro 含量和 SSC 5 个生理指标的数据，采用欧氏距离聚类分析方法进行综合聚类分析（图 5-19）。当欧氏距离为 4.50 时，可将 10 种偃麦草属植物划分为 3 个抗旱等级，即相对抗旱包括 ET001、EPU002、EJ003 和 EH001；中等抗旱包括 ES001、EE013 和 EC002；旱敏感包括 ER037、EL001 和 EI022。

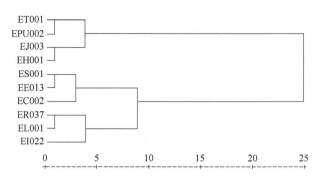

图 5-19 10 种偃麦草属植物抗旱性欧氏距离聚类分析

3．小结与讨论

　　植物叶片相对含水量能反映植物水分状况与蒸腾作用之间的平衡关系，是重要的水分状况指标。已有研究表明随着干旱胁迫的加大，植株 RWC 有所下降，但抗旱能力强的植株下降慢，且复水后恢复比较快，具有较强的保水能力，遭受干旱胁迫的影响较小（王忠，2000；刘永财等，2009a）。在干旱胁迫下，植物所产生的 Pro 不仅发挥着重要的渗透调节作用，而且能作为碳素和氮素的重要贮藏形式，为复水后植物的恢复提供能量，并能作为蛋白质水合层防止脱水，保护酶和亚细胞结构（Aspinell *et al.*，1980）。植物受干旱胁迫，Pro 含量呈上升趋势，Pro 积累越多和积累越快，抗旱性越弱（Huang *et al.*，1998）。SSC 是植物体内重要的渗透调节物质，主要有蔗糖、葡萄糖、果糖和半乳糖等，能在低水势下保持细胞膨压，维持细胞伸展，推迟萎蔫和气孔关闭，从而避免或减少光合器官受光抑制作用（李玲等，2003；王海珍等，2004；卢连荣等，2008）。干旱胁迫下，植物细胞中不断增加 SSC 能起到维持膜结构、稳定大分子功能的作用。本试验结果显示，在干旱胁迫下，10 种偃麦草属植物叶片 REC、SSC 和 Pro 含量呈逐渐增加趋势，而 RWC 呈逐渐下降趋势，MDA 含量呈先升后降趋势。特别是随着干旱胁迫时间的延长，Pro 含量快速累积，与其苗期抗旱性呈负相关。这与其他专家学者在中间偃麦草和偃麦草（张国芳等，2007）、新麦草（刘永财等，2009a）、紫花苜蓿（*Madicago sativa* L.）（刘卓等，2009；李源等，2009；王瑞瑞等，2010）、羊茅（*Festuca ovina* L.）（梁国玲等，2009）、马蔺〔*Iris lactea* Pall. var. *chinensis*（Fisch.）Koidz.〕（孟林等，2009a）、草地早熟禾（杜建雄等，2010）等种质资源苗期抗旱性的评价结果一致。

　　作物抗旱性是由多基因控制的性状或多种因素相互作用的结果，因而以某一项指标评价作物的抗旱性不能反映整体生理生态机制，而对每一项指标又不能以同等的权重来考虑（刘卓等，2009）。因此，选择多指标更能真实地反映植物的抗旱性。抗旱性鉴定指标体系很多，而近年来运用生理生化指标体系来进行植物抗旱性鉴定评价较为普遍（孟林等，2009a，b，c）。本研究所选用的生理生化指标方法简便、重复性好，已在农作物品种抗旱性鉴定评价和抗旱机理研究中广泛应用，成为重要的抗旱性鉴定指标。另外，不同生理生化指标反映植株生理活动的不同侧面，而且不同植株抗旱机理也不尽相同，必须多指标综合系统地进行分析，才能得出相对客观的鉴定结果。张国芳等（2007）对叶片 RWC、REC、Pro 含量和 MDA 含量 4 个抗旱生理指标进行分级赋分，将偃麦草和中间偃麦草种质划分为 3 个抗旱等级，结果实用可信。本研究对来自 6 个国家的 10 种偃麦草属植物苗期抗旱性进行综合评价，分析干旱胁迫过程中，各材料植株 SR 和 5 个抗旱生理指标（RWC、REC、Pro 含量、MDA 含量和 SSC 含量）变化趋势、变化幅度与抗旱性关系，并利用干旱胁迫 35d 时测定的叶片 RWC、REC、Pro 含量、MDA 含量和 SSC 含量 5 个生理指标数据，通过欧氏距离聚类分析，将 10 种偃麦草属植物划分为 3 个抗旱等级，优选出相对抗旱性较强的种质 4 份包括 ET001、EPU002、EJ003 和 EH001。总体上表现为随着干旱胁迫进程的延续，相对抗旱性较强的种质 SR 值相对较大，RWC 虽呈逐渐下降趋势，但下降速度和幅度相对较小，复水后较容易恢复到胁迫前水平；REC、Pro 含量和 SSC 含量均呈逐渐增加趋势，但增加幅度总体表现相对较小；而相对旱敏感的种质则表现出相反的变化规律。这与前人在其他植物如新麦草、紫花苜蓿、羊茅属植物、草地早熟禾、马蔺等植物的抗旱性评价的变化规律基本一致。

前人试验已经证明，反复干旱胁迫下，植物幼苗存活率与其抗旱性呈正相关，因此，植物存活率可作为抗旱性鉴定的直接指标。而本试验的结果也同样显示，当干旱胁迫 35d 复水 7d 后，以植物存活率来反映 10 种偃麦草属植物抗旱性的结果，与采用 5 个抗旱生理指标综合聚类的分析结果之间存在极高的一致性。

5.2.2　偃麦草和中间偃麦草种质资源苗期抗旱性评价

偃麦草属植物全世界共有 40 余种，其中偃麦草不仅草质柔软，营养丰富，而且根茎发达，固土护坡效果极佳，饲用价值和生态用途兼优（孟林等，2003）。中间偃麦草产量高，抗逆性强，是干旱半干旱地区理想的饲草品种。同时，偃麦草和中间偃麦草不仅是重要的饲草植物资源，而且也是小麦远缘杂交的重要亲本材料。近年来，国内外对偃麦草和中间偃麦草的研究多集中于引种驯化与栽培技术（Casler *et al.*，1989）、细胞学（佟明友等，1989；高明君等，1992）及分子遗传学（尤明山等，2003）方面。张国芳等（2005）揭示了四种偃麦草属植物光合日变化特征和规律，白玉娥等（2004）分析了包括中间偃麦草在内的 8 种根茎类禾草的耐盐特性。本研究通过温室模拟旱境胁迫的方法，对来自 9 个国家的 9 份偃麦草和 8 份中间偃麦草种质材料的苗期抗旱性进行分析比较，筛选优异抗旱种质材料，为偃麦草和中间偃麦草逆境生理机制研究和抗旱品种选育提供理论依据。

1. 材料与方法

采用温室模拟旱境胁迫方法，试验于日光温室内进行。大田土壤过筛，去掉石块和杂质，与细砂和草炭土按 2∶1∶1 的比例混匀，装入直径 20cm、深 18cm 的塑料花盆，每盆装入培养基质 3kg（干重）。将处理好的种子均匀撒在盆中，覆土后用喷头浇透水，置于日光温室生长。待幼苗生长到 3～4 叶期时开始干旱胁迫处理，每份种质材料 3 次重复，连续干旱 12d。分别于胁迫 0d、4d、8d 和 12d 采样测定，采样时间为 7:30～8:00，分别选取植株基部向上第 2 和第 3 片叶片作为测试样本。参试种质材料见表 5-15，生理生化指标测定方法同 5.1.1 和 5.1.2。

表 5-15 参试的偃麦草和中间偃麦草种质材料及来源

序号	种质库原编号	种名	种质材料	来源
1	PI578694	中间偃麦草	Clarke	加拿大
2	PI578693		Slate	美国
3	PI578691		Greenar	美国
4	PI618798		VIR 103	俄罗斯
5	PI440026		D-2111	哈萨克斯坦
6	PI556987		Reliant	美国
7	PI494686		Ag-2	罗马尼亚
8	2		2	中国
9	PI440074	偃麦草	D-1483	俄罗斯
10	PI531747		D-3244	波兰
11	PI440084		D-1987	哈萨克斯坦
12	PI598744		AJC-320	俄罗斯
13	PI595136		X93035	中国
14	PI317409		699	阿富汗
15	PI531746		DT-3175	中国
16	1		1	中国
17	PI401313		D-939	伊朗

注：表中除序号 8 和 16 种质材料分别由内蒙古农业大学和新疆农业大学提供外，其余均由美国植物种质资源信息网（Grin-Germplasm Resources Information Network）提供。

参考高吉寅（1983）植物抗旱性等级鉴定评价赋分分级办法。评价时，根据每份种质材料各个抗旱生理指标变化率的大小进行赋分，赋分标准为把每一种标准的最大变化率与最小变化率之间的差值均分为 10 个等级，每一等级为 1 分。在各个指标中均以伤害最轻的得分最高，即 10 分；伤害最重的得分最低，即 1 分。依此类推，最后把各个指标的得分相加，得出各种质材料抗旱性强弱总分。值越大，抗旱性越强。根据各种质材料抗旱性总得分进行抗旱性强弱排序和等级划分。

2．研究结果

1）RWC 对干旱胁迫的响应及变化规律

在干旱胁迫下，RWC 随干旱胁迫呈下降趋势，植株保水能力也随之下降。与干旱胁迫 0d 相比，干旱胁迫 8d 时，RWC 虽都有所下降，但下降幅度较小，变化率仅在 11.55% 以下，干旱胁迫 8d 到 12d 时，除 Ag-2 外，其余供试材料 RWC 均急剧下降，变化率最高达 67.72%。Slate、Greenar、D-2111、Reliant、Ag-2 和 AJC-320 在干旱胁迫 12d 时 RWC 依然保持在 88.63%、88.48%、89.28%、89.40%、89.30% 和 89.28%，保水能力相对较强，能耐受较长较重的水分胁迫；相反，VIR103、D-3244、D-1987、699 和 D-939 变化幅度较大，其中 D-3244 由原来的 96.40% 下降到 31.12%，说明其保水能力相对较弱（表 5-16）。

表 5-16   干旱胁迫下 RWC 的变化   （单位：%）

种质材料	0d（A）	4d	8d	12d（B）	变化率（X）	得分
Clarke	93.53	89.39	92.57	77.19ab	17.47	8
Slate	95.19	94.48	92.68	88.63a	6.89	10
Greenar	94.17	94.29	94.17	88.48a	6.04	10
VIR103	93.03	91.89	84.39	35.90de	61.41	1
D-2111	95.82	94.19	93.92	89.28a	6.83	10
Reliant	95.04	93.14	91.94	89.40a	5.93	10
Ag-2	94.51	93.09	89.41	89.30a	5.51	10
2	95.2	93.60	88.03	64.37abcd	32.38	6
D-1483	95.48	92.77	87.80	51.96bced	45.58	4
D-3244	96.4	93.60	91.91	31.12e	67.72	1
D-1987	96.01	92.87	86.19	41.95de	56.31	2
AJC-320	94.5	93.70	93.30	89.28a	5.52	10
X93035	94.64	92.31	88.51	73.23abc	22.62	7
699	94.5	89.32	85.81	38.86de	58.88	2
DT-3175	95.87	92.87	88.62	79.22ab	17.37	8
1	93.82	93.07	91.07	64.06abcd	31.72	6
D-939	95.25	93.63	84.25	45.21cde	52.54	3

注：同列中不同小写字母表示差异显著（$P<0.05$）；$X=(A-B)/A\times100$。

2）REC 对干旱胁迫的响应及变化规律

随着干旱胁迫的加重，17 份偃麦草和中间偃麦草的 REC 增大，细胞膜透性增大。多数参试种质材料 REC 呈均匀上升趋势，但 3 份种质 VIR103、D-1987 和 699 在干旱胁迫 8d 后增长幅度迅速增大，外渗液中电解质增加，细胞组织受到严重伤害，呈现抗旱性较弱的特征（表 5-17）。

表 5-17　干旱胁迫下 REC 的变化　　　　　　　　（单位：%）

种质材料	0d（A）	4d	8d	12d（B）	变化率（X）	得分
Clarke	8.95	21.00	21.39	25.03e	179.66	6
Slate	6.25	17.71	19.62	20.83de	233.28	4
Greenar	9.48	13.44	15.27	17.51ef	84.70	9
VIR103	14.40	22.97	23.39	58.70a	307.64	2
D-2111	13.44	15.02	17.82	21.21def	57.81	10
Reliant	10.36	13.74	18.53	23.04def	122.39	8
Ag-2	12.24	14.18	17.98	20.93f	71.00	10
2	7.62	14.46	15.16	20.57de	169.95	7
D-1483	7.92	14.91	18.45	21.93de	176.89	6
D-3244	10.49	14.03	17.34	24.92d	137.56	8
D-1987	11.42	13.63	22.20	56.39a	393.78	1
AJC-320	9.28	12.78	17.64	23.26ed	150.65	7
X93035	9.08	12.73	18.45	26.00d	186.34	6
699	10.02	15.39	17.38	44.82b	347.31	1
DT-3175	6.83	12.26	17.13	21.84de	219.77	5
1	8.90	13.67	13.64	20.28de	127.87	8
D-939	9.76	11.56	20.51	33.98c	248.16	4

注：同列不同小写字母表示差异显著（$P<0.05$）；$X=(A-B)/A\times100$。

3）Pro 含量对干旱胁迫的响应及变化规律

当干旱胁迫 12d 时，参试的绝大多数种质材料 Pro 含量急剧增加，其中变化量最大的是 Ag-2 种质，由胁迫开始时的 $6.87\mu g \cdot g^{-1}$ 激增到胁迫 12d 时的 $2875.44\mu g \cdot g^{-1}$，增幅近 300 倍。可见干旱胁迫条件下，Pro 的积累不仅敏感，而且幅度相当大。通过 Pro 含量的分析判断，参试的 17 份种质材料中，Ag-2、1、AJC-320 和 Greenar 种质材料的苗期抗旱性相对较强（表 5-18）。

表 5-18　干旱胁迫下 Pro 含量变化　　　　　　（单位：$\mu g \cdot g^{-1}$）

种质材料	0d（A）	4d	8d	12d（B）	变化率（X）/%	得分
Clarke	10.99	53.34	141.79	1367.86ef	12346.41	3
Slate	32.14	38.05	563.70	1632.02d	4977.85	1
Greenar	9.53	66.75	495.44	2550.76b	26665.58	7
VIR103	31.13	39.42	447.71	367.84i	1081.63	1

续表

种质材料	0d（A）	4d	8d	12d（B）	变化率（X）/%	得分
D-2111	27.43	123.98	221.69	1820.51cd	6536.93	2
Reliant	7.76	31.54	133.72	1678.65d	21532.09	6
Ag-2	6.87	29.69	238.47	2875.44a	41755.02	10
2	8.50	46.15	258.87	1271.18f	14855.06	4
D-1483	7.46	60.42	112.62	902.77g	12001.47	3
D-3244	9.03	24.85	145.78	638.54h	6971.32	2
D-1987	7.09	130.25	327.56	1139.96fg	15978.42	4
AJC-320	10.92	229.06	711.22	2874.45a	26222.80	7
X93035	10.61	28.74	151.03	517.99hi	4782.09	1
699	10.68	28.41	153.79	1561.73de	14522.94	4
DT-3175	9.55	17.81	217.28	500.98hi	5145.86	2
1	6.50	124.50	208.95	2042.43c	31322.00	8
D-939	29.06	26.60	357.17	539.37hi	1756.06	1

注：同列不同小写字母表示差异显著（$P<0.05$）；$X=(B-A)/A\times100$。

4）MDA 含量对干旱胁迫的响应及变化规律

由表 5-19 可知，MDA 含量随干旱胁迫的进程呈上升趋势，其中 Clarke 和 Slate 的 MDA 含量变化率仅为 33.85% 和 29.79%。干旱胁迫 12d 时，有些种质材料的 MDA 含量迅速积累，且变化幅度较大，如 VIR103 的 MDA 含量由 29.42μmol·g^{-1} 增加到 134.73μmol·g^{-1}，X93035 的 MDA 含量由 22.04μmol·g^{-1} 增加到 141.38μmol·g^{-1}；还有的种质材料干旱胁迫到 12d 时 MDA 含量并不高，变化幅度却非常明显，如 D-3244 和 D-2111 等，MDA 含量初始水平较低，但变化率高达 1227.60% 和 987.93%。

表 5-19　干旱胁迫下 MDA 含量的变化　　　（单位：μmol·g^{-1}）

种质材料	0d（A）	4d	8d	12d（B）	变化率（X）/%	得分
Clarke	29.72	32.33	33.18	39.78e	33.85	10
Slate	34.14	40.90	44.31	44.31de	29.79	10
Greenar	14.93	21.94	18.65	39.18de	162.42	9
VIR103	29.42	33.37	38.11	134.73a	357.95	8
D-2111	3.48	18.10	21.39	37.86de	987.93	3
Reliant	10.54	20.59	17.99	43.69de	314.52	8
Ag-2	20.63	39.26	31.65	55.11cde	167.14	9
2	18.38	32.13	19.78	38.26de	108.16	10
D-1483	11.29	24.95	24.64	65.45bcd	479.72	7
D-3244	4.71	19.46	28.56	62.53bcd	1227.60	1
D-1987	35.88	21.39	38.63	85.26b	137.63	10
AJC-320	13.55	17.39	14.73	46.70de	244.65	9

种质材料	0d (A)	4d	8d	12d (B)	变化率 (X) /%	得分
X93035	22.04	21.20	24.79	141.38a	541.47	6
699	23.65	20.21	25.29	58.25bcde	146.30	10
DT-3175	12.38	14.97	20.73	49.56de	300.32	8
1	13.41	26.72	31.62	57.22bcde	326.70	8
D-939	26.36	35.02	31.70	83.54bc	216.92	9

注：同列中不同小写字母表示差异显著（$P<0.05$）；$X=（B-A）/A\times100$。

5）偃麦草和中间偃麦草种质材料抗旱性综合评价

采用分级赋分的办法，对 17 份偃麦草和中间偃麦草种质材料叶片的 RWC、REC、Pro 含量和 MDA 含量的变化率进行赋分分级，综合评价其苗期抗旱性（表 5-20）。苗期抗旱性由强到弱排序依次为 Ag-2、Greenar、AJC-320、Reliant、1、Clarke、2、D-2111、Slate、DT-3175、D-1483、X93035、D-1987、699、D-939、VIR103 和 D-3244。将得分为 40～30 分（含）的划分为抗旱性强的种质材料，包括 Ag-2、Greenar、AJC-320、Reliant 和 1 共 5 份；30～20 分（含）的为抗旱性中等的种质材料，包括 2、Clarke、D-2111、Slate、DT-3175、D-1483 和 X93035 共 7 份；20 分以下的为抗旱性较弱的种质材料，包括 D-1987、699、D-939、D-3244 和 VIR103 共 5 份（表 5-20）。

表 5-20 干旱胁迫下 17 份种质材料苗期抗旱性综合评价

种质材料	单一指标抗旱性得分				总分	排序	抗旱分级
	RWC	REC	Pro 含量	MDA 含量			
Clarke	8	6	3	10	27	6	Ⅱ
Slate	10	4	1	10	25	9	Ⅱ
Greenar	10	9	7	9	35	2	Ⅰ
VIR103	1	2	1	8	12	16	Ⅲ
D-2111	10	12	2	3	27	8	Ⅱ
Reliant	10	8	6	8	32	4	Ⅰ
Ag-2	10	10	10	9	39	1	Ⅰ
2	6	7	4	10	27	6	Ⅱ
D-1483	4	6	3	7	20	11	Ⅱ
D-3244	1	8	2	1	12	16	Ⅲ
D-1987	2	1	4	10	17	13	Ⅲ
AJC-320	10	7	7	9	33	3	Ⅰ
X93035	7	6	2	5	20	11	Ⅱ
699	2	1	4	10	17	13	Ⅲ
DT-3175	8	5	2	8	23	10	Ⅱ
1	6	8	8	8	30	5	Ⅰ
D-939	3	4	1	9	17	13	Ⅲ

注：Ⅰ表示抗旱性强；Ⅱ表示抗旱性中等；Ⅲ表示抗旱性较弱。

3．小结与讨论

植物对干旱胁迫的反应错综复杂，其抗旱能力的大小是多种代谢的综合表现。因此，植物抗旱性鉴定时应采用多个指标进行综合评价。不同的生理生化指标反映植株生理活动的不同侧面，而且不同植株抗旱机理也不尽相同。近年来运用生理生化指标体系进行植物抗旱性的鉴定评价较为普遍。本研究通过抗逆生理指标的综合评价优选出 5 份苗期抗旱性较强的种质材料，其中偃麦草种质 2 份，分别是来自中国新疆的 1 号种质材料和俄罗斯的 AJC-320；中间偃麦草种质 3 份，分别是来自罗马尼亚的 Ag-2、美国的 Greenar 和 Reliant。

在本试验所采用的生理生化指标中，叶片 RWC 变化趋势可表示植物的渗透调节能力，被认为是描述植物在水分亏缺条件下生长状况的一个很好的指标。在相同的水分胁迫条件下，抗旱性强的植物叶片 RWC 下降速度较慢，下降幅度较小，能保持较好的水分平衡（孙启忠，1991；郭彦军等，2003）。叶片 REC 可反映细胞膜受伤害的程度，因为植物组织在受干旱逆境危害时，细胞膜结构和功能首先遭受伤害，细胞膜透性增大，组织受伤害越重，电解质增加越多。大量研究表明，抗旱性越强的植物细胞膜受伤害的可能性越小，渗透量越少，REC 越小；反之，REC 相对较大（史燕山等，2005；曾兵等，2006）。植物器官衰老或在逆境环境下遭受伤害，往往发生膜脂过氧化作用，MDA 是膜脂过氧化的最终分解产物之一（马宗仁等，1993），通常利用 MDA 含量作为脂质过氧化的指标，表示细胞膜脂过氧化程度和植物对逆境反应的强弱。很多研究证实 Pro 积累与植物抗旱性存在密切关系（Singh *et al*．，1972；孙启忠，1989；马宗仁等，1993；吕丽华等，2006），当植物受干旱胁迫时，水分亏缺使蛋白质分解加快，植物体内发生大量的 Pro 积累。在本试验中，抗旱性强的植物 Pro 积累时间长，积累量大，与抗旱性强弱密切相关。

长穗偃麦草耐镉、锌重金属胁迫能力评价

长穗偃麦草是禾本科小麦族偃麦草属多年生疏丛根茎型草本植物，原产于欧洲东南部和小亚细亚，主要分布在我国新疆、西藏、青海、甘肃等省区，蒙古国、俄罗斯、日本、朝鲜、印度和马来西亚等国也有分布（Dvorak *et al*．，1987；欧巧明等，2005；黄莺等，2010）。长穗偃麦草干草产量达 6750～7500kg·hm^{-2}（谷安琳，2004），因其具有较强的抗旱耐寒性和耐盐碱性，适应性广，适于我国北方干旱半干旱地区的坡地、沙荒地、撂荒地和盐碱地等种植（Meng *et al*．，2016）。彭远英等（2008）进行了长穗偃麦草与小麦的远缘杂交及杂种后代鉴定、

外部形态和田间农艺性状评价等的研究。Meng 等（2016）研究证实长穗偃麦草高亲和 K⁺ 转运蛋白 EeHKT1;4 在维持根系 K^+/Na^+ 选择性中发挥着重要作用；同时，研究还报道长穗偃麦草外整流 K⁺ 通道蛋白 *EeSKOR* 基因的表达受干旱和盐胁迫诱导和调节。高世庆等（2011）研究证实转基因 *EeNAC9* 烟草植株的耐盐性和抗旱性显著增强。本研究着重对 Cd、Zn 污染毒害下长穗偃麦草植株生理生化指标的变化规律及在体内的分布和积累情况进行试验研究，旨在充分揭示 Cd、Zn 重金属单一和复合污染对长穗偃麦草幼苗生长的毒害作用及其作用机理。

5.3.1 材料与方法

采用温室模拟逆境胁迫的方法，在日光温室中进行。试验期温室平均气温 27.6℃（白天）/18.5℃（夜晚），相对湿度 54.6%（白天）/82.7%（夜晚）。箱培用土的土壤 pH 为 7.42±0.23，有机质含量 4.52%±0.45%，全氮、全磷和全钾含量分别为 0.22%±0.03%、0.79%±0.05% 和 1.62%±0.11%，碱解氮、速效磷和速效钾含量分别为（134.39±13.26）$mg \cdot kg^{-1}$、（4.90±0.96）$mg \cdot kg^{-1}$ 和（82.20±9.63）$mg \cdot kg^{-1}$，土壤中 Zn 本底值为（88.55±3.21）$mg \cdot kg^{-1}$，Cd 本底值为（0.57±0.08）$mg \cdot kg^{-1}$。

选取饱满、大小均一的长穗偃麦草种子（由北京克劳沃草业技术开发中心提供），用 0.1% 的高锰酸钾消毒 15min，用蒸馏水冲洗干净，置于 LRH-250-G 光照培养箱中 25℃ 恒温发芽，待根长 2～3mm 时移栽入预先准备好的土壤经过污染处理的塑料箱中，三叶期时每箱定株至 40 株。塑料箱内径长×宽×高＝48cm×33cm×21cm，每箱装土干重 21.8kg。期间不施用任何肥料。分别将分析纯 Cd（NO_3）$_2$·4H_2O 和 Zn（NO_3）$_2$·6H_2O 配制成溶液施入土壤，搅拌均匀，加水使土壤含水量约为田间持水量的 60%，每天及时补充土壤水分。为防止重金属流失，塑料箱下垫塑料托盘，渗出的溶液倒回塑料箱中。

设 0、10 和 20mg·kg^{-1} 3 个 Cd 处理浓度（以 Cd^{2+} 计）水平（分别以 Cd0、Cd10 和 Cd20 表示），设 0、200 和 400mg·kg^{-1} 3 个 Zn 浓度（以 Zn^{2+} 计）水平（分别以 Zn0、Zn200 和 Zn400 表示），完全随机区组设计，共 9 个处理，3 次重复（表 5-21）。选取植株部位相同生长状况一致的叶片，用蒸馏水洗净，揩干，液氮速冻并保存于-80℃冰箱，用于测定各项生理指标。用自来水洗净根系泥土，用蒸馏水清洗植株，再用吸水纸吸干表面水分，于干燥通风处晾置 10min，分离地上部和地下部称重，置于 90℃ 干燥箱中杀青 20min，于 60℃ 下烘至恒重，用电子天平称取地上部和地下部干重，烘干样品用粉碎机粉碎，用于 Cd 和 Zn 含量的测定。

植株地上和地下生物量采用常规方法测定，叶片超氧化物歧化酶（SOD）

采用氮蓝四唑（NBT）法测定（邹琦，2000），过氧化物酶（POD）采用愈创木酚法测定（邹琦，2000），MDA 含量和 Pro 含量测定方法同 5.1.2；用 $HNO_3 : HClO_4 = 4 : 1$（$V : V$）混合酸消解至无色透明，用原子吸收分光光度计（岛津 AA-6300C）测定重金属 Cd 和 Zn 含量。

5.3.2　研究结果

1）Cd 和 Zn 处理对长穗偃麦草生物量及幼苗成活率的影响

由表 5-21 可知，在 Cd、Zn 单一和复合污染下，长穗偃麦草地上和地下生物量均低于对照，且均与对照存在显著差异（$P < 0.05$）；幼苗成活率均低于对照，除 Zn200＋Cd0 处理与对照无显著差异外，其他处理均与对照达显著差异（$P < 0.05$）。在 Cd、Zn 单一处理下，随着加入 Cd 和 Zn 浓度的增加，地上和地下生物量及幼苗成活率总体呈下降趋势。复合处理下，当 Cd 浓度不变而 Zn 浓度逐渐增加时，地上和地下生物量多有所下降，但与单一 Cd 处理下的比较没有显著差异；Cd 和 Zn 复合处理下的生物量及幼苗成活率多低于同浓度下的单一处理。

表 5-21　Cd 和 Zn 处理对长穗偃麦草生物量及幼苗成活率的影响

Cd 处理浓度 /（mg · kg⁻¹）	Zn 处理浓度 /（mg · kg⁻¹）	地上生物量 /（g · 株⁻¹）	地下生物量 /（g · 株⁻¹）	幼苗成活率 /%
0	0	0.86±0.12a	0.23±0.07a	98.75±0.41a
0	200	0.54±0.09b	0.14±0.02b	96.25±1.22ab
0	400	0.51±0.01bc	0.09±0.01bc	82.50±0.82de
10	0	0.44±0.08bc	0.12±0.01bc	93.75±0.42bc
10	200	0.50±0.09bc	0.08±0.02bc	80.00±1.63e
10	400	0.44±0.02bc	0.08±0.02bc	90.00±0.82cd
20	0	0.52±0.03bc	0.10±0.01bc	93.00±0.01bc
20	200	0.40±0.04bc	0.07±0.01bc	85.00±0.83de
20	400	0.38±0.04c	0.06±0.01c	78.75±0.41e

注：同列不同字母表示差异显著（$P < 0.05$）。

2）Cd 和 Zn 处理对长穗偃麦草叶片 SOD 和 POD 活性的影响

由图 5-20（a）可知，未添加 Cd 时，随着 Zn 浓度的增加，SOD 活性先升后降，Zn200 处理与对照相比差异不显著，但与 Zn400 处理相比差异显著（$P < 0.05$）；添加外源 Cd10 和 Cd20 处理下，随着 Zn 浓度的增加，SOD 活性降低，且均差异显著（$P < 0.05$）。未添加外源 Zn 时，随着 Cd 浓度的增加，SOD 活性相应增

加，但与对照相比差异不显著；添加 Zn200 和 Zn400 处理下，随着 Cd 浓度的增加，SOD 活性降低，且各处理之间均达显著差异（$P<0.05$）；Zn400＋Cd20 处理下 SOD 活性最低，较 Zn400＋Cd0 处理下降了 73.5%。

由图 5-20（b）可知，未添加 Cd 时，随着 Zn 浓度的增加，POD 活性增加，但与对照相比未达到显著差异；Cd10 处理下，随着 Zn 浓度的增加，POD 活性呈增加趋势，且与对照相比差异均显著（$P<0.05$）；Cd20 处理下，Zn 的加入导致 POD 活性先增加后降低，Cd20＋Zn400 处理下的 POD 活性虽低于 Cd20＋Zn200，但高于 Cd20＋Zn0 处理，且与 Cd20＋Zn0 差异显著（$P<0.05$）。未添加 Zn 时，随着 Cd 浓度的增加，POD 活性增加，但未达到显著差异水平；Zn200 处理下，随着 Cd 浓度的增加，POD 活性增加，且各处理间均差异显著（$P<0.05$）；Zn400 处理下，Cd10 的加入导致 POD 活性增加，而 Cd20 的加入则导致 POD 活性降低，且两者均与 Zn400＋Cd0 差异显著（$P<0.05$）。

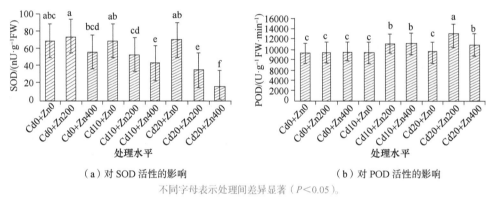

（a）对 SOD 活性的影响　　　　　（b）对 POD 活性的影响

不同字母表示处理间差异显著（$P<0.05$）。

图 5-20　Cd 和 Zn 处理对长穗偃麦草 SOD 和 POD 活性的影响（以鲜质量计）

3）Cd 和 Zn 处理对长穗偃麦草叶片 MDA 和 Pro 含量的影响

由图 5-21（a）可知，未添加 Cd 时，随着 Zn 浓度的增加，MDA 含量呈递增趋势，Zn200 处理与对照相比差异不显著，Zn400 处理较对照差异显著（$P<0.05$），Zn200 处理与 Zn400 处理差异不显著；在相同 Cd 浓度处理下，随着 Zn 浓度的增加，MDA 含量增加；Cd20＋Zn400 处理下 MDA 含量最高，较对照提高了 85.4%。未添加外源 Zn 时，随着 Cd 浓度的增加，MDA 含量增加，且较对照差异显著（$P<0.05$）；在相同 Zn 浓度处理下，随着 Cd 浓度的增加，MDA 含量增加。

由图 5-21（b）可知，未添加 Cd 时，随着 Zn 浓度的增加，Pro 含量增加，与对照相比均达显著差异（$P<0.05$）；Cd10 处理下，Zn200 的加入导致 Pro 含量减少，而 Zn400 的加入导致 Pro 含量增加；Cd20 处理下，随着 Zn 浓度的增加，Pro 含量增加。未添加 Zn 时，随着 Cd 浓度的增加，Pro 含量增加，且较对照均

达显著差异（$P<0.05$）；Zn200 处理下，Cd10 的加入导致 Pro 含量减少，而 Cd20 的加入则导致 Pro 含量增加；Zn400 处理下，随着 Cd 浓度的增加，Pro 含量增加。

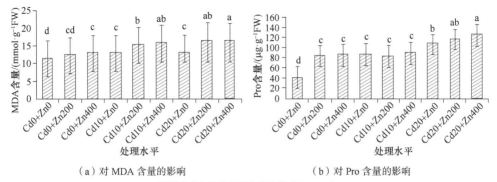

（a）对 MDA 含量的影响 　　　　　　（b）对 Pro 含量的影响

不同字母表示处理间差异显著（$P<0.05$）。

图 5-21　Cd 和 Zn 处理对长穗偃麦草 MDA 和 Pro 含量的影响

4）Cd 和 Zn 处理对长穗偃麦草地上部和根系 Cd 和 Zn 含量的影响

由表 5-22 可见，长穗偃麦草体内 Cd 含量分布为根系大于地上部。未添加 Cd 处理下，地上部与根系 Cd 含量呈先升后降趋势，地上部 Cd 含量在 Zn0 与 Zn200 处理下差异达显著水平（$P<0.05$），但 Zn0 与 Zn400 处理间差异不显著（$P>0.05$）；根系 Cd 含量在 Zn0 与 Zn200 处理间差异不显著，但 Zn0 与 Zn400 处理间差异显著（$P<0.05$）。Cd 和 Zn 复合处理下地上部和根系 Cd 含量与对照相比，差异显著（$P<0.05$），在 Cd20+Zn200 处理下，地上部与根系 Cd 含量达最大，分别为 11.29mg·kg^{-1} 和 15.42mg·kg^{-1}，是对照的 9.10 倍和 4.73 倍。未添加 Zn 处理下，不同 Cd 浓度间地上部 Cd 含量差异达显著水平（$P<0.05$），根系 Cd 含量在 Cd10 与 Cd20 处理间差异不显著，但两者与 Cd0 处理间差异显著（$P<0.05$）。

表 5-22　Cd 和 Zn 处理对长穗偃麦草地上部和根系 Cd 和 Zn 含量的影响（单位：mg·kg^{-1}）

Cd 浓度	Zn 浓度	地上部 Cd 含量	根系 Cd 含量	地上部 Zn 含量	根系 Zn 含量
0	0	1.24±0.11fg	3.26±1.17f	54.07±5.35f	102.25±5.85g
0	200	2.17±0.24e	4.61±1.91ef	146.02±8.34d	182.42±7.51f
0	400	1.05±0.12g	1.30±0.82g	208.01±9.68bc	375.43±8.49cd
10	0	5.53±1.65de	8.92±2.45cd	60.58±6.82ef	275.28±8.12e
10	200	9.84±2.34bc	10.84±3.89bcd	164.09±9.10d	380.37±9.71cd
10	400	7.15±2.48cd	8.61±3.11de	242.02±5.74ab	445.53±8.67ab
20	0	9.61±2.40bc	11.37±2.85bc	65.96±5.62e	312.21±7.86d
20	200	11.29±6.54a	15.42±2.80a	234.04±8.93abc	480.59±8.22ab
20	400	10.83±3.71ab	12.54±1.53bc	284.32±9.44a	490.37±9.30a

注：同列不同字母表示差异显著（$P<0.05$）。

长穗偃麦草地上部和根系的 Zn 含量随着 Cd 浓度的增加而增加，且根系积累大于地上部（表 5-22）。在 Cd0 和 Cd10 条件下，不同 Zn 浓度处理下的地上部与根系 Zn 积累差异均达显著水平（$P<0.05$），Cd20＋Zn0 处理与 Cd20＋Zn200、Cd20＋Zn400 相比较，地上部与根系 Zn 含量差异均达显著水平（$P<0.05$），且 Cd20＋Zn200 和 Cd20＋Zn400 处理间差异不显著。在 Cd20＋Zn400 复合处理下，地上部与根系 Zn 含量最大，分别为 284.32mg·kg^{-1} 和 490.37mg·kg^{-1}，是对照的 5.26 倍和 4.80 倍。未添加 Zn 条件下，地上部 Zn 含量在 Cd0 与 Cd20 处理间差异达显著水平（$P<0.05$），Cd10 与 Cd0、Cd20 两处理间差异不显著；而根系 Zn 含量各处理间差异均达显著水平（$P<0.05$）。Cd0＋Zn200 与 Cd10＋Zn200 处理间地上部 Zn 含量差异不显著，但两者与 Cd20＋Zn200 处理间差异显著（$P<0.05$）。地上部 Zn 含量在 Cd0＋Zn400 与 Cd20＋Zn400 处理下差异达显著水平（$P<0.05$），但与 Cd10＋Zn400 处理相比，差异不显著（$P>0.05$）；根系 Zn 含量在 Cd0＋Zn400 处理下与 Cd10＋Zn400 和 Cd20＋Zn400 处理相比差异均达显著水平（$P<0.05$）。

5.3.3 小结与讨论

重金属胁迫下，植物生物量可以作为评价植物耐重金属特性的间接指标，同时植物生物量也直接影响重金属污染土壤的修复效果。黄雪夏等（2003）对玉米（*Zea mays* L.）和丁海东等（2004）对番茄（*Lycopersicon esculentum* Miller）的 Cd 和 Zn 胁迫试验发现，随着 Cd 和 Zn 浓度的增加，玉米和番茄幼苗生长明显受到抑制，生物量下降。谢建治等（2008）报道 Zn 对小白菜（*Brassica chinensis* L.）产量的影响显著，而 Cd 的影响不显著，低浓度 Zn 与 Cd 对小白菜的生物量具有协同增产作用，而高浓度 Zn 与 Cd 对其产生拮抗作用。本试验发现单一 Cd 或 Zn 处理下，随着 Cd、Zn 浓度的增加，长穗偃麦草的生物量呈下降趋势，Cd-Zn 复合处理下生物量的下降趋势更为明显。

保护酶活性是植物处于逆境或衰老时机体对胁迫反应的重要生理指标，其中 SOD 和 POD 在高等植物抗逆性、氧伤害及器官衰老中起着重要作用（李兆君等，2004；刘世鹏等，2006）。重金属胁迫会引起植物体内活性氧的积累，引发生物膜脂的过氧化，由此产生脂质过氧化产物 MDA，进而破坏膜系统的结构和功能。本试验中，Cd 单一处理下长穗偃麦草体内的 SOD 和 POD 活性升高，徐勤松等（2003）将这种现象解释为低浓度重金属对植物发挥积极的"刺激作用"，Vera-Estrella 等（1994）认为植物受胁迫过程中，活性氧可作为第二信使，启动细胞防御反应，但这种"积极作用"受处理浓度和处理时间双重因素的限制。我们研究发现在 Cd 单一处理下，长穗偃麦草叶片 SOD 和 POD 活性变化均呈上升趋势，但与对照相比，差异不显著，说明长穗偃麦草对 Cd 有较好的耐受性。大于 200mg·kg^{-1} Zn 处理和 Cd-Zn 复合处理对 SOD 活性的影响呈下降趋势，说明植物体内形成的活性氧自由基与 SOD 活性之间的平衡被打破，SOD 活性受到抑制，甚至失活。在 Cd 和 Zn 单一处理，Cd10＋Zn200、Cd10＋Zn400 和 Cd20＋Zn200 复合处理下，POD 活性升高，Cd20＋Zn400 处理下，POD 活性降低，表明长穗偃麦草耐重金属 Cd 和 Zn 的生理过程与 SOD 及 POD 活性相关。

MDA 是膜脂过氧化的最终产物，在一定程度上反映膜脂过氧化程度（蒋明义，1999；于方明等，2007）。本研究发现随着 Cd 和 Zn 浓度的增加 MDA 含量增加，Cd-Zn 复合处理较同一水平 Cd 和 Zn 单一处理更能增加 MDA 含量，促进膜脂质的过氧化。Pro 作为渗透调节物质和细胞质渗透物质，具有易于水合的趋势或具较强的水合能力，有助于增加细胞持水力，对原生质起保护作用（Tang，1989；Prasad，1995；Costa *et al.*，1997）。本研究发现单一 Cd 或 Zn 处理下，随着 Cd、Zn 浓度的升高，长穗偃麦草叶片 Pro 含量增加，有利于保持细胞与组织水分平衡，保护膜结构完整性，减轻 Cd、Zn 胁迫的毒害。Cd-Zn 复合处理下，Cd10 与 Zn200 发生拮抗作用，导致 Pro 含量降低，在一定程度上缓解 Cd 或 Zn 的毒害作用；Cd10 与 Cd400、Cd20 与 Zn200（或 Zn400）发生协同作用，重金属毒害作用增加，导致渗透调节物质 Pro 积累量增加。

重金属在植物体内的分布有两种情况，一是大部分积累在根系，一是把根系吸收的重金属大部分运输到地上部。重金属在植物体内的运输直接影响植物对重金属的吸收与耐性、重金属在植物体内各部位的分布及植物体内的物质结合形态。一般而言，重金属在植物体内主要累积在根部，向地上部位转移相对较少（杨居荣等，1993；Schat *et al.*，1997）。本试验发现长穗偃麦草植株对 Cd、Zn 的吸收表现为根系＞地上部的分布格局，与杨艳等（2010）对头花蓼（*Polygonum capitatum* Buch.-Ham. ex D. Don）的研究结果相符。根系积累较多的 Cd、Zn 说明长穗偃麦草可通过降低重金属向地上部迁移的能力，以减轻过量重金属对地上部的毒害作用，从而提高植物耐重金属的能力。尽管长穗偃麦草富集重金属的能力比不上超富集植物，但由于长穗偃麦草根茎发达、再生能力强、生物量大、抗病虫害能力强，其根系对土壤重金属具有较强的吸收和积累能力，污染土壤中的重金属通过植被向生态系统迁移的风险相对较低，因此长穗偃麦草具有修复土壤重金属 Cd、Zn 污染的潜力。

僵麦草属植物种质资源遗传多样性分析

🌿 内容提要

采用 SSR 分子标记技术，对 24 个国家的 55 份不同染色体倍性（包括 26 份二倍体、11 份四倍体和 18 份六倍体）的僵麦草属植物种质材料遗传多样性分析结果显示，不同染色体倍性种质材料的遗传距离（GD）变幅范围不同，二倍体、四倍体和六倍体种质材料 GD 变幅分别为 0.14～0.77、0.05～0.39 和 0.1667～0.4941，二倍体及四倍体种质材料 GD 变幅水平高于六倍体种质材料，且二倍体种质材料的遗传差异最为明显。UPGMA 聚类结果显示，参试的二倍体和四倍体种质材料可有效区分，而参试的 18 份六倍体种质材料整体遗传变异范围不大，亲缘关系较近。采用 ISSR 分子标记技术，对来自 12 个国家的 30 份僵麦草种质材料遗传多样性的分析结果显示，多态位点百分率高达 71.03%，GS 介于 0.63～0.873，UPGMA 和 PCA 分析结果显示，30 份僵麦草种质材料可聚类为 8 个组别，且遗传距离与其地理分布距离呈显著正相关关系（$r=0.812$，$P<0.05$）。对来自 13 个国家 21 份长穗僵麦草种质材料遗传多样性的分析结果显示，多态位点百分率仅为 10.4%，GS 介于 0.23～0.46，聚类结果说明这 21 份长穗僵麦草种质材料间无明显地域分布规律。

遗传多样性是一个物种或者居群长期进化过程中适应性和变异性的体现，即遗传多样性越丰富，物种或者居群对其生长发育环境的适应性越强（陈灵芝，1993），所以遗传多样性也是保护生物学的核心内容之一（张大勇等，1999）。在我国，植物遗传多样性研究被广泛应用于经济价值较高的各类重要农作物（张云等，2017；胡德分等，2017）、观赏花卉（邱彤等，2015；杜凤凤等，2016）和药用植物等（王爱兰等，2015；李巧玲等，2017）。对于牧草而言，遗传多样性是研究牧草种质资源遗传变异分化、品种改良、亲缘关系及遗传育种的基础。禾本科小麦族作为牧草中的一大重要分支，族内众多属种蕴含着丰富的野生抗性基因，是改良麦类作物的重要种质基因库，加之小麦族物种具有异花授粉的繁殖特性，其研究方式与许多自交农作物不尽相同（云锦凤，2004）。因此对其开展遗传多样性研究可以为收集保存重要种质资源遗传信息奠定坚实的基础。

偃麦草属隶属禾本科小麦族，属内物种为多年生异花授粉的草本植物，且分布生境复杂，种内和种间有较大差异，加之形态和生活习性较为多样，形成了偃麦草属多样的植物类型——盐土、中生和旱生。偃麦草属植物在全世界有 40 余种，包括偃麦草、中间偃麦草、毛偃麦草、长穗偃麦草、脆轴偃麦草和硬叶偃麦草（张国芳等，2005）。偃麦草属内的多种植物是小麦的近缘物种，具有耐盐、抗旱和抗病虫等的优点；同时，它们还具有多花、大穗、抗低磷营养胁迫等多种优良性状（闫小丹等，2010）。偃麦草属植物是小麦宝贵的抗性野生基因库。许多学者致力培育小麦—偃麦草属植物的各种新型变异材料，以满足小麦种质资源的改良需求。因此非常有必要系统开展偃麦草属植物种质资源的遗传多样性研究，为加强小麦与偃麦草属植物远缘杂交育种，揭示偃麦草属植物种质资源遗传信息及挖掘其重要抗性基因资源提供理论依据。

现代分子标记技术如简单序列重复标记（simple sequence repeats，SSR）、扩展片段长度多态性标记（amplified fragment length polymorphism，AFLP）、限制性片段长度多态性标记（restriction fragment length polymorphism，RFLP）、简单序列重复区间扩增多态性（inter-simple sequence repeat，ISSR）和单核苷酸多态性（single nucleotide polymorphism，SNP）等，对创制植物新种质和揭示物种间遗传多样性具有重要作用（Kumar et al.，2008）。与 SSR 和 SNP 分子标记技术相比，ISSR 分子标记技术作为一种更加有效实用的标记技术已被广泛应用于植物种间遗传多样性分析（Joshi et al.，2000；Femández et al.，2002；Bornet et al.，2004；刘永财等，2009b；Michalski et al.，2010）。本章主要利用 SSR 或 ISSR 分子标记技术，对来自不同国家和地区且具有不同染色体倍性（二倍体、四倍体和六倍体）的偃麦草属植物种质资源遗传多样性进行分析研究，旨在揭示其遗传变异的差异及亲缘关系。

6.1　55 份偃麦草属植物种质资源遗传多样性分析

6.1.1　材料与方法

1）试验材料

供试材料为来自 24 个国家且具有三个倍性水平的 55 份偃麦草属植物种质材料，其中二倍体 26 份，四倍体 11 份，六倍体 18 份（表 6-1）。

表 6-1 不同染色体倍性的偃麦草属植物种质材料

序号	种质材料编号	种质库原编号	种名	来源	染色体倍性
1	EI029	PI273732	中间偃麦草	俄罗斯	2X
2	EI030	PI273733	中间偃麦草	俄罗斯	2X
3	EI031	PI297872	中间偃麦草	俄罗斯	2X
4	EI033	PI401021	中间偃麦草	土耳其	2X
5	EI049	PI440021	中间偃麦草	哈萨克斯坦	2X
6	EI020	PI531723	中间偃麦草	加拿大	2X
7	EI042	PI531726	中间偃麦草	澳大利亚	2X
8	EI043	PI547333	中间偃麦草	中国	2X
9	EI046	PI574517	中间偃麦草	美国	2X
10	EI034	PI401121	中间偃麦草	伊朗	2X
11	EI009	PI574518	中间偃麦草	美国	2X
12	EI014	PI618798	中间偃麦草	俄罗斯	2X
13	EI017	PI578694	中间偃麦草	加拿大	2X
14	EI048	PI634227	中间偃麦草	中国	2X
15	EI018	PI494618	中间偃麦草	罗马尼亚	2X
16	EI019	PI494686	中间偃麦草	罗马尼亚	2X
17	EA001	PI499588	毛稃偃麦草	中国	2X
18	ER044	PI598741	偃麦草	俄罗斯	2X
19	EI037	PI494685	中间偃麦草	罗马尼亚	2X
20	EI041	PI531725	中间偃麦草	德国	2X
21	EI044	PI547335	中间偃麦草	波兰	2X
22	EI045	PI547337	中间偃麦草	法国	2X
23	EPO04	PI636523	黑海偃麦草	阿根廷	2X
24	ER036	PI565007	偃麦草	哈萨克斯坦	2X
25	ER037	PI595134	偃麦草	中国	2X
26	ER032	PI502361	偃麦草	俄罗斯	2X
27	EI038	PI516553	中间偃麦草	摩洛哥	4X
28	EE011	PI574516	长穗偃麦草	俄罗斯	4X
29	EE007	PI297871	长穗偃麦草	阿根廷	4X
30	EE022	PI578686	长穗偃麦草	加拿大	4X
31	EE023	PI535580	长穗偃麦草	突尼斯	4X
32	EE017	PI308592	长穗偃麦草	意大利	4X
33	EPO02	PI508561	黑海偃麦草	阿根廷	4X
34	EPO03	PI547312	黑海偃麦草	俄罗斯	4X

续表

序号	种质材料编号	种质库原编号	种名	来源	染色体倍性
35	ER014	PI531747	偃麦草	波兰	4X
36	ER038	PI634252	偃麦草	乌克兰	4X
37	ER039	PI618807	偃麦草	蒙古国	4X
38	ER020	XJ08002	偃麦草	中国	6X
39	EI026	PI440026	中间偃麦草	哈萨克斯坦	6X
40	EI028	PI220497	中间偃麦草	阿富汗	6X
41	EI032	PI383568	中间偃麦草	土耳其	6X
42	EI039	PI531721	中间偃麦草	中国	6X
43	EI040	PI531722	中间偃麦草	加拿大	6X
44	ER008	PI180407	偃麦草	意大利	6X
45	ER027	PI593438	偃麦草	土耳其	6X
46	ER028	PI317410	偃麦草	阿富汗	6X
47	ER035	PI401317	偃麦草	伊朗	6X
48	ER041	PI253431	偃麦草	塞尔维亚	6X
49	ER045	PI311333	偃麦草	西班牙	6X
50	EE008	PI238222	长穗偃麦草	比利时	6X
51	EE021	PI283163	长穗偃麦草	葡萄牙	6X
52	EC001	PI380655	*E. caespitosa**	伊朗	6X
53	EH002	PI277183	杂交偃麦草	法国	6X
54	EPY01	PI316123	*E. pycnantha**	法国	6X
55	EPU02	PI277185	*E. pungens**	法国	6X

*表示该种没有对应的中文名。

　　2）幼苗培育

　　每份种质材料选取成熟饱满的种子 20 粒，在日光培养箱，用直径 12cm 的培养皿纸质培养 7～14d，箱内温度白天（9:00～17:00）30℃，光照 2000lx，黑夜（17:00～次日 9:00）20℃，无光照。待嫩芽长至约 3cm 时移栽到直径 11.5～15cm 的花盆，并放入日光温室，保持水分充足。待幼苗长至三叶期时，剪取健康幼嫩叶片提取 DNA。

　　3）DNA 提取及纯度测定

　　用改良的 CTAB 法（cetyl trimethyl ammonium bromide，十六烷基三甲基溴化铵）分别抽提 55 份偃麦草属植物种质材料的叶片 DNA，并采用紫外吸收法测定其浓度，$OD_{260/280}$ 在 1.9～2.0 为高纯度的 DNA。1% 琼脂糖凝胶恒压 150V 电泳 30min，用紫外线凝胶成像分析仪观察胶片（图 6-1），条带清晰可见且无拖尾

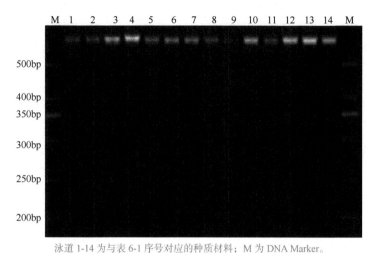

泳道 1-14 为与表 6-1 序号对应的种质材料；M 为 DNA Marker。

图 6-1　部分偃麦草属植物种质材料琼脂糖检测电泳图谱

现象部分为高纯度 DNA。

4）PCR 扩增及反应体系建立

选取多态性好、稳定性高的 10 对 SSR 引物（表 6-2）对 55 份偃麦草属植物种质材料进行 PCR 扩增反应，9 对 SSR 引物应用于二倍体及四倍体种质材料的扩增反应，5 对应用于六倍体种质材料的扩增反应。PCR 反应体系：总体系均为 20μL（表 6-3），二倍体及四倍体材料的 PCR 扩增体系为 94℃预变性 4min，94℃变性 30s，55℃退火 40s，72℃延伸 40s，33 个循环，72℃延伸 5min，4℃保存；六倍体种质材料的 PCR 扩增体系为 94℃预变性 4min，94℃变性 30s，57℃退火 1min，72℃延伸 2min，33 个循环，72℃延伸 5min，4℃保存。

表 6-2　优选出的 10 对 SSR 引物

引物	种质材料倍性	位点	上游引物	下游引物
Xgwm033	6X	1A	5′ GGA GTC ACA CTT GTT TGT GCA 3′	5′ CAC TGC ACA CCT AAC TAC CTGC3′
Xgwm044	2X, 4X, 6X	7D	5′ GTT GAG CTT TTC AGT TCG GC 3′	5′ ACT GGC ATC CAC TGA GCT G 3′
Xgwm071	2X, 4X, 6X	3D	5′ GGC AGA GCA GCG AGA CTC 3′	5′ CAA GTG GAG CAT TAG GTA CAC G 3′
Xgwm153	2X, 4X, 6X	1B	5′ GAT CTC GTC ACC CGG AAT TC 3′	5′ TGG TAG AGA AGG ACG GAG AG 3′
Xgwm190	2X, 4X, 6X	5D	5′ GTG CTT GCT GAG CTA TGA GTC 3′	5′ GTG CCA CGT GGT ACC TTT G 3′

续表

引物	种质材料倍性	位点	上游引物	下游引物
Xgwm257	2X, 4X	2B	5′ AGA GTG CAT GGT GGG ACG 3′	5′ CCA AGA CGA TGC TGA AGT CA 3′
Xgwm295	2X, 4X	7D	5′ GTG AAG CAG ACC CAC AAC AC 3′	5′ GAC GGC TGC GAC GTA GAG 3′
Xgwm314	2X, 4X	3D	5′ AGG AGC TCC TCT GTG CCA C 3′	5′ TTC GGG ACT CTC TTC CCT G 3′
Xgwm518	2X, 4X	6B	5′ AAT CAC AAC AAG GCG TGA CA 3′	5′ CAG GGT GGT GCA TGC AT 3′
Xgwm642	2X, 4X	1D	5′ACG CGA AGA AGG TGC TC 3′	5′ CAT GAA AGG CAA GTT CGT CA 3′

表 6-3　PCR 反应体系

二倍体及四倍体种质材料			六倍体种质材料		
材料名称	浓度	体系加入量 /μL	材料名称	浓度	体系加入量 /μL
Tag 酶	1U	0.2	Tag 酶	5U	0.12
MgCl₂	2.5mmol·L⁻¹	2	MgCl₂	2.5mmol·L⁻¹	2
dNTP	0.2mmol·L⁻¹	0.4	dNTP	0.2mmol·L⁻¹	0.16
10×buffer	—	2	10×buffer	—	2
上游引物	10pmol	5	上游引物	2μmol·L⁻¹	4
下游引物	10pmol	5	下游引物	2μmol·L⁻¹	4
模板 DNA	50ng	2	模板 DNA	50ng	2
ddH₂O	—	3.4	ddH₂O	—	5.72

5）电泳及银染记录

二倍体及四倍体种质材料的 PCR 产物经 95℃变性 5min 后，在 10% 变性聚丙烯酰胺凝胶上恒压 150V 电泳分离 7h。六倍体种质材料的 PCR 产物在 8% 非变性聚丙烯酰胺凝胶上电压 54V，电流 16mA，电泳 12h。银染后的胶片用蒸馏水清洗后，放在 X 线胶片观察灯（型号 PD-A）上观察，并用数码相机拍照记录。

6）数据处理与统计分析

种质材料电泳谱带的计数方法为，统计每对引物扩增出的所有特异性条带并编号，然后对每份种质材料的扩增结果计数，有条带记为"1"，无条带记为"0"。采用 Nei's 方法计算遗传相似系数（GS）：GS＝$2N_{ij}/(N_i+N_j)$，其中 N_i 和 N_j 分别为 i 和 j 两份种质材料的总条带数（等位基因数），N_{ij} 为两份种质材料共有的条带数（等位基因数）。遗传距离（GD）＝1－GS，用 NTSYSpc 2.10e 软件对 GD 值进行 UPGMA 聚类分析。

6.1.2 研究结果

1）不同倍性偃麦草属植物种质材料的扩增结果

利用9对SSR引物对26份二倍体偃麦草属植物种质材料基因组进行扩增（图6-2，图6-3），共得到45个特异性位点，平均每对引物扩增出5个特异性位点，共有标记基因型63个。二倍体种质材料间遗传距离（GD）为0.14～0.77。11份四倍体种质材料间遗传距离（GD）为0.05～0.39。

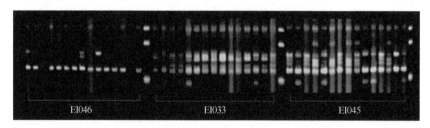

图6-2　引物Xgwm044对EI046、EI033、EI045种质材料的扩增图谱

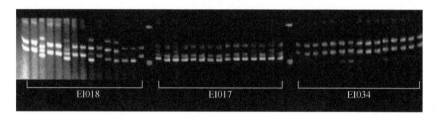

图6-3　引物Xgwm071对EI018、EI017、EI034种质材料的扩增图谱

5对SSR引物对18份六倍体种质材料基因组的扩增结果显示，多态性位点集中分布于84～622bp，其中引物Xgwm044扩增出的多态性位点比率较高，条带为3～10条（图6-4），引物Xgwm153在供试材料中扩增出的多态性位点较少，条带为2～5条。18份偃麦草属植物种质材料间的遗传距离（GD）为0.1667～0.4941。

2）不同倍性偃麦草属植物种质材料的聚类分析

将37份二倍体及四倍体偃麦草属植物种质材料组合在一起进行聚类分析的结果显示（图6-5），GD为0.0238～0.3048，在GD=0.2428处，37份供试种质材料可分为3大组，其中第1组7份材料全为二倍体种质材料（包括2份中间偃麦草、4份偃麦草和1份黑海偃麦草），第2组11份材料全为四倍体种质材料（包括1份中间偃麦草、5份长穗偃麦草、2份黑海偃麦草和3份偃麦草），第3组由其余19份二倍体种质材料（包括18份中间偃麦草和1份毛稃偃麦草）组成。

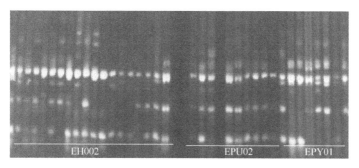

图 6-4　引物 Xgwm044 对 EH002、EPU02、EPY01 材料的扩增图谱

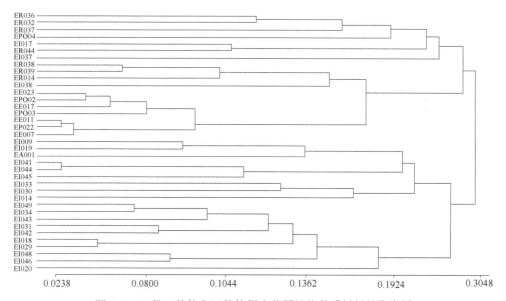

图 6-5　37 份二倍体和四倍体偃麦草属植物种质材料的聚类图

对 26 份二倍体偃麦草属植物种质材料的聚类分析结果显示，当 GD 为 0.66 时可划分为 3 组，第 1 组由 15 份中间偃麦草种质材料组成（EI049、EI031、EI042、EI018、EI048、EI043、EI046、EI034、EI029、EI030、EI045、EI033、EI041、EI044 和 EI020）；第 2 组包括 3 份中间偃麦草和 1 份毛稃偃麦草种质材料（EA001、EI009、EI019 和 EI014）；第 3 组由 7 份种质材料组成，分别是 1 份黑海偃麦草（EPO04）、2 份中间偃麦草（EI017 和 EI037）及 4 份偃麦草种质材料（ER032、ER036、ER037 和 ER044）（图 6-6）。

对 11 份四倍体偃麦草属植物种质材料的聚类分析结果显示，当 GD 为 0.22 时，可聚为 3 类（图 6-7）：中间偃麦草 EI038 与 3 份偃麦草种质材料的遗传距离约为 0.30，表明所使用的 9 对 SSR 引物在四倍体偃麦草属植物中同样能够有效区分中间

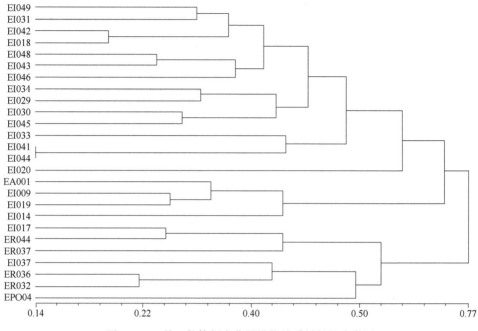

图 6-6　26 份二倍体偃麦草属植物种质材料的聚类图

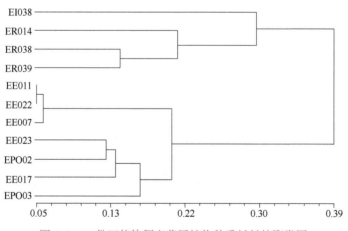

图 6-7　11 份四倍体偃麦草属植物种质材料的聚类图

偃麦草与其他种植物；除此以外，3 份偃麦草种质材料聚集在遗传距离约 0.22 处，并与长穗偃麦草和黑海偃麦草遗传距离相距较远，其遗传距离为 0.39。

　　对 18 份六倍体偃麦草属植物种质材料的聚类分析结果显示，多数同种偃麦草属植物种质材料通常先聚在一起，再与亲缘关系较近的其他种偃麦草属植物种质材料进行聚合，如偃麦草种质材料 ER008 与 ER027 聚合后又与 ER028 聚合，长穗偃麦草种质材料 EE008 与 *Elytrigia caespitosa*（EC001）聚 合 后 又 与 长 穗偃麦草 EE021 聚合（图 6-8）。但从整体的聚类结果可知，18 份供试六倍体偃麦草属种质材料的亲缘关系均较近（GD=0.1667～0.4941），表明它们之间遗传差异并不十分显著。

6.1.3　小结与讨论

分子生物学技术的快速发展为牧草遗传育种及分子辅助育种提供了崭新的平台。由于蕴含丰富的抗病、抗旱、耐盐基因及优良的品质性状，且易与小麦杂交产生优质的杂种后代，偃麦草属植物被广泛应用于小麦遗传育种。作为小麦的三级基因库（朱艳等，2017），偃

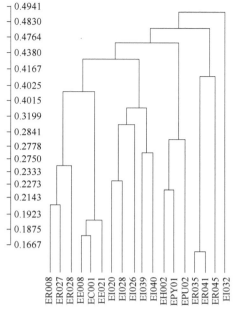

图 6-8　18 份六倍体偃麦草属植物种质
材料的聚类图

麦草属种质资源目前已在细胞学鉴定及核型分析，遗传多样性分析，抗旱、耐盐、抗病等相关基因克隆和功能分析等方面进行研究（雷雪峰等，2013；刘宇峰等，2012；史广东等，2009a，b；闫红飞等，2009；张晓燕等，2011a，b，c），对揭示偃麦草属植物遗传特性和优异功能基因挖掘具有重要意义。在偃麦草属植物种质资源遗传多样性的研究中，分子标记技术的选择非常关键。SSR 分子标记技术具有共显性遗传、能产生丰富等位变异等优点，是迄今应用最广泛的二代分子标记之一；ISSR 分子标记技术是在 SSR 基础上发展起来的一种新的分子标记，所需 DNA 模板的量少，多态性丰富，稳定性较高。

本研究首先采用小麦染色体上 SSR 标记对 55 份偃麦草属植物三个倍性（二倍体、四倍体和六倍体）的种质材料进行 SSR 扩增体系的优化分析，结果显示小麦 SSR 引物在偃麦草属植物种质资源分子遗传多样性分析中具有较高的通用性。许多报道证明了近缘物种标记在跨物种研究的应用潜力（刘长友等，2014；石晓蒙等，2017）。也有专门针对小麦 SSR 标记在长穗偃麦草、偃麦草及中间偃麦草研究中通用性的报道（王黎明等，2007；徐鑫，2016；王瑞晶等，2016）。此外，引物的通用性研究对分析亲缘种属的遗传多样性及基因组进化演变关系也具有一定的参考价值（程雪妮等，2014）。另外，本研究采用 ISSR 分子标记技术，分别对 26 份二倍体、11 份四倍体和 18 份六倍体偃麦草属植物种质材料间的分子遗传多样性

进行研究，取得了较好的结果。由此可见，通过近缘物种小麦特有的 SSR 和 ISSR 引物对偃麦草属植物种质资源遗传多样性进行分析，可为揭示小麦基因组与偃麦草属植物基因组的亲缘关系，开发偃麦草属 SSR 特异性标记提供一定的参考依据。

本节参试的偃麦草属植物种质资源遗传距离聚类分析结果显示，二倍体种质材料的遗传距离变幅水平最大（GD 值为 0.14～0.77），其次为四倍体种质材料（GD 值为 0.05～0.39）和六倍体种质材料（GD 值为 0.1667～0.4941）。首先相同染色体倍性的种质材料大多聚在一起，可理解为其遗传变异主要来源于染色体的变异。染色体是遗传物质的载体，是基因的携带者，染色体的变异必然导致物种遗传变异的发生，这也是生物遗传多样性的重要来源。

6.2 偃麦草种质资源遗传多样性分析

偃麦草系禾本科多年生根茎疏丛型牧草。目前有二倍体、四倍体和六倍体三个染色体倍性（2n=7X=14，28，42）（Mao *et al.*，2010），广泛分布于我国西北和东北地区，蒙古国、俄罗斯、日本和西伯利亚地区也有分布（陈默君等，2002）。偃麦草具有较强的抗旱、抗寒和耐盐碱特性（张国芳等，2007；孟林等，2009b，c），根茎蔓生速度快，草群地面覆盖度高（陈默君等，2002），是库滨带、河堤等固土护坡、水土保持、改良盐碱地等生态环境建设的理想植物及改良天然草地的优良草种。同时偃麦草还可通过快速生长吸收农田地表径流中的氮磷养分，减少农田氮磷面源污染，是滨岸带草地过滤带的优选植物（李晓娜等，2017）。有专家采用等电聚焦方法（isoelectric focusing，IEF）分析了五大野生偃麦草群体的酯酶（EST）、过氧化物酶（POD）、酸性磷酸酶（ACP）、过氧化氢酶（CAT）、葡萄糖 -6- 磷酸脱氢酶（G6PD）和磷酸葡糖变位酶（PGM）六种酶系统，共检测到 23 个位点，其中多态性位点 18 个，多态性比率高达 78.3%，充分证实了野生偃麦草具有较高的遗传多样性（胡志昂等，1997）。

本节主要采用 ISSR 分子标记技术，对来自 12 个国家的 30 份偃麦草种质材料的遗传多样性进行分析，揭示其遗传变异规律及其遗传距离与地理分布距离间的相关关系，旨在为偃麦草种质资源遗传多样性的有效保护提供信息。

6.2.1 材料与方法

1）试验材料

ER020 种质材料收集自新疆天山北坡草原，其余的 29 份种质材料均来自美国国家植物种质资源库（表 6-4）。温室盆栽育苗，每份种质材料育成健康幼苗 30 株，育苗基质特性为 pH 7.62，土壤容重 1.36g·cm^{-3}，有机质含量 1.52%，碱解氮 84.0mg·kg^{-1}，速效磷 16.5mg·kg^{-1} 和速效钾 129.0mg·kg^{-1}。

表 6-4　30 份偃麦草种质材料来源

序号	种质材料编号	种质库原编号	来源与地理位置
1	ER004	PI317409	阿富汗 Qala Shaharak 以西约 7km 处
2	ER030	PI499630	中国新疆乌鲁木齐南郊，海拔 1000m
3	ER090	PI440071	俄罗斯 Strizhament 高原 Stavropol 南约 40km，海拔 800m
4	ER009	PI172361	土耳其 Erzurum 省 Pasinler Horasan 地区
5	ER020	XJ08002	中国新疆天山北坡谢家沟，海拔 1560m
6	ER036	PI565007	哈萨克斯坦 Aktyubinsk 西南约 38km，无放牧区，路边
7	ER003	PI314197	乌兹别克斯坦 Tashkent 东约 70km，Chatkal 山区
8	ER040	PI634250	蒙古国 Bulgan Sum 地区，海拔 1213m
9	ER029	PI499488	中国新疆乌鲁木齐到石河子西约 104km 处，海拔 530m
10	ER117	PI547339	中国新疆乌鲁木齐到石河子西约 97km 处，海拔 550m
11	ER015	PI598747	哈萨克斯坦 Chelkar 南约 41km 处，干排水区，海拔 230m
12	ER022	PI440074	俄罗斯 Stavropol 东约 50km 处，Beshpagin 山，海拔 400m
13	ER014	PI531747	波兰 Wroclaw 地区
14	ER039	PI618807	蒙古国 Selenge River Valley 泛滥区，Dzuunburen 西南约 4km 处，海拔 875m
15	ER005	PI401313	伊朗 Semnan 北约 60km 处，Parvar 野生动物保护区，海拔 2100m
16	ER038	PI634252	乌克兰黑海附近，海拔 20m
17	ER041	PI253431	塞尔维亚 Koper Slovenia 地区
18	ER007	PI204387	土耳其 Erzurum 省 Zagki 地区附近
19	ER050	PI172696	土耳其 Bayazit 地区
20	ER008	PI180407	印度 Punjab 以东 Lahul 地区，海拔 3160m
21	ER059	PI222179	阿富汗 Kabul Panjab 地区南约 43km 处
22	ER125	PI598746	俄罗斯 Altai 地区 Tuekta
23	ER057	PI210989	阿富汗 Kabul Bamian 东约 29km 处，海拔 2730m
24	ER058	PI221901	阿富汗 Kabul Bamian 东约 10km 处
25	ER044	PI598741	乌克兰 Dikorastuscij Lvov 地区
26	ER132	W621654	中国新疆库车以南 5km 处，海拔 1150m
27	ER046	PI206878	土耳其 Eskisehir 地区
28	ER042	PI531748	波兰 Wroclaw 地区
29	ER133	W621660	中国新疆阿克苏北约 8km 处，柯克亚地区灌木林区，海拔 1080m
30	ER134	W621661	中国新疆，库尔勒到乌鲁木齐间焉耆县东北约 40km 处，海拔 1189m

2）DNA 提取和 ISSR-PCR 扩增

每份种质材料选取 10 片新鲜幼叶，于液氮中研磨成粉末，采用微调后（CTAB 浓度为 3%）的 CTAB 法提取总 DNA，并通过 1.0% 琼脂糖凝胶电泳检测其质量。25μL PCR 反应体系含有 50ng 模板 DNA，1.5mmol·L^{-1} MgCl$_2$，0.3mmol·L^{-1} dNTPs，0.4μmol·L^{-1} 引物，2.0U Taq 酶及 10×PCR 缓冲液。PCR 反应程序为：94℃预变性 5min；94℃变性 45s，53℃退火 30s，72℃延伸 1min，44 个循环；72℃延伸 5min；10℃保存。DL 2000 DNA Marker 由宝生物工程（大连）有限公司购买，所用引物为加拿大哥伦比亚大学已发表的 100 条 ISSR 引物，由北京三博远志生物技术有限责任公司合成，筛选出扩增谱带清晰的 12 条 ISSR 引物用于后续试验（表 6-5）。PCR 扩增产物用 6% 聚丙烯酰胺凝胶电泳进行检测（电泳槽型号为 DYCZ-28D，电泳仪型号为 DYY-10C 型），每孔加量 5μL，260V 电泳 3～4h，每条引物扩增产物电泳重复 2 次，通过硝酸银进行银染，拍照保存。

表 6-5　12 条引物序列及扩增结果

引物	序列（5′—3′）	可重复条带数	多态性条带数	不可重复条带数	多态位点百分率 /%
807	AGA GAG AGA GAG AGA GT	23	20	5	86.96
811	GAG AGA GAG AGA GAG AC	8	3	3	37.50
821	GTG TGT GTG TGT GTG TT	6	5	2	83.33
825	ACA CAC ACA CAC ACA CT	10	5	4	50.00
841	GAG AGA GAG AGA GAG AYC	6	4	1	66.67
846	CAC ACA CAC ACA CAC ART	11	7	3	63.64
847	CAC ACA CAC ACA CAC ARC	17	15	3	88.23
849	GTG TGT GTG TGT GTG TYA	15	13	3	86.67
864	ATG ATG ATG ATG ATG ATG	10	8	2	80.00
887	DVD TCT CTC TCT CTC TC	3	2	1	66..67
889	DBD ACA CAC ACA CAC AC	6	3	3	50.00
892	TAG ATC TGA TAT CTG AAT TCC C	17	15	3	88.33
总和		132	100	33	—
平均值		11	8.33	2.75	71.03

3）数据处理

扩增条带在相对迁移位置的有、无分别记为"1"或"0"。按 Nei（1978）的方法，计算各种质材料间的遗传相似系数（GS），计算公式为：GS＝$2N_{ij}$/（N_i＋N_j），其中，N_{ij} 为种质材料 i 和 j 共有的扩增条带数，N_i 为种质材料 i 的扩增条带数，N_j 为种质材料 j 的扩增条带数。依据 GS 值，按 UPGMA 进行聚类。利用 NTSYS-2.1 软件进行聚类分析和主成分分析。运用 Mantel（1967）方法对 30 份偃麦草种质材料的遗传距离和地理分布距离间的相关关系进行分析。

6.2.2　研究结果

1）ISSR 标记多态性较为丰富

由表 6-5 可见，ISSR 引物 807、811、825、841、846 和 847 包含有 A＋G 和 A＋C 重复位点，ISSR 引物 821 和 849 包含 G＋T 位点，显示偃麦草基因组包含有许多简单序列重复，如 AC、CA、AG、GA 和 GT。12 条 ISSR 引物扩增出的可重复清晰谱带大小在 200～1000bp，扩增出 100 条多态性条带，多态位点百分率平均为 71.03%，平均每个引物扩增多态性带 8.33 条。图 6-9 显示了 6% 聚丙

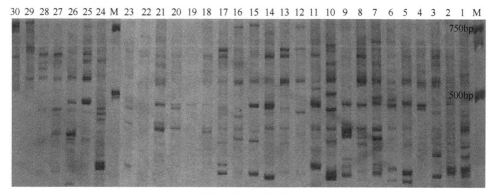

(a) 引物 807 的 ISSR 谱带

(b) 引物 892 的 ISSR 谱带

图 6-9　6% 聚丙烯酰胺凝胶电泳条件下引物 807 和 892 的 ISSR 谱带信息

烯酰胺凝胶电泳条件下 ISSR 引物 807 和 892 的 ISSR 谱带信息。

2）偃麦草种质资源遗传多样性

参试的 30 份偃麦草种质材料遗传相似系数为 0.509～0.873。其中，来自新疆阿克苏北部的偃麦草种质材料 29（ER133）和来自新疆乌鲁木齐和库尔勒地区之间的种质材料 30（ER134）间遗传相似系数最大为 0.873，而来自波兰 Wroclaw 地区的种质材料 13（ER014）和中国新疆库车县南部地区的种质材料 26（ER132）间遗传相似系数最小仅为 0.509。

对 30 份偃麦草种质材料的遗传相似系数的 UPGMA 聚类分析，在遗传相似系数 0.71 时可将 30 份种质材料分为 8 组，揭示了它们之间的遗传关系（图 6-10）。PCA 分析结果显示除了来自乌克兰 Lvov 地区 25（ER044）种质材料与来自蒙古国 8（ER040）和 14（ER039）种质材料聚在一起，其余种质材料的 PCA 分析结果与 UPGMA 聚类结果非常吻合（图 6-11）。进一步运用 Mantel（1967）方法对 30 份偃麦草种质材料的遗传距离矩阵及其地理分布距离矩阵的相关性分析结果显示，二者之间呈显著正相关关系（$r=0.812$，$P<0.05$）。

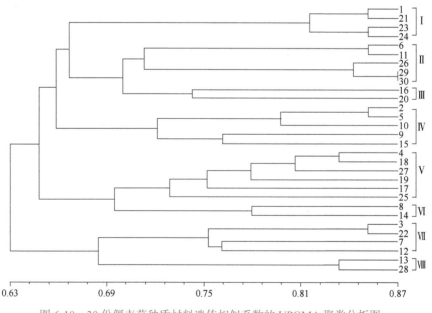

图 6-10　30 份偃麦草种质材料遗传相似系数的 UPGMA 聚类分析图

6.2.3　小结与讨论

偃麦草不仅是小麦远缘杂交的重要亲本材料，也具有较高的坪用特性，是我

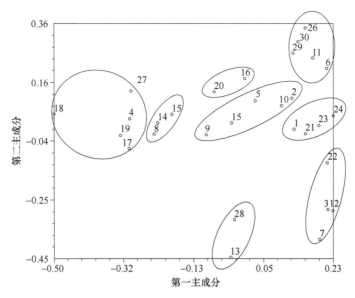

图 6-11　基于 30 份偃麦草种质材料 ISSR 多态性的 PCA 分析图

国北方生态绿化建设中的优质草坪绿地建设草种。偃麦草根茎系统十分发达、侵占能力强且在寒冷的北方返青早、枯黄期晚，引种良好（特别是我国新疆和东北地区均能安全越冬）（孟林等，2003）。在遗传多样性方面，朱昊（2008）通过形态学标记探讨了野生与引进的偃麦草种质资源的差异性，发现变异程度最大的性状为茎基部节间长，变异程度最小的性状为叶长，株高和小穗数等其他性状差异达极显著水平（$P<0.01$）；李培英（2010）从野生偃麦草群体的形态学标记揭示群体内个体植株的差异性，反映了偃麦草异花授粉的繁殖特性，揭示了野生偃麦草居群内的表型性状差异大于居群间的差异。

在系统发育和进化生物学方面，无论对植物种内还是种间遗传多样性，ISSR分子标记都是一种有效的遗传多样性评估方法。由于 ISSR 引物的长度长且退火温度高，ISSR 标记具有很高的重复性，可提供高度多态性的指纹（Zietkiewicz et al.，1994；Kojima et al.，1998；Bornet et al.，2001）。目前，ISSR 标记已成功用于玉米（Kantety et al.，1995）、菜豆（*Phaseolus vulgaris* L.）（Galvan et al.，2003）、蚕豆（*Vicia faba* L.）（Terzopoulos et al.，2008）、非洲菊属植物（Bhatia et al.，2009）、马蔺（Wang K et al.，2009）和高燕麦草〔*Arrhenatherum elatius*（L.）Presl〕（Michalski et al.，2010；Meng et al.，2011）的遗传多样性分析。采用 ISSR-PCR 方法对 30 份偃麦草种质材料遗传多样性分析结果显示，12 个 ISSR 引物共获得 132 个可识别的 DNA 位点，其中多态性位点达 100 个，多态性比率较高。胡志昂等（1997）对野生偃麦草群体材料的同工酶分析，遗传多样性高达

78.3%。

由图 6-10 可知，UPGMA 聚类法将 30 份偃麦草种质材料分为 8 组。第 1 组包含 4 份来自阿富汗的偃麦草种质材料；第 2 组包含两大区域的偃麦草种质材料，2 份来自哈萨克斯坦和 3 份来自中国新疆；第 3 组由 1 份来自乌克兰和 1 份来自印度的偃麦草种质材料组成；第 4 组由来自中国新疆北部乌鲁木齐南部的 2 份种质材料、来自新疆北部乌鲁木齐到石河子西的 2 份种质材料及来自伊朗的 1 份种质材料组成；第 5 组包括 4 份土耳其种质材料、1 份乌克兰种质材料和 1 份塞尔维亚种质材料；第 6 组是来自蒙古国的 2 份种质材料；第 7 组包括 2 份来自俄罗斯 Stavropol、1 份来自阿尔泰和 1 份来自乌兹别克斯坦 Tashkent 地区的种质材料；第 8 组仅包含来自波兰的 2 份种质材料。

研究表明，ISSR 分子标记可用于分析植物群体间单株植物的地理分布格局，前人研究证明鸭茅（Sugiyama，2003；Zeng *et al.*，2006）、金钱槭属（Yang *et al.*，2007）、马蔺（Wang K *et al.*，2009）、新麦草（刘永财等，2009b）和高燕麦草（Meng *et al.*，2011）等许多植物的种质资源遗传多样性与其地理距离和气候类型相关。本研究除来自乌克兰的 25（ER044）和来自蒙古国的 8（ER040）、14（ER039）外，其余种质材料基于 ISSR 多态性的 PCA 主成分分析结果与 UPGMA 聚类法得到的树状图结果完全一致。Mantel 检验结果显示 30 份偃麦草种质材料的遗传距离与地理距离之间存在高度相关性（$r=0.812$，$P<0.05$）。Yang 等（2007）发现金钱槭种群间的地理距离与遗传距离之间存在显著相关性；而 Michalski（2010）研究发现，19 世纪人类频繁活动导致中欧和东欧高燕麦草种质材料间的遗传距离与地理距离没有显著相关性。综上所述，本研究结果表明 30 份偃麦草种质资源具有较丰富的遗传多样性，30 份供试种质材料间的遗传距离与地理距离存在显著的相关关系。

 6.3 长穗偃麦草种质资源遗传多样性分析

长穗偃麦草系偃麦草属多年生根茎疏丛型草本植物，原产于欧洲东南部和小亚细亚，具有较强的抗旱耐盐性，是改良盐碱地的理想草本植物之一。关于长穗偃麦草种质资源遗传多样性分析的背景资料很少，这在一定程度上制约了长穗偃麦草优异种质资源的挖掘和优异功能基因的开发。本项目组已经从长穗偃麦草耐盐种质中克隆到编码高亲和性 K$^+$ 转运蛋白 HKT1;4、外整流 K$^+$ 通道蛋白 SKOR 等耐盐功能的基因，进一步证明了 HKT1;4 将根部 Na$^+$ 从木质部导管中卸载至薄壁细胞，控制根部 Na^+ 向地上部运输，并激活 SKOR 将 K^+ 装载至木质部运至地上部，以维持 K^+/Na^+ 选择性，进而增强植物耐盐性（Guo *et al.*，2015；Meng *et al.*，2016）。目前已通过 ISSR、IRAP、AFLP、STS 等特异性标记对长穗偃麦草及小麦—长穗偃麦草的附加系、代换系等材料进行筛选，获得了控制长穗偃麦草优良性状的序列区段和抗性基因片段，并尝试导入到小麦基因组中（张超，2009；张丽等，2008）。在此背景下，本节主要介绍采用 ISSR 分子标记技术对收集自不同国家的 21 份长穗偃麦草种质材料的分子遗传多样性分析获得的初步结果，旨在为系统掌握长穗偃麦草种质资源遗传特性奠定基础。

6.3.1　材料与方法

1）试验材料

参试材料为收集自 13 个国家的 21 份长穗偃麦草种质材料（表 6-6），均由美国国家植物种质资源库提供。

表 6-6　参试长穗偃麦草种质材料及来源

序号	种质材料编号	种质库原编号	来源	序号	种质材料编号	种质库原编号	来源
1	EE007	PI297871	阿根廷	12	EE018	PI578681	美国内布拉斯加州
2	EE008	PI238222	比利时	13	EE019	PI578683	美国内布拉斯加州
3	EE009	PI283164	中国	14	EE020	PI249144	葡萄牙
4	EE010	PI315352	俄罗斯	15	EE021	PI283163	葡萄牙
5	EE011	PI574516	俄罗斯	16	EE022	PI578686	加拿大萨斯喀彻温省
6	EE012	PI531717	法国	17	EE023	PI535580	突尼斯
7	EE013	PI547326	法国	18	EE024	PI340062	土耳其
8	EE014	PI276399	德国	19	EE025	PI368850	土耳其
9	EE015	PI380626	伊朗	20	EE026	PI595139	中国新疆
10	EE016	PI401116	伊朗	21	EE027	PI401007	土耳其
11	EE017	PI308592	意大利				

2）ISSR-PCR 扩增

从哥伦比亚大学（UBC）公布的 96 条 ISSR 引物中筛选出 10 条具有多态性的 ISSR 引物（表 6-7）。采用 ISSR 分子标记技术，对 21 份参试长穗偃麦草种质材料进行分析，经 ISSR-PCR 的优化扩增，筛选出引物的多态位点百分率为 10.4%。

表 6-7　筛选出的 ISSR 引物及序列

引物	序列	引物	序列
807	AGA GAG AGA GAG AGA GT	840	GAGAGAGAGAGAGAG AYT
808	AGA GAG AGA GAG AGA GC	879	CTT CAC TTC ACT TCA
810	GAG AGA GAG AGA GAG AT	880	GGA GAG GAG AGG AGA
811	GAG AGA GAG AGA GAG AC	881	GGG TGG GGT GGG GTG
836	AGAGAGAGAGAG AGA GYA	886	VDV CTC TCT CTC TCT CT

优化 PCR 扩增体系为：模板 DNA 2μL，引物 0.5μL，dNTP 0.5μL，10×PCR 缓冲液 2.5μL，Taq DNA polymerase 0.5μL，ddH$_2$O 19μL。ISSR 的 PCR 扩增反应条件为：95℃预变性 5min，95℃变性 30s，50℃退火 45s，72℃延伸 2min，共 45 个循环，72℃延伸 10min。利用 NTSYSpc 2.10s 软件中的 UPGMA 算法构建 21 份长穗偃麦草种质材料的遗传关系树状图，分析其亲缘关系。

6.3.2　研究结果

利用 10 条重复性好、稳定且多态性高的 ISSR 引物对长穗偃麦草种质材料进行遗传多样性分析（图 6-12）。结果表明，21 份长穗偃麦草种质材料间的遗传相似系数为 0.23～0.46。

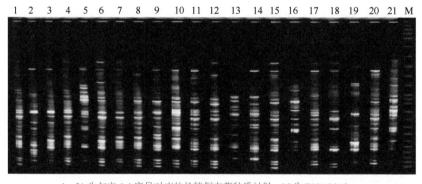

1～21 为与表 6-6 序号对应的长穗偃麦草种质材料；M 为 DNA Marker。

图 6-12　引物 807 对 21 份长穗偃麦草种质材料的扩增结果

利用 NTSYSpc 2.10s 对 21 份长穗偃麦草种质材料的 ISSR 数据进行聚类分析，构建了其 UPGMA 系统树，以遗传相似系数 0.35 为阈值，将 21 份长穗偃麦草种质材料分为 7 类（图 6-13）。来自土耳其的 EE025 与阿根廷的 EE007 和突尼斯的 EE023 种质材料间遗传差异较大，而来自美国的 EE018 与葡萄牙的 EE021

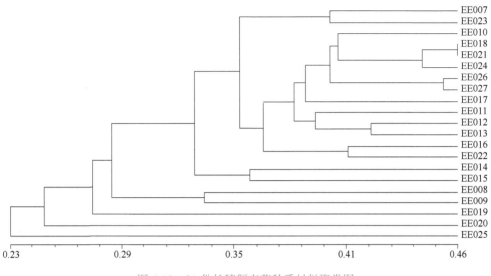

图 6-13　21 份长穗偃麦草种质材料聚类图

种质材料间遗传相似性最大，其遗传相似系数为 0.46。总体上，21 份种质材料间的遗传相似性水平偏低。聚类结果表明相同类群的种质材料间并无明确的地域分布规律。

6.3.3　小结与讨论

小麦族内的许多种质资源都与麦类作物有很近的亲缘关系，因此常被用于改良麦类作物的品质性状，尤其是改良小麦品质。将小麦近缘属物种的有益基因导入小麦，丰富小麦的遗传基础，使其在抗性、产量和营养成分等方面有所提高，这种被广泛应用的有效方法被称为远缘杂交，借助不同分子生物学技术的远缘杂交已成为现阶段提高小麦育种水平最常见的方式（刘旺清等，2004）。尽管目前已有多个小麦族内的属种与小麦成功进行了远缘杂交，但仍存在需要克服的杂交障碍。要想大幅提高远缘杂交的成功率，首先必须对杂交亲本进行特征分析，了解其细胞染色体组成、繁殖特性及遗传学信息等。

小麦基因组全测序工作的顺利开展，提高了公众对小麦染色体组的认知，有利于小麦抗病基因定位、生化及分子标记的研究。而目前可利用的近缘植物种质资源的遗传学信息尚不明确，与小麦的亲缘关系、染色体组演变等基础研究不足，制约了小麦远缘杂交的发展。资料显示，1965 年中国科学院西北植物研究所首次将小麦与长穗偃麦草进行杂交，选育出我国第一个小麦—长穗偃麦草异附加系，即小偃 759（刘旺清等，2004）；此后，李振声院士培育出小偃 6 号，即普通小麦与长穗偃麦草远缘杂交得到的丰产品种，经 1991 年全国农作物品种审定委员会认定，在全国范围内广泛推广使用并取得了良好效果。这些资料充分证明长穗偃麦草运用到小麦远缘杂交的科学性与实践性。本研究广泛收集了不同国家和地区的长穗偃麦草种质材料，通过对 21 份供试种质材料基于 ISSR 分子标记的遗传多样性和亲缘关系研究，发现参试的种质材料之间亲缘关系较远，聚类分析也并非根据地域性特点进行划分，聚类结果与种质材料来源地之间无必然联系。对小麦族中新麦草、蒙古冰草（*Agropyron mongolicum* Keng）和垂穗披碱草（*Elymus nutans* Griseb.）等植物进行遗传多样性研究时发现，研究材料的划分与其地理来源并无明显的相关性（李晓全等，2016；张晨等，2017；彭语洛等，2018）。此外，通过对长穗偃麦草醇溶蛋白的遗传多样性研究发现，种质材料间存在较丰富的遗传多样性，而聚类分析表明种质材料地理来源地与聚类结果并不完全一致，相同居群的种质材料间也存在一定的遗传差异（吴珊，2016）。

第7章 / Chapter 7

长穗偃麦草组培快繁再生体系建立

🌿 内容提要

本章分别以长穗偃麦草幼穗和成熟种胚为外植体，MS 为基本培养基，研究不同植物生长调节剂配比对愈伤组织诱导、分化、生根的影响。结果表明，①长穗偃麦草幼穗愈伤组织最佳诱导培养基为 MC（MS＋30g·L^{-1}麦芽糖＋1g·L^{-1}水解酪蛋白＋5mL·L^{-1}200×VB＋0.5g·L^{-1}脯氨酸＋3g·L^{-1}植物凝胶）＋3mg·L^{-1} 2,4-D，诱导率达 66.67%；最佳分化培养基为 MC＋0.1mg·L^{-1} 2,4-D＋3mg·L^{-1} 6-BA，分化率为 64.44%；最佳生根培养基为 MR（1/2MS＋15g·L^{-1}麦芽糖＋3g·L^{-1}植物凝胶）＋0.5mg·L^{-1}NAA，生根率为 100%。②长穗偃麦草成熟种胚愈伤组织最佳诱导培养基为 MC＋3mg·L^{-1} 2,4-D＋0.025mg·L^{-1} 6-BA，诱导率达 77.78%；最佳分化培养基为 MC＋0.1mg·L^{-1} 2,4-D＋3mg·L^{-1} 6-BA，分化率达 66.67%；最佳生根培养基为 MR＋0.5mg·L^{-1} NAA，移栽后全部成活。由此我们成功建立了长穗偃麦草幼穗（或成熟种胚）—愈伤组织诱导—幼苗分化—生根—试管苗移栽的高效组培快繁再生技术体系，为进一步研究其抗逆分子机制奠定了重要基础。

长穗偃麦草是禾本科小麦族偃麦草属根茎疏丛型多年生草本植物，是小麦的近缘种，原生于欧洲东南部和小亚细亚，生境为海滨和盐碱草甸周围，具有较强的耐盐碱性，是改良盐碱地的理想植物，是小麦不可缺少的野生基因库。近年来，针对长穗偃麦草核型分析（孟林等，2013）、抗赤霉病（张璐璐等，2016）、抗旱性（孟林等，2011）、耐盐性（孟林等，2009b，c）、钾钠离子吸收与分配生理机制（Guo *et al.*，2015）、高分子量谷蛋白（范三红等，2000），及耐低磷营养胁迫（李玉京等，1999）等开展了大量试验研究；克隆和鉴定了一批抗旱相关转录因子 EeAP2.2（默韶京等，2011）、耐盐相关功能基因 *EeHKT1;4*（Meng *et al.*，2016）和品质相关 Y 型高分子量谷蛋白基因 *Ee1.5*、*Ee1.8*（王际睿等，2004）。用与小麦亲缘关系较近的野生植物基因库，如长穗偃麦草与小麦杂交，成功地将长穗偃麦草的抗多种病害、耐旱、耐干热风、长穗或多花等一般小麦品种所缺少的优良基因转移到普通小麦中，先后选育出小偃 4 号、5 号、6 号及小偃麦八倍体等杂种新类型，大幅提高了小麦单产（胡志昂等，1997）。深入分析这些优异基因在抗逆性与品质形成中的作用机理及通过基因编辑技术将这些优异基因编辑用于改良小麦性状，亟待建立一套成熟的长穗偃麦草组织培养植株高频再生体系。鲍芫等（2007）以种子为外植体，建立了一套长穗偃麦草和中间偃麦草杂交种的组织培养再生体系，诱导率为73%，但分化率仅为37.8%。本章主要在借鉴上述长穗偃麦草与中间偃麦草杂交种组培再生体系的基础上，分别以长穗偃麦草幼穗和成熟种胚为外植体，MS 为基本培养基，开展不同植物生长调节剂配比对其愈伤组织诱导、分化、生根影响的研究，建立完整的高频组培快繁再生体系，为进一步探究长穗偃麦草抗旱、耐盐、抗病等的分子机制及小麦和草本植物的遗传改良奠定基础。

 7.1 **长穗偃麦草幼穗组培高频再生体系**

7.1.1 材料与方法

以长穗偃麦草健康幼穗为试验材料，试验材料采自位于北京小汤山的国家精准农业研究示范基地草资源试验研究圃。

1）培养基

在 MC（MS＋30g・L^{-1}麦芽糖＋1g・L^{-1}水解酪蛋白＋5mL・L^{-1}200×VB＋0.5g・L^{-1}脯氨酸＋3g・L^{-1}植物凝胶）基础上，分别添加不同浓度的植物生长调节剂 2,4-D 与 6-BA 构成诱导培养基和分化培养基（表7-1），生根培养基为MR（1/2 MS＋15g・L^{-1}麦芽糖＋3g・L^{-1}植物凝胶）＋0.5mg・L^{-1}NAA。各培养基 pH 均为 5.8，115℃灭菌 20min。VB 为复合 B 族维生素（1.198g・L^{-1}硫胺素VB$_1$＋1.9g・L^{-1}吡哆素 VB$_6$＋0.9g・L^{-1}烟酸 VB$_3$）。

表 7-1　愈伤组织诱导和分化培养基组成

培养基类型	植物生长调节剂	浓度 /（mg・L^{-1}）					
		1	2	3	4	5	6
诱导培养基	2,4-D	1	1	2	2	3	3
	6-BA	0	0.025	0	0.025	0	0.025
分化培养基	2,4-D	0	0	0	0.1	0.1	0.1
	6-BA	1	2	3	1	2	3

注：2,4-D 为 2,4-二氯苯氧乙酸，6-BA 为 6-苄氨基腺嘌呤。

2）外植体制备及消毒

选取长穗偃麦草处于幼穗分化期的生长锥，幼穗长度为 0.5～1.0cm，在超净工作台上用消毒灭菌的解剖刀和镊子小心剥去主茎外层叶鞘，保留含嫩叶部分的幼穗。先用 70% 乙醇浸泡 1min，再用 5% 次氯酸钠溶液消毒 10min，无菌水冲洗 3～4 次，然后小心取出幼穗，在无菌滤纸上切成 1～2cm 小段。

3）培养条件与方法

将灭过菌的幼穗接种于不同植物生长调节剂配比的诱导培养基上，每种处理接种幼穗 3 枚，9 次重复，培养条件为 24h·d^{-1} 黑暗、室温 26℃，4 周后统计出愈率。将得到的愈伤组织分别接入诱导时对应的培养基中进行继代培养，每瓶接种 3 枚，9 次重复，黑暗条件及培养温度保持不变，4 周后观察愈伤组织生长情况。将诱导产生的愈伤组织切成小块接种于不同植物生长调节剂配比的分化培养基上，每个处理放置 5 块愈伤组织，9 次重复。培养条件为 24h·d^{-1} 光照、室温 26℃，4 周后统计分化情况。待不定芽长成 4～5cm 小植株时接入生根培养基中，即将分化产生的小植株接入添加植物生长调节剂的培养基中诱导生根，统计生根情况。

4）数据处理及分析

愈伤组织诱导率（%）= 诱导出愈伤组织的外植体数 / 接种的外植体数 × 100%；

分化芽形成率（%）= 分化芽形成数 / 接种的胚性愈伤数 × 100%；

生根率（%）= 生根愈伤数 / 接种愈伤数 × 100%。

运用统计分析软件 SPSS 22.0 进行方差分析和显著性检验，利用 Microsoft Excel 2003 制图。

7.1.2　研究结果

1）幼穗愈伤组织的诱导

将消毒后的幼穗切割为 1cm 左右的小段接种于愈伤组织诱导培养基上（图 7-1A），培养 7d 后幼穗表面有玻璃化组织，2 周后可在幼穗表面观察到海绵状的愈伤组织，4 周后原幼穗表面覆盖 1cm 左右的白色愈伤组织（图 7-1B）。经一次继代后，部分白色愈伤组织转化为黄色颗粒状。随着 2,4-D 浓度的增加，愈伤组织诱导率逐渐升高，当 2,4-D 浓度为 3mg·L^{-1} 时，愈伤组织诱导率最高，达 66.67%；但在培养基中添加 3mg·L^{-1} 2,4-D + 0.025mg·L^{-1} 6-BA 时，愈伤组织诱导率则下降到 59.26%，部分培养基内愈伤组织水化、生长缓慢。当培养基中添加 2,4-D 浓度 2mg·L^{-1} 时，愈伤组织诱导率仅为 44.44%；培养基中添加低浓度 2,4-D 时，添加 6-BA 可提高诱导率，培养基中添加 2mg·L^{-1} 2,4-D＋0.025mg·L^{-1} 6-BA，愈伤组织诱导率可提高到 55.56%（表 7-2）。结果表明，诱导长穗偃麦草幼穗愈伤组织的最适植物生长调节剂及配比浓度为 3mg·L^{-1} 2,4-D。

表 7-2　不同浓度 2,4-D 和 6-BA 对长穗偃麦草幼穗愈伤组织诱导的影响

处理	2,4-D 浓度 / (mg·L^{-1})	6-BA 浓度 / (mg·L^{-1})	接种数	产生的愈伤组织数	愈伤组织诱导率 /%	愈伤组织生长情况
1	1	0	27	10	37.04±0.03d	褐色，致密
2	1	0.025	27	11	40.74±0.05cd	褐色，松软
3	2	0	27	12	44.44±0.05bcd	淡黄色，致密
4	2	0.025	27	15	55.56±0.08abc	淡黄色，松软
5	3	0	27	18	66.67±0.06a	淡黄色，疏松
6	3	0.025	27	16	59.26±0.05ab	淡黄色，松软

注：数据为平均值 ± 标准误，同列不同字母表示差异显著（$P<0.05$）。

2）愈伤组织的分化

将幼穗愈伤组织转接于分化培养基上，光照培养，4 周后开始出现绿色芽点（图 7-1C）。且随着培养时间的延长，大部分幼穗愈伤组织开始分化出许多毛状根（图 7-1D）。仅添加 6-BA 时，随 6-BA 浓度的增加，愈伤组织分化率逐渐提高，当 6-BA 浓度为 3mg·L^{-1} 时，分化率高达 57.78%。在添加 6-BA 基础上再添加不同浓度比例的 2,4-D，随 2,4-D 浓度的增加，分化率呈增加趋势，当 6-BA 浓度为 3mg·L^{-1}，2,4-D 浓度为 0.1mg·L^{-1} 时，分化率高达 64.44%。结果表明，诱导分化的最适植物生长调节剂浓度配比为 3mg·L^{-1} 6-BA＋0.1mg·L^{-1} 2,4-D，分化率为 64.44%；次之为 3mg·L^{-1} 6-BA，分化率为 57.78%（表 7-3）。

表 7-3　不同浓度 2,4-D 和 6-BA 对长穗偃麦草幼穗愈伤组织分化的影响

处理	6-BA 浓度 / (mg·L^{-1})	2,4-D 浓度 / (mg·L^{-1})	接种数	分化数	分化率 /%
1	1	0	45	13	28.89±0.05c
2	1	0.1	45	14	31.11±0.04bc
3	2	0	45	14	31.11±0.04bc
4	2	0.1	45	22	48.89±0.06ab
5	3	0	45	26	57.78±0.08a
6	3	0.1	45	30	64.44±0.06a

注：数据为平均值 ± 标准误，同列不同字母表示差异显著（$P<0.05$）。

3）生根和移栽

将分化出芽、带有根毛的愈伤组织移入 MR＋0.5mg·L^{-1}NAA 培养基上进行生根培养（图 7-1D），生根率达 100%，且根系生长旺盛。待组培苗生长至

10cm 左右时（图 7-1E），打开培养瓶封口，炼苗 1 周。将完整植株移栽至营养土：蛭石为 3∶1 的基质中，隔天浇水，生长良好，全部成活（图 7-1F）。

A. 幼穗；B. 愈伤组织；C. 愈伤组织分化；D. 生根；E. 炼苗；F. 移栽。

图 7-1　长穗偃麦草组织培养植株再生体系

7.1.3　小结与讨论

以植物组织、器官如叶片（Huang *et al.*，2017）、下胚轴（Mujib *et al.*，2014）、子叶（Ma *et al.*，2016）、花粉（渠荣达等，1983）、胚芽鞘（Sahrawat *et al.*，2004）为外植体，在适宜条件下，进行组织培养和快速繁殖，均能形成完整的植株，但形成愈伤组织的能力不同。刘香利等（2007）分别以小麦幼胚、幼穗和成熟胚为外植体进行组织培养，发现幼胚再生率最高为 54%，幼穗次之为 27.5%，成熟胚最低为 25.1%。鲍芫等（2007）以长穗偃麦草和中间偃麦草杂交种的成熟胚为外植体，诱导率为 73%，分化率仅 37.8%。霍秀文等（2004）报道禾本科植物组培再生体系的建立应以幼穗为外植体，特别是选取孕穗期的幼穗为外植体组培快繁的效果更佳。幼穗分生组织与其他顶端分生组织的细胞相比，通常较大，且具有较大的液泡和细胞核，这种细胞本身来自幼穗尖端的一个细胞，决定了幼穗分生组织的结构和功能，有利于组织培养的操作（郭夏宇等，2011）。

禾本科植物组织培养时，大多需要同时添加生长素和细胞分裂素。单独添加生长素也可诱导愈伤组织的生成，特别是 2,4-D 具有促进组织脱分化、愈伤组织增殖的作用（李文静等，2012）。通常 2,4-D 浓度范围为 2～4mg·L^{-1}，且较高浓度 2,4-D 对植株愈伤组织的诱导率较高，如匍匐剪股颖（*Agrostis palustris* Huds.）（吴桂胜等，2006）、高羊茅（何勇等，2005）、早熟禾（张文君等，2010）、稗草〔*Echinochloa crusgali*（L.）Beauv.〕（陈丽萍等，2016）。本试验中 2,4-D 浓度为 3mg·L^{-1} 时，长穗偃麦草幼穗的愈伤组织诱导率最高，达 66.67%，幼穗可很好地脱分化，且继代过程中不需要添加任何其他植物生长调节剂。

在愈伤组织分化过程中，生长素和细胞分裂素的比值高有利于根的生成，比值低有利于不定芽的生成（黄科等，2015）。在使用 2,4-D 诱导植物脱分化后，降低浓度或去除 2,4-D，有助于愈伤组织的分化。一般使用 6-BA 作为细胞分裂素，其优点是分化芽多、芽密、呈丛状（刘思言等，2013）。本试验中，长穗偃麦草幼穗继代增殖后移入分化培养基，此阶段愈伤组织分化生成丛生芽，起主导作用的植物植物生长调节剂是 6-BA，最佳分化培养基为 MS＋0.1mg·L^{-1} 2,4-D＋3mg·L^{-1} 6-BA，分化率为 64.44%，幼穗脱分化组织可完成分化成苗，同时分化出许多毛状根。本试验选用生根培养基 MR＋0.5mg·L^{-1} NAA，促进再生植株的生根。生根数量和质量决定了组培苗炼苗移栽后的成活及生长状况，通常根系分化时间短，根系多，植株越易成活。

本研究以长穗偃麦草幼穗为外植体，以 MS 为基本培养基，成功建立了一套长穗偃麦草幼穗组织培养再生体系，其中诱导愈伤组织的最适培养基为 MC＋3mg·L^{-1} 2,4-D，分化培养基为 MC＋0.1mg·L^{-1} 2,4-D＋3mg·L^{-1} 6-BA，生根培养基为 MR＋0.5mg·L^{-1} NAA，生根率达 100%，且移栽至营养土：蛭石为 3：1 的基质中，隔天浇水，植株全部成活，生长良好（周妍彤等，2018）。

7.2　长穗偃麦草成熟种胚组培高频再生体系

7.2.1　材料与方法

以长穗偃麦草成熟种子为研究材料，材料采自位于北京小汤山的国家精准农业研究示范基地草资源试验研究圃。

1）培养基

在 MC（MS＋30g·L^{-1} 麦芽糖＋1g·L^{-1} 水解酪蛋白＋5mL·L^{-1} 200×VB＋0.5g·L^{-1} 脯氨酸＋3g·L^{-1} 植物凝胶）基础上，分别添加不同浓度植物生长调节剂 2,4-D 与 6-BA 构成诱导培养基和分化培养基（表 7-4）；生根培养基为 MR

（1/2 MS＋15g·L^{-1} 麦芽糖＋3g·L^{-1} 植物凝胶）＋0.5mg·L^{-1} NAA，以上各培养基 pH 均为 5.8，115℃灭菌 20min。VB 为复合 B 族维生素（1.198g·L^{-1} 硫胺素 VB$_1$＋1.9g·L^{-1} 吡哆素 VB$_6$＋0.9g·L^{-1} 烟酸 VB$_3$）。

表 7-4 愈伤组织诱导和分化培养基组成

培养基类型	植物生长调节剂	浓度 /（mg·L^{-1}）							
		1	2	3	4	5	6	7	8
诱导培养基	2,4-D	1	1	2	2	3	3	4	4
	6-BA	0	0.025	0	0.025	0	0.025	0	0.025
分化培养基	2,4-D	0	0	0	0.1	0.1	0.1	—	—
	6-BA	1	2	3	1	2	3	—	—

注：2,4-D 为 2,4-二氯苯氧乙酸，6-BA 为 6-苄氨基腺嘌呤。

2）外植体制备及消毒

选取饱满成熟的种子，在超净工作台上，用消毒灭菌的解剖刀和镊子小心剥去颖果外部稃片，保留完整种子，先用 70% 乙醇消毒 2min，无菌水冲洗 3～5 次，5% 次氯酸钠表面消毒 30min，再用无菌水冲洗 3～5 次，在无菌水中浸泡可过夜；次日用 5% 次氯酸钠消毒 20～30min，无菌水冲洗 7～8 次，置于无菌滤纸上自然干燥后，用解剖针挑取种胚，在盾片处剪开 1～2mm 伤口，接种于 MS 愈伤组织诱导培养基中。

3）培养条件与方法

愈伤组织诱导培养条件为 24h·d^{-1} 黑暗、室温 26℃，每种培养基接种成熟胚 8 枚，9 次重复，4 周后观察统计愈伤组织。分化和生根培养条件均为 24h·d^{-1} 光照、室温 26℃、光照强度 2000lx。其中分化培养，每种培养基转接 5 个愈伤组织，9 次重复，4 周后统计分化情况；生根培养，将分化出芽点并带有根毛的愈伤组织移入生根培养基，每种培养基转接 5 个愈伤组织，9 次重复，待苗长至高约 10cm 时，开盖炼苗 1 周，移栽后统计成活状况。诱导与分化均为每 2 周继代 1 次。

4）数据处理及分析

愈伤组织诱导率（%）＝诱导出愈伤组织的外植体数 / 接种的外植体数 ×100%；

分化芽形成率（%）＝分化芽形成数 / 接种的胚性愈伤数 ×100%；

生根率（%）＝生根愈伤数 / 接种愈伤数 ×100%。

运用统计分析软件 SPSS 22.0 进行方差分析和显著性检验，利用 Microsoft Excel 2003 制图。

7.2.2 研究结果

1）成熟胚愈伤组织诱导

将消毒后的成熟胚在盾片处剪开 1～2mm 伤口接种于愈伤组织诱导培养基上（图 7-2A），7d 后盾片伤口处有玻璃化组织，2 周后可在盾片伤口处观察到海绵状的愈伤组织，4 周后盾片伤口处覆盖有 1cm 左右的白色愈伤组织。经一次继代后，部分白色愈伤组织转化为黄色颗粒状（图 7-2B）。仅添加 2,4-D 时，随着 2,4-D 浓度的增加，成熟胚的诱导率逐渐升高，当 2,4-D 浓度为 3mg·L^{-1} 时，愈伤组织诱导率最高，达 73.61%。与不添加 6-BA 相比较，培养基内添加 0.025mg·L^{-1} 6-BA 愈伤组织生长速度更快。在添加 0.025mg·L^{-1} 6-BA 基础上再添加不同浓度比例的 2,4-D，随着 2,4-D 浓度的增加，诱导率呈增加趋势，当 2,4-D 浓度为 3mg·L^{-1} 时，诱导率高达 77.78%（表 7-5）。结果表明诱导长穗偃麦草成熟种胚愈伤组织的最适植物生长调节剂配比浓度为 3mg·L^{-1} 2,4-D ＋ 0.025mg·L^{-1} 6-BA。

表 7-5　不同浓度植物生长调节剂配比对长穗偃麦草成熟胚愈伤组织诱导的影响

处理	6-BA 浓度/（mg·L^{-1}）	2,4-D 浓度/（mg·L^{-1}）	接种数	愈伤组织数	诱导率/%	愈伤组织生长情况
1	0	1	72	39	54.17±0.04c	盾片处有极少量白色，致密愈伤组织
2	0.025	1	72	44	61.11±0.03bc	盾片处有极少量白色，松软愈伤组织
3	0	2	72	49	68.06±0.04ab	盾片处有极少量淡黄色，致密愈伤组织
4	0.025	2	72	52	72.22±0.03a	盾片处有少量淡黄色，松软愈伤组织
5	0	3	72	53	73.61±0.03a	盾片处有少量淡黄色，松软愈伤组织
6	0.025	3	72	56	77.78±0.03a	盾片处有少量淡黄色，疏松愈伤组织
7	0	4	72	50	69.44±0.04ab	盾片处有极少量淡黄色，致密愈伤组织
8	0.025	4	72	54	75.00±0.03a	盾片处有少量淡黄色，疏松愈伤组织

注：同列不同字母表示差异显著（$P<0.05$）。

2）愈伤组织分化

将成熟胚的愈伤组织转接于分化培养基上，光照培养，4 周后开始出现绿色芽点（图 7-2C）。仅添加 6-BA 时，随 6-BA 浓度的增加，愈伤组织分化率逐渐提高，当 6-BA 的浓度增加到 3mg·L^{-1} 时，分化率最高达 62.22%。在添加 0.1mg·L^{-1} 2,4-D 基础上再添加不同浓度比例的 6-BA，随 6-BA 浓度的增加，分化率呈增加趋势，当 6-BA 浓度为 3mg·L^{-1} 时，分化率高达 66.67%。且随着培养时间的延长，大部分成熟胚的愈伤组织开始分化出许多毛状根（图 7-2D）。结果表明，绿苗分化最适植物生长调节剂浓度配比为 0.1mg·L⁻¹ 2,4-D＋3mg·L⁻¹ 6-BA，分化率为 66.67%（表 7-6）。

表 7-6　不同植物生长调节剂浓度配比对长穗偃麦草愈伤组织成熟胚分化的影响

处理	6-BA 浓度/（mg·L⁻¹）	2,4-D 浓度/（mg·L⁻¹）	接种数	分化数	分化率/%
1	1	0	45	12	26.67±0.03c
2	2	0	45	13	28.89±0.04c
3	3	0	45	28	62.22±0.04c
4	1	0.1	45	15	33.33±0.03c
5	2	0.1	45	21	46.67±0.05b
6	3	0.1	45	30	66.67±0.07a

注：同列不同字母表示差异显著（$P<0.05$）。

3）生根和移栽

将分化出芽点并带有根毛的愈伤组织移入 MR＋0.5mg·L⁻¹NAA 的培养基上，生根率达 100%，且根系生长旺盛。待组培苗生长至 10cm 左右时（图 7-2E），打开培养瓶封口，炼苗一周，然后将完整植株移栽至营养土：蛭石为 3：1 的基质中，隔天浇水，结果生长良好，全部成活（图 7-2F）。

A. 种子；B. 愈伤组织；C. 愈伤组织分化；D. 不定芽；E. 炼苗；F. 移栽。

图 7-2　长穗偃麦草组织培养植株再生体系

7.2.3　小结与讨论

选择外植体不同，形成愈伤组织的能力也不同。近年来，禾本科植物的再生体系中已广泛应用种子成熟胚为外植体。鲍芫等（2007）为避免植物生长周期限制，利用长穗偃麦草和中间偃麦草杂交种的种子作为外植体，诱导率为73.0%，而分化率仅37.8%。张微等（2017）以玉米成熟胚、幼胚、茎尖和幼嫩叶段作为外植体进行组织培养，发现玉米幼胚的诱愈率和分化率最高为98.3%和57.3%，其次为茎尖、成熟胚，幼嫩叶段相对较低。赵彦等（2016）以蒙古冰草幼苗的不同部位为外植体，茎尖诱愈率最高为79.3%，而茎段、叶片诱愈率明显低于茎尖，分别为46.0%和7.0%。

植物内源激素影响植物内在变化，外植体离体情况下植物生长调节物质在组织培养过程中调节植物组织培养过程。禾本科牧草进行愈伤组织诱导时，一般单独添加2,4-D，促进外植体脱分化，促进愈伤组织增殖。吴桂胜等（2006）以匍匐剪股颖的成熟种子为外植体诱导愈伤组织时，培养基中添加6mg·L^{-1} 2,4-D，诱导率为68.1%。何勇等（2005）以高羊茅的成熟胚为外植体诱导愈伤组织时，培养基中添加18mg·L^{-1} 2,4-D，诱导率为95.6%。本试验结果显示在2,4-D浓度为3mg·L^{-1}时，长穗偃麦草成熟胚的愈伤组织诱导率最高，达73.61%。王万军等（1998）研究表明，添加6-BA可以改善小麦愈伤组织的状态。本试验结果证实添加0.025mg·L^{-1} 6-BA时，愈伤组织状态较不添加时要好，且对诱导效果也有明显的促进作用，最适诱导培养基为MC＋3mg·L^{-1} 2,4-D＋0.025mg·L^{-1} 6-BA。

植物体细胞胚性发生时起重要作用的植物生长调节剂是2,4-D（Lim et al.，2016），诱导愈伤组织分化的植物生长调节剂是细胞分裂素，在禾本科植物中6-BA诱导分化的效果要优于其他细胞分裂素。在诱导外植体形成愈伤组织后，降低2,4-D浓度，提高6-BA浓度可促进愈伤组织分化，促进不定芽的形成。本试验结果中，长穗偃麦草成熟胚愈伤组织的最佳分化培养基为MC＋0.1mg·L^{-1} 2,4-D＋3mg·L^{-1} 6-BA，愈伤组织分化，伴随芽点生成的同时形成许多毛状根。为提高分化生根的数量和质量，本试验选用MR＋0.5mg·L^{-1} NAA生根培养基。

本研究以长穗偃麦草成熟胚为外植体，MS为基本培养基，成功建立了一套长穗偃麦草种子成熟胚的组织培养再生体系，其中诱导愈伤组织的最适培养基为MC＋3mg·L^{-1} 2,4-D＋0.025mg·L^{-1} 6-BA，分化培养基为MC＋0.1mg·L^{-1} 2,4-D＋3mg·L^{-1} 6-BA，生根培养基为MR＋0.5mg·L^{-1} NAA；生根率达100%，移栽至营养土：蛭石为3：1的基质中，隔天浇水，植株可全部成活，生长良好（周妍彤等，2019）。

长穗偃麦草耐盐基因克隆及功能分析

🌿 内容提要

　　本章主要采用 RT-PCR 和 RACE 方法，从长穗偃麦草耐盐种质中克隆分离高亲和 K$^+$转运蛋白（high affinity K$^+$ transporter）基因 *EeHKT1;4* 和外整流 K$^+$通道蛋白（stelar K$^+$ outward rectifying channel）基因 *EeSKOR*，开展其序列及生物信息学分析，揭示旱盐处理下长穗偃麦草不同组织器官中的 *EeHKT1;4*、*EeSKOR* 表达水平和 K$^+$、Na$^+$积累模式及变化规律，分别建立了单价植物表达载体。采用根癌农杆菌介导法，分别将 *EeHKT1;4* 和 *EeSKOR* 整合到烟草中，结果表明：① *EeHKT1;4* 将根部和叶鞘木质部汁液中的 Na$^+$卸载进入木质部薄壁细胞中，以维持叶片较低的 Na$^+$浓度和较高的 K$^+$浓度，提高植株叶片的 K$^+$/Na$^+$值，进而提高转基因烟草的耐盐性；②过量表达 *EeSKOR* 基因不仅可提高烟草 K$^+$长距离运输能力，还可增强植株的抗氧化活性，有效清除活性氧，保护膜系统的完整性，保障光合器官行使正常的光合作用，从而提高转基因烟草的耐盐性。

8.1 长穗偃麦草 *EeHKT1;4* 耐盐基因克隆及功能分析

8.1.1 材料与方法

1）试验材料

　　长穗偃麦草种子来自位于北京市小汤山的国家精准农业研究示范基地草资源试验研究圃。烟草 W38、大肠杆菌菌株 *Escherichia coli* DH5α、根癌农杆菌 EHA105、植物表达载体 pBI121 由本实验室保存。

2）主要试剂及配方

　　EZ-10 RNA 提取试剂盒、PCR 扩增试剂盒、UNIQ-10 柱式 DNA 胶回收试剂盒、克隆试剂盒、IPTG 及 X-gal、氨苄青霉素等均购自生工生物工程（上海）股份有限公司；Prime Script ™ RT reagent Kit with gDNA Eraser、Gflex DNA 聚合酶、Ex Taq、LA Taq、DNA marker、克隆载体 pMD19-T、3'-Full RACE、SMARTer™

RACE cDNA 扩增试剂盒、DNA 加 A 试剂盒、SYBR®*Premix Ex Taq*™ Ⅱ 等购自宝生物工程（北京）有限公司，其他生理生化试剂均为进口或国产分析纯。

10×MOPS 缓冲液：0.4mol·L^{-1} MOPS（pH 7.0），0.1mol·L^{-1} NaAc，0.1mol·L^{-1} EDTA。50×TAE 缓冲液：称取 121g Tris 碱、9.3g EDTA，8.55mL 冰醋酸，加水定容至 500mL，pH 8.0，高压灭菌。LB 液体培养基：称取 5g NaCl、10g 蛋白胨、5g 酵母粉，1mL 1mol·L^{-1} NaOH，加水定容至 1000mL，pH 7～8，高压灭菌。LB 固体培养基：称取 5g 琼脂、5g NaCl、10g 蛋白胨、5g 酵母膏，1mL 1mol·L^{-1} NaOH，加水定容至 1000mL，pH 7～8，高压灭菌。

3）试验材料培养

将籽粒饱满的长穗偃麦草种子经 5% 次氯酸钠溶液消毒后，均匀地播种在铺有吸水纸的培养皿中，25℃暗培养 4d，待发芽后，移入黑色培养盒（20cm×10cm×7cm）中，浇灌 Hoagland 营养液培养 4 周。光照培养 16h(昼)/8h(夜)，光强约为 600μmol·m^{-2}·s^{-1}，Hoagland 营养液约 2d 更换一次。培养室昼夜温度为 25℃/18℃，光照 16h·d^{-1}，光强约为 600μmol·m^{-2}·s^{-1}，空气相对湿度为 60%～80%。用 200mmol·L^{-1} NaCl 处理 4 周龄的长穗偃麦草 24h，以诱导相关耐盐基因的表达。将盐处理后的长穗偃麦草的根于液氮中速冻，−80℃保存待用。

4）总 RNA 的提取及检测

根据 EZ-10 RNA 提取试剂盒说明书提取长穗偃麦草总 RNA。具体方法如下：将 1.5mL 无 RNA 酶离心管中超低温冻存的 100mg 植物组织样品迅速转移至液氮中，使用研磨器研磨组织成粉末状；加入 350μL Lysis-DR 裂解液于 1.5mL 无 RNA 酶离心管中，涡旋混匀；将裂解液转移到 gDNA 消除柱形物中，室温静置 1min，4℃ 12000r·min^{-1} 离心 1min；将滤液转移到新的无 RNA 酶离心管中，再加入乙醇 250μL，混合均匀；将上述混合液转移到无 RNA 酶柱形物中，4℃ 12000r·min^{-1} 离心 1min，弃滤液；加入 500μL GT 溶液，室温静置 1min，4℃ 12000r·min^{-1} 离心 1min，弃滤液；加入 500μL NT 溶液，室温静置 1min，4℃ 12000r·min^{-1} 离心 1min，弃滤液；将无 RNA 酶柱形物放置到新的无 RNA 酶离心管上，4℃ 12000r·min^{-1} 离心 2min 后室温放置 5min；待乙醇完全挥发，加入 50μL 无 RNA 酶无菌水，室温放置 2min，最后 4℃ 12000r·min^{-1} 离心 2min；提取获得 RNA，放置于−80℃保存或用于后续试验。

吸取 5μL RNA 原液，依次加入 1μL 5×甲醛变性胶加样缓冲液、1μL 核酸染料溶液，用 1.2% 琼脂糖凝胶电泳检测总 RNA 质量；使用 Quawell Q5000 核酸蛋白检测仪检测总 RNA 的浓度和 OD 值，OD$_{260/280}$ 值在 1.8～2.0 的可用于后续试验。

5）*EeHKT1;4* 基因核心片段的克隆

（1）简并性引物设计与合成。根据已报道植物中 HKT1;4 类蛋白基因核苷酸序列的同源性比较，找出高度保守的区段。根据同源性高和简并性低的原则，利用 DNAMAN 8.0 和 Primer 5.0 生物软件设计一对简并引物 PF（5′—TCGYCTACTTCSTCRCCRTCTCCT—3′）与 PR（5′—ACGTTCTCSARCTGCGGGTWCATG—3′），用于扩增长穗偃麦草 *EeHKT1;4* 基因片段。引物由生工生物工程（上海）有限公司合成。

（2）cDNA 第一链合成。根据 PrimeScript^{TM} RTase cDNA 第一链合成试剂盒说明书进行反转录。DNA 消除反应包括 2μL 5×gDNA Eraser 缓冲液、1μL gDNA Eraser 缓冲液、4μL 总 RNA、3μL 无 RNA 酶 ddH$_2$O，于 42℃反应 2min；反转录反应包括 10μL 上述合成反应液、4μL 5×PrimerScript 缓冲液、1μL PrimerScript 反转录酶混合液、1μL 反转录引物和 4μL 无 RNA 酶 ddH$_2$O，共 20μL 反应体系，于 37℃反应 15min，85℃反应 5s，4℃保存或用于后续试验。

（3）PCR 扩增。在 200μL PCR 管中依次加入下列各组分：2μL cDNA、5μL 10×PCR 缓冲液、5μL 2.5mmol·L^{-1} dNTP、3μL Mg^{2+}、0.5μL Taq DNA 聚合酶、2μL PF/PR，加 ddH$_2$O 至 50μL，轻轻混匀，瞬时离心。然后按下列条件进行反应：94℃预变性 2min；94℃变性 30s，58℃退火 40s，72℃延伸 1min，30 个循环；最后 72℃延伸 10min，4℃保存。PCR 产物在 1.2% 的琼脂糖凝胶上电泳，检测是否扩增出目的片段。

（4）PCR 产物的胶回收和纯化。采用 SanPrep 柱式 DNA 胶回收试剂盒说明书按如下程序进行。通过凝胶电泳将目的基因片段用干净的手术刀片切下，放入 1.5mL 离心管中并称重；按每 100mg 琼脂糖加 300～600μL 缓冲液 B2 的比例加入缓冲液 B2；将该 1.5mL 离心管放置于 50℃水浴 10min，间或振荡混匀，至胶块完全溶化；将溶解完毕的溶液全部吸入吸附柱中，10000r·min^{-1} 离心 30s，弃滤液，将吸附柱放入同一收集管中；向吸附柱中加入 300μL 缓冲液 B2，12000r·min^{-1} 离心 30s，弃滤液；将 500μL Wash 溶液加入吸附柱中，12000r·min^{-1} 离心 30s，弃滤液，并重复步骤一次；将空吸附柱和收集管放入离心机，12000r·min^{-1} 离心 1min；在吸附膜中央加入 40μL Elution 缓冲液，室温静置 1～2min，12000r·min^{-1} 离心 1min，收集 DNA 于−20℃保存或用于后续试验。

（5）连接反应及转化。参照 pMD19-T 载体克隆试剂盒说明书进行。将回收的 PCR 产物与 pMD19-T 载体连接。反应体系为 8μL PCR 产物、1μL 溶液Ⅰ、1μL pMD19-T，共 10μL 体系，振荡混匀，瞬时离心收集液体，16℃连接 3h，−20℃保存或用于后续试验；连接产物转化，于超净工作台内，将 10μL 连接产物加入 100μL 的 *Escherichia coli* DH5α 感受态细胞中，轻轻混匀，冰浴 30min，而后 42℃热激 90s，加入 400μL 含有氨苄青霉素（Amp）的 LB 液体培养基，37℃、180r·min⁻¹ 振荡培养 1h；将 50mg·L⁻¹ X-gal、50mg·L⁻¹ IPTG 混匀后，用涂布器涂布到含有 50mg·L⁻¹ Amp 的 LB 固体培养基上，放置使之充分吸附渗透 10min；将培养 1h 后的细胞菌液涂布到 LB 固体培养基上，然后放置 1h 使之充分吸附，于 37℃培养箱内倒置 LB 固体培养基进行黑暗避光培养，次日观察蓝白斑。

（6）阳性克隆的筛选与鉴定。从转化的 LB 固体培养基上，用灭菌的牙签随机挑取白斑单菌落，接种于含有 50mg·L⁻¹ Amp 的 LB 液体培养基中，37℃、180r·min⁻¹ 振荡培养 12h。阳性克隆经质粒 PCR 鉴定确认后，样品编号送至生工生物工程（上海）股份有限公司测序。

6）*EeHKT1;4* 基因 5′ 端的克隆

（1）特异性引物设计与合成。根据 SMARTer™ RACE cDNA 扩增试剂盒说明书，并结合长穗偃麦草 *EeHKT1;4* 基因部分序列，设计 5′ 端未知序列的嵌套外侧通用引物 UPM（SMARTer™ RACE cDNA 扩增试剂盒自带）与外侧特异引物 5′HKT1;4 WR1（5′—GTCTCATCATCGGCGGTAGTCG—3′）；内侧通用引物 NUP（试剂盒自带）与内侧特异引物 5′HKT1;4 NR2（5′—GATCTCGACGCGCCTGGACGAC—3′）。

（2）按照 EZ-10 提取试剂盒操作步骤提取长穗偃麦草根中总 RNA（方法同 4））。按照 SMARTer™ RACE cDNA 扩增试剂盒说明书方法准备 5′RACE-Ready cDNA。①将 2μL 5×First-Stand 缓冲液、1μL DTT、1μL dNTP 混合液试剂混合均匀，瞬时离心；②向①反应管中加入 2.75μL RNA、1μL 5′-CDS 引物 A，混匀试剂，瞬时离心，72℃孵育 3min，然后 42℃冷却 2min，14000r·min⁻¹ 离心 10s，再向反应管中加入 1μL SMARTer II A oligo，混匀后瞬时离心；③在室温条件下，向②中加入 4μL 缓冲液混合液、0.25μL RNase 抑制剂、1μL SMARTScribe™ 反转录酶，瞬时离心混匀，42℃孵育 90min，70℃加热 10min 终止反应，然后加入 20μL TE 缓冲液稀释，用于后续试验或 −20℃保存。

（3）外侧 PCR 扩增。在 200μL PCR 管中依次加入下列各组分：2.5μL 5′RACE cDNA、1μL 5′HKT1;4WR1（10μmol·L⁻¹）、5μL UPM（10μmol·L⁻¹）、25μL 2×Gflex PCR 缓冲液、1μL Gflex DNA 聚合酶，加 15.5μL ddH₂O 至 50μL，轻轻混匀，瞬时离心。接着，按下列条件进行反应：94℃预变性 1min，98℃变性 10s，60℃退火 15s，68℃延伸 1min，30 个循环；最后 72℃延伸 10min，4℃保存。PCR 产物在 1.2% 的琼脂糖凝胶上电泳，检测是否扩增出目的片段。

（4）巢式 PCR 扩增。在 200μL PCR 管中依次加入下列各组分：1μL 外侧 PCR 产物、1μL 5′HKT1;4NR2（10μmol·L⁻¹）、1μL NUP（10μmol·L⁻¹）、25μL 2×Gflex PCR 缓冲液、1μL Gflex DNA 聚合酶，加 21μL ddH₂O 至 50μL，轻轻

混匀，瞬时离心。然后按下列条件进行反应：94℃预变性 1min，98℃变性 10s，60℃退火 15s，68℃延伸 1min，30 个循环；最后 72℃延伸 10min，4℃保存。PCR 产物在 1.2% 琼脂糖凝胶上电泳，检测是否扩增出目的片段。5′RACE PCR 产物的胶回收和纯化方法同 5）。

（5）连接反应及转化。参照 DNA 加 A 试剂盒说明书，对 5′RACE PCR 纯化产物加 A 尾瞬时离心混匀，于 72℃反应 20min；冰上放置 2min，反应产物直接用于连接转化方法及阳性克隆的筛选与鉴定方法同 5）。

7）*EeHKT1;4* 基因 3′ 端的克隆

（1）特异性引物设计与合成。根据 TaKaRa 3′-Full RACE 试剂盒说明书，结合长穗偃麦草 *EeHKT1;4* 基因部分序列，设计 3′ 端未知序列的嵌套外侧通用引物 3′O（RACE 试剂盒自带）与外侧特异引物 3′HKT1;4 WF1（5′—ACGTACCTCA CACGAGGCTGCG—3′），内侧通用引物 3′I（RACE 试剂盒自带）与内侧特异引物 3′HKT1;4 NF1（5′—TGTTCACGACGGTGTCCACGTTCT—3′）。

（2）长穗偃麦草根中总 RNA 提取方法同 4）。按照 3′-Full RACE 试剂盒说明书的方法，在 200μL PCR 管中依次加入：1μL 3′RACE 接头（5μmol·L^{-1}）、2μL 5×PrimerScript 缓冲液、1μL dNTP 混合液（10mmol·L^{-1}）、0.25μL RNase 抑制剂（40U·μL^{-1}）、0.25μL PrimerScript RTase（200U·μL^{-1}）、4μL 总 RNA，加 1.5μL 无 RNA 酶 ddH$_2$O 至 10μL。将上述反应液放置于 PCR 仪中，反应条件为 42℃，60min；72℃，15min，获得 3′RACE cDNA，用于后续试验或−20℃保存。

（3）外侧 PCR 扩增。在 200μL PCR 管中依次加入下列各组分：3μL 反转录反应液、7μL 1×cDNA Dilution 缓冲液Ⅱ、2μL 3′HKT1;4 WF1（10μmol·L^{-1}）、2μL 3′O（10μmol·L^{-1}）、25μL LA Taq 混合液，加 11μL ddH$_2$O 至 50μL，轻轻混匀，瞬时离心。然后按下列条件进行反应：94℃预变性 2min，94℃变性 30s，60℃退火 50s，72℃延伸 1min，30 个循环；最后 72℃延伸 10min，4℃保存。PCR 产物在 1.2% 琼脂糖凝胶上电泳，检测是否扩增出目的片段。

（4）巢式 PCR 扩增。在 200μL PCR 管中依次加入下列各组分：1μL 外侧 PCR 产物、2μL 3′HKT1;4NF1 引物、2μL 3′I 引物、25μL TaKaRa LA Taq 混合液，加 20μL ddH$_2$O 至 50μL，轻轻混匀，瞬时离心后，按下列条件进行反应：94℃预变性 2min，94℃变性 30s，59℃退火 50s，72℃延伸 1min，30 个循环；最后 72℃延伸 10min，4℃保存。PCR 产物在 1.2% 琼脂糖凝胶上电泳，检测是否扩增出目的片段；3′RACE PCR 产物的胶回收和纯化方法、连接反应及转化方法及阳性克隆的筛选与鉴定方法同 5）。

8）*EeHKT1;4* 基因表达模式分析

采用实时荧光定量 PCR 方法分析用不同浓度 NaCl（0mmol·L^{-1}、

25mmol·L⁻¹、50mmol·L⁻¹、100mmol·L⁻¹、150mmol·L⁻¹和200mmol·L⁻¹）、KCl（0mmol·L⁻¹、0.1mmol·L⁻¹、0.5mmol·L⁻¹、1mmol·L⁻¹、2mmol·L⁻¹和10mmol·L⁻¹）处理长穗偃麦草根、叶鞘及叶片48h后 *EeHKT1;4* 基因的表达模式。不同浓度 NaCl 与 KCl 处理下长穗偃麦草各组织中的总 RNA 的提取参照宝生物工程（大连）有限公司 RNA 提取试剂盒说明书进行。cDNA 第一链的合成按照宝生物工程（大连）有限公司 Prime Script™ RT reagent Kit with gDNA Eraser 试剂盒说明书进行。*EeHKT1;4* 基因实时荧光定量 PCR 正向引物为 HKT1;4-F（5′-CCGATGATGAGAC GAGCAAG-3′），反向引物为 HKT1;4-R（5′-ATGGCGAG GACGACGAA-3′），PCR 产物长度为 94bp；内参基因 *Actin* 实时荧光定量 PCR 正向引物为 Actin F（5′-CTTGACTATGAACAAGAGCTGGAAA-3′），反向引物为 Actin R（5′-TGAA AGATGGCTGGAAAAGGA-3′），PCR 产物长度为 139bp。参考宝生物工程（大连）有限公司 SYBR® Premix *Ex Taq* Ⅱ 试剂盒说明书的方法在 Step One Plus 仪器上进行实时荧光定量 PCR 试验。反应体系：1μL cDNA，10μL SYBR® Premix *Ex Taq* Ⅱ，0.4μL ROX 参比染料，1μL 正向引物、1μL 反向引物，加水补至 20μL。扩增程序为：95℃ 1min；95℃ 5s，60℃ 1min，40 个循环。采用 $2^{-\triangle\triangle CT}$ 方法计算 *EeHKT1;4* 基因在不同浓度 NaCl 与 KCl 处理下的相对表达量，设置 3 次重复。

9）*EeHKT1;4* 基因功能鉴定分析

（1）*EeHKT1;4* 基因序列分析及 ORF 获得。通过 DNAMAN 8.0 软件对长穗偃麦草 *EeHKT1;4* 基因序列进行拼接获得该基因 cDNA 全序列，并使用 Primer 5.0 软件设计 ORF 正向引物 ORF-F（5′-ACGGGGGGACTCTAGAATGCAACTCCCAAG TCATAA-3′，下划线是 *Xba* Ⅰ 酶切位点）和反向引物 ORF-R（5′-AGGGACTGACCA CCCGGGCTAACTAAGCTTCCAGGTCC-3′，下划线是 *Sma* Ⅰ 酶切位点）。

（2）总 RNA 提取和 cDNA 第一链合成方法分别同 4）和 5）。在 200μL PCR 管中依次加入下列各组分：4μL cDNA、ORF-F（10μmol·L⁻¹）与 ORF-R（10μmol·L⁻¹）各 1μL、25μL 2×Gflex PCR 缓冲液、1μL Tks Gflex™ DNA 聚合酶、加 18μL ddH₂O 至 50μL，轻轻混匀，瞬时离心。然后，按下列条件进行反应：94℃预变性 1min；98℃变性 10s，55℃退火 15s，68℃延伸 1min，30 个循环；最后 72℃延伸 10min，4℃保存。PCR 产物在 1.2% 琼脂糖凝胶上电泳，检测是否扩增出目的片段；按 5）的方法进行胶回收和纯化，连接反应及转化方法同 5），阳性克隆的筛选与鉴定方法同 5）。

（3）植物表达载体构建。经 *Xba* Ⅰ 和 *Sma* Ⅰ 限制性内切酶双酶切植物表达载体 pBI121，切胶回收大片段，命名为 pBI121-B；再将 Clontech Infusion 相关技术体系（1μL pBI121-B、3μL *EeHKT1;4*-ORF 回收产物、2μL 5×In-Fusion HD Enzyme Premix，加水补至 10μL）瞬时离心后，置于 50℃孵育 15min。取 5μL Infusion 反

应液，转化感受态大肠杆菌 DH5α，用含有 50mg·L^{-1} 卡那霉素的 LB 固体培养基进行筛选，使用 *Xba* I/*Sma* I 对阳性菌株进行双酶切检测，以保证构建载体的准确性，命名为 pBI121-35S-*EeHKT1;4*-Nos。然后转化细菌，进行质粒 PCR 鉴定，确认阳性克隆，送至上海生工测序。重组载体 pBI121-35S-*EeHKT1;4*-Nos 检测引物为：正向引物 pBI121 F1（5′-ATCTCCACTGACGTAAGG-3′）与反向引物 5′HKT1;4 WR1（5′-GTCTCATCATCGGCGGTAGTCG-3′）。

（4）农杆菌转化。用冻融法将构建好的过表达载体转化到农杆菌 EHA105 感受态中，将转化的菌液均匀涂布于 LB 固体培养基（含 50mg·L^{-1} 卡那霉素和 50mg·L^{-1} 利福平）上，28℃避光倒置培养，2～3d 后长出单菌落，用接种环挑取单菌落，接种于 5mL 含 50mg·L^{-1} 卡那霉素和 50mg·L^{-1} 利福平的液体 LB 培养基中，振荡过夜培养，提取质粒。经质粒 PCR 鉴定确认阳性克隆后，扩大培养保存在−80℃冰箱备用。

（5）烟草遗传转化体系建立。将烟草 W38 的种子先用 70% 乙醇处理 1～2min，再用 5% 次氯酸钠进行表面消毒 5min，用无菌蒸馏水漂洗 3～5 次，每次大约 2min，用已灭菌的滤纸将种子表面的水分吸干，将处理完毕的烟草 W38 种子接种到 MS 培养基（MS＋30g·L^{-1} 蔗糖＋7g·L^{-1} 琼脂，pH 5.8）中，进行黑暗培养。待种子萌芽后移入光照培养室继续培养，在无菌苗长至 3～5 叶时，用于叶盘侵染转化。将携带 pBI121-35S-*EeHKT1;4*-Nos 载体的农杆菌 EHA105 菌液培养至 OD$_{600}$ 值为 0.5；将无菌烟草苗叶片切成 1～2cm 大小，浸泡在农杆菌侵染液中 10min，取出叶片用无菌滤纸吸干，平铺在垫有一层无菌滤纸的烟草共培养培养基（MS＋2mg·L^{-1} 6-BA＋0.2mg·L^{-1} NAA＋30g·L^{-1} 蔗糖＋7g·L^{-1} 琼脂，pH 5.8）中，黑暗培养 3d。共培养结束后，用无菌水冲洗叶片 3 次，再用含羧苄青霉素（Carbenicillin，Carb）的无菌水冲洗 3 次，用无菌滤纸吸干，转移到抑菌培养基（MS＋2mg·L^{-1} 6-BA＋0.2mg·L^{-1} NAA＋30g·L^{-1} 蔗糖＋7g·L^{-1} 琼脂＋500mg·L^{-1}Carb，pH 5.8）培养 7～10d 至外植体边缘膨大；将边缘膨大外植体转移到含有抗生素的分化筛选培养基（MS＋2mg·L^{-1} 6-BA＋0.2mg·L^{-1} NAA＋30g·L^{-1} 蔗糖＋7g·L^{-1} 琼脂＋500mg·L^{-1} Carb＋50mg·L^{-1} 卡那霉素，pH 5.8）上，诱导不定芽的生成；当不定芽长至高 2～3cm（3 片叶左右）时，切下小芽转入生根培养基（1/2 MS＋0.05mg·L^{-1} IBA＋30g·L^{-1} 蔗糖＋7g·L^{-1} 琼脂＋50mg·L^{-1} 卡那霉素，pH 5.8）中诱导生根；待根长至 3～5cm 后移栽（移栽前撤掉封口膜，炼苗 24h）到蛭石：营养土＝1∶1 的花盆，移入温室培养，进行标记并观察转基因烟草植株的表型，获得 T$_1$ 代转基因烟草植株，收获 T$_1$ 代转基因烟草种子；按照上述方法获得 T$_2$ 代转基因烟草植株。

（6）转基因烟草植株分子鉴定。按 TaKaRa MiniBEST 通用基因组 DNA 提取试剂盒说明书提取野生型烟草（WT）和 T_2 代转基因植株叶片的 DNA，利用 Quawell 5000 超微量核酸蛋白仪测定浓度，用正向引物 JCF1（5′-GAGACTTTGAAGCAGGGCAGAGA-3′）和反向引物 JCR1（5′-GACGAAGATGGTGAGGTAGGAGA-3′）检测转基因阳性植株。PCR 反应条件为：94℃预变性 1min；98℃变性 10s，55℃退火 15s，68℃延伸 1min，30 个循环；最后 72℃延伸 10min，4℃保存。PCR 产物在 1.2% 的琼脂糖凝胶上电泳，检测是否扩增出目的片段。

随后，将上述检测出的转基因阳性植株，按照 4）和 5）中的方法提取它们的叶片总 RNA 并合成 cDNA；通过半实时定量 qRT-PCR 的方法检测转基因烟草植株的表达水平，*EeHKT1;4* 实时荧光定量 PCR 正向引物为 HKT1;4-F（5′-CCGATGATGAGACGAGCAAG-3′），反向引物为 HKT1;4-R（5′-ATGGCGAGGACGACGAA-3′）；烟草内参 Actin 基因实时荧光定量 PCR 正向引物为 A1（5′-GTGGTCGTACAACTGGTATTGTGTT-3′），反向引物为 A2（5′-GCAAGGTCC AAACGAAGAATG-3′）；随机选取表达水平相似的转基因植株进行相关生理生化指标的测试。

（7）转基因烟草植株耐盐性鉴定。将野生型烟草与转 *EeHKT1;4* 基因烟草植株分别在 0mmol·L^{-1}、50mmol·L^{-1}、100mmol·L^{-1} 和 200mmol·L^{-1} NaCl 的 Hoagland 营养液中进行离子胁迫 7d，用蒸馏水冲洗烟草植株表面的盐分；然后将根用预冷的 20mmol·L^{-1} $CaCl_2$ 润洗 8min，用吸水纸吸干其表面水分；分别取其根与地上部，于 80℃烘干（Guo *et al.*，2015），将烘干样品放入 20mL 试管中，加入 10mL 的 100mmol·L^{-1} 冰醋酸，90℃水浴 2h；冷却后过滤，稀释适当倍数，使用原子吸收分光光度计（AA-6300C，Shimadza，Kyoto，Japan）测定 K^+ 和 Na^+ 浓度。

8.1.2 研究结果

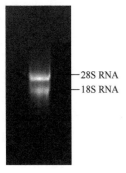

图 8-1 长穗偃麦草总 RNA 凝胶电泳

1）长穗偃麦草总 RNA 纯度检测

提取长穗偃麦草根系总 RNA，经 1% 凝胶电泳检测，结果显示清晰的 28S RNA、18S RNA 条带（图 8-1），其亮度比为 2:1，说明 RNA 较完整；经 Quawell Q5000 超微量核酸蛋白检测仪检测 RNA $OD_{280/260}$ 平均值为 1.85，表明 RNA 纯度较高，适于 RT-PCR 扩增。

2）长穗偃麦草 *EeHKT1;4* 全长 cDNA 特征

根据其他植物的高亲和 K^+ 转运蛋白 HKT1;4 序列设计简并性引物，采用 RT-PCR 方法从长穗偃麦草中克隆

HKT1;4 核心片段序列，该片段长 614bp［图 8-2（a）］。BLAST 分析表明，克隆的 cDNA 片段与已知植物的 *HKT1;4* 具有较高的同源性（80% 以上）。通过 RT-PCR 和 RACE 方法，分别克隆 5′ 和 3′ 端序列，长度分别为 580bp［图 8-2（b）］和 1117bp［图 8-2（c）］。最后将以上 3 个片段拼接得到 *HKT1;4* 全长 cDNA，长度为 1977bp，包含 1722bp 的 ORF、28bp 的 5′ 非翻译区（UTR）和 227bp 的 3′-UTR，编码 573 个氨基酸（图 8-3）。预测其蛋白质分子量为 62.92kDa，等电点为 9.13，将其命名为 *EeHKT1;4*。

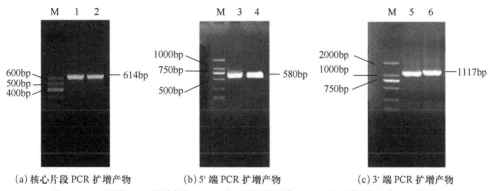

（a）核心片段 PCR 扩增产物　　　（b）5′ 端 PCR 扩增产物　　　（c）3′ 端 PCR 扩增产物

1、2 为 *EeHKT1;4* 片段 PCR 扩增产物；3、4 为 5′ 端阳性克隆；5、6 为 3′ 端阳性克隆；M 为 Marker。

图 8-2　*EeHKT1;4* RT-PCR 扩增产物

3）长穗偃麦草 *EeHKT1;4* 基因结构及氨基酸序列分析

将长穗偃麦草 EeHKT1;4 蛋白的氨基酸序列与 GenBank 中的氨基酸序列进行比对，结果显示 EeHKT1;4 与一粒小麦 TmHKT1;4-A2 和硬粒小麦 TdHKT1;4 的氨基酸同源性分别为 94% 和 85%。通过跨膜区预测分析表明，EeHKT1;4 具有 11 个跨膜区域，且 N 端和 C 端都位于细胞质内（图 8-4）。EeHKT1;4 蛋白含有编码 P-loop A 区域的一段保守序列 LFFTAVSAATVSSMSTV，红色箭头所指的 S（丝氨酸）为 P-loop A 区域特异选择性位点，与 Na^+ 转运功能息息相关（图 8-5）。

4）长穗偃麦草 *EeHKT1;4* 基因系统进化树分析

利用 MEGA 6.0 软件对植物的 *HKT1;4* 基因进行系统进化树分析，结果表明长穗偃麦草 *EeHKT1;4* 与单子叶植物 HKT1 类蛋白基因亲缘关系较近，而与其他植物 HKT2 类蛋白基因亲缘关系较远（图 8-6），说明 *EeHKT1;4* 为长穗偃麦草质膜上的高亲和 K^+ 转运蛋白类基因。

5）长穗偃麦草 *EeHKT1;4* 基因表达模式分析

将 4 周龄幼苗分别以不同浓度 KCl（0mmol·L^{-1}、0.1mmol·L^{-1}、0.5mmol·L^{-1}、

```
1     GACAGACAGTTCGCAGCCCTGTGCATGC
29    ATGCAACTCCCAAGTCATAACACGTCCACACACCAAATACAACGATCGAACATGGCCGGAGCTCATCATAAGGTCGGCGAGCTGTTGCACCACACGCGCGCAGC
1      M  Q  L  P  S  H  N  T  S  T  H  Q  I  Q  R  S  N  M  A  G  A  H  H  K  V  G  E  L  L  H  H  T  P  R  S
134   TCGACGGCCGCGGTCGACAAGGCAATGTCCTCGCCCTCCAGTTCATACGCGCAGCACCATGTCCTCAAGGAGCGCGTGGCGCGGTGGCGGCGCGCGCTCGCCGGG
36     S  T  A  A  V  D  K  A  M  S  S  P  S  S  S  Y  A  Q  H  H  V  L  K  E  R  V  A  R  W  R  R  A  L  A  G
239   CGGTTCTGGCCGCGCGTCGGCTCGCTGCTCGTCCACGTCGCCTACTTCCTCGCCGTCTCCTGGCTCGGCTACCTCCTCCTCGCGCAGCTCAGGTTCCGCGCGGC
71     R  F  W  P  R  V  G  S  L  L  V  H  V  A  Y  F  L  A  V  S  W  L  G  Y  L  L  L  A  Q  L  R  F  R  A  G
344   GGCGACGGGACGAGGCCGCCCCGCGGCATCGACCTGTTCTTCACCGCCGTCTCGGCCGCGACGGTGTCCAGCATGTCCACCGTCGAGATGGAGGTGTTGTCCAAC
106    G  D  G  T  R  P  P  R  G  I  D  L  F  F  T  A  V  S  A  A  T  V  S  S  M  S  T  V  E  M  E  V  F  S  N
449   GGGCAGCTCCTCGTCCTGACCGTCCTCATGCTCGTCGGCGGGTGAGGTGCTTTTATCCCTCATAGGCCTCGCGTCCAAGTGGTTCAAGCTGAGGAAGCAAGCTGTA
141    G  Q  L  L  V  L  T  V  L  M  L  V  G  G  E  V  L  L  S  L  I  G  L  A  S  K  W  F  K  L  R  K  Q  A  V
554   CACAAGTCGTCCAGGCGGCGTCGAGATCCACCACGTCGCCGAGCTTGAGATGCCGCCGGCCGCGCGCGCTGACATCGATAACCCAACGTCGACTACCGCCGATGAT
176    H  K  S  S  R  R  V  E  I  H  H  V  A  E  L  E  M  P  P  A  A  A  A  D  I  D  N  P  T  S  T  T  A  D  D
659   GAGACGAGCAAGTCGCTGGAGCACGTACCTGACACGAGGCTGCGGCGCGACGCGGTGCGGTCGCCGTTCTTCGTCGTCCTCGCCATCCTCCTGGCGGTGCACGTC
211    E  T  S  K  S  L  E  H  V  P  D  T  R  L  R  R  D  A  V  R  S  P  F  F  V  V  L  A  I  L  L  A  V  H  V
764   CTCGGCGCCGGGGCCATCGCGGCGTACATCCTGCACGCGTCTCCGGCGGCGAGGCGGACGCTGCGGGACAAGGCCCTGAACGTGTGGACCTTCGCGGTGTTCACG
246    L  G  A  G  A  I  A  A  Y  I  L  H  A  S  P  A  A  R  R  T  L  R  D  K  A  L  N  V  W  T  F  A  V  F  T
869   ACGGTGTCCACGTTCTCGAACTGCGGGTTCATGCCGACGAACGAGAACATGGCCGGTGTTCCAGCGGGACACCGGGCTGCAGCTGCTGCTCGTGCCGCAGGTGCTG
281    T  V  S  T  F  S  N  C  G  F  M  P  I  N  E  N  M  A  V  F  Q  R  D  T  G  L  Q  L  L  L  V  P  Q  V  L
974   GTCGGTAACACGCTGTTCGCGCCGCTGCTGGCCGTGTGCGTGCGCGCGCTGCCGCGGCGACCAGGCGCGTGGAGTTCAAGGAGACTTGAAGCAGGGCAGAGAG
316    V  G  N  T  L  F  A  P  L  L  A  V  C  V  R  A  A  A  A  A  T  R  R  V  E  F  K  E  T  L  K  Q  G  R  E
1079  CTGACGGGGTACGGCCACCTGCTCCCGGCGCGCGGGTGCGGGATGCTGGCGGCCACGGTGGCCGGGTTCCTCGCCGTGCAGGTGGCGATGCTGTGCGGCATGGAG
351    L  T  G  Y  G  H  L  L  P  A  R  R  C  G  M  L  A  A  T  V  A  G  F  L  A  V  Q  V  A  M  L  C  G  M  E
1184  TGGAGCGGGGCGCTGCGGGGGATGAGCGCGTGGGAGAAGGTGTCGAACGCGGTGTTCCTGGCGGTGAACTCCCGGCACACCGGCGAGTCGACCCTCGACATCTCC
386    W  S  G  A  L  R  G  M  S  A  W  E  K  V  S  N  A  V  F  L  A  V  N  S  R  H  T  G  E  S  T  L  D  I  S
1289  ACCCTCACGCCGGCCATCCTCGTGCTCTTCGTGCTCATGATGTATCTGCCTCCATACACCACGTGGTTTCCATTCGAGGGGAGCTCCAGCACAAAGGATCGCCCC
421    T  L  T  P  A  I  L  V  L  F  V  L  M  M  Y  L  P  P  Y  T  T  W  F  P  F  E  G  S  S  S  T  K  D  R  P
1394  GAGGAGACACAGGGTATCAGGTTGATCAAGAGCACGGTCTTGTCGCAGCTCTCCTACCTCACCATCTTCGTCATCGCCATCTGCGTCACCGAGAGGGAGAAGCTC
456    E  E  T  Q  G  I  R  L  I  K  S  T  V  L  S  Q  L  S  Y  L  T  I  F  V  I  A  I  C  V  T  E  R  E  K  L
1499  AAGGAAGACCCCCTCAACTTCAACCTGCTCAGCATCGTCGTCGAAGTTGTCAGCGCTTATGGAAATGTGGGATTCTCCATGGGCTACAGTTGCAGCAGGCAGATC
491    K  E  D  P  L  N  F  N  L  L  S  I  V  V  E  V  V  S  A  Y  G  N  V  G  F  S  M  G  Y  S  C  S  R  Q  I
1604  AGCCCGGACCAGCTGTGCACCGACACGTGGACCGGCTTCGTCGGGAGGTGGAGCGATTCCGGCAAGCTCATCCTCATTCTCGTGATGCTCTTCGGGAGGCTCAAG
526    S  P  D  Q  L  C  T  D  T  W  T  G  F  V  G  R  W  S  D  S  G  K  L  I  L  I  L  V  M  L  F  G  R  L  K
1709  AAGTTCAGCATGAAAGGAGGCAGGACCTGGAAGCTTAGTTAG
561    K  F  S  M  K  G  G  R  T  W  K  L  S  *
1750  ATGCGGCACCTACTTCTTCTTGGTGAATGGTTTCCTCTTCTTCTTTTTCTTGCCTTCCACCTTTCTCTAGTCATATATAGGTGTACAAAGGGAAGCTTCTGCTTGT
1855  CATCCTTGTACAGAAGATTCACCTGCAAGTGCTGCCGAGTTTCAGATTAGGTGAATCAAATTTAAATCACTAAGAATCAAGGCAGGCTAATTAGCCTGATTCTCCT
1960  GAGAAAAAAAAAAAAAA
```

左侧的数字分别代表核苷酸和氨基酸的位点, 黄色阴影处分别为 5′ 和 3′ 非翻译区, 绿色阴影处为起始密码子 (ATG) 和终止密码子 (TAG)。

图 8-3 长穗偃麦草 *EeHKT1;4* 基因 cDNA 核酸序列及其推测的氨基酸序列

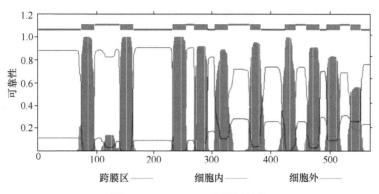

图 8-4　EeHKT1;4 跨膜区结构

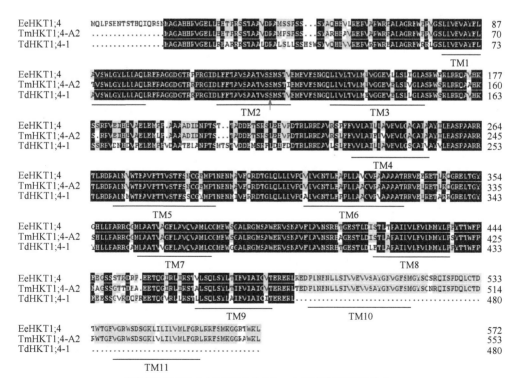

红色箭头所指的 S（丝氨酸）为 P-loop A 区域特异选择性位点。

图 8-5　长穗偃麦草 EeHKT1;4 与一粒小麦 TmHKT1;4-A2、
硬粒小麦 TdHKT1;4-1 氨基酸的多重比较

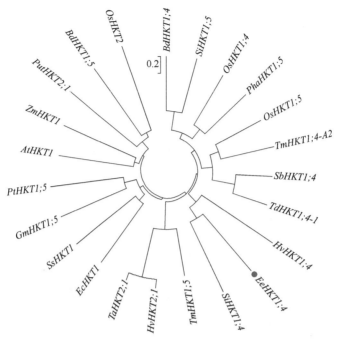

AtHKT1（拟南芥），BdHKT1;4、BdHKT1;5［二穗短柄草，*Brachypodium distachyon*（L.）Beauv.］，EcHKT1（桉树，*Eucalyptus robusta* Smith），EeHKT1;4（长穗偃麦草），GmHKT1;5［大豆，*Glycine max*（L.）Merr.］，HvHKT1;4、HvHKT2;1（大麦），OsHKT1;4、OsHKT1;5、OsHKT2（水稻），PhaHKT1;5［芦苇，*Phragmites australis*（Cav.）Trin. ex Steud.］，PtHKT1;5（毛果杨，*Populus trichocarpa* Torr. & Gray.），PutHKT2;1（毛果杨），SbHKT1;4［高粱，*Sorghum bicolor*（L.）Moench］，SiHKT1;4、SiHKT1;5［小米，*Setaria italic*（L.）Beauv.］，SsHKT1［盐地碱蓬，*Suaeda salsa*（L.）Pall.］，TaHKT2;1（小麦），TdHKT1;4-1（硬粒小麦），TmHKT1;4-A2、TmHKT1;5（一粒小麦），ZmHKT1（玉米）。

图 8-6　*EeHKT1;4* 与其他植物 *HKT* 的系统进化树

1mmol·L^{-1}、2mmol·L^{-1} 和 10mmol·L^{-1}）、NaCl（0mmol·L^{-1}、25mmol·L^{-1}、50mmol·L^{-1}、100mmol·L^{-1}、150mmol·L^{-1} 和 200mmol·L^{-1}）处理 48h 及以 25mmol·L^{-1} NaCl、150mmol·L^{-1} NaCl 处理 0～168h 后各组织（叶片、叶鞘和根）中 *EeHKT1;4* 的表达水平进行分析。实时荧光 RT-PCR 分析表明，不同浓度 KCl 处理下，*EeHKT1;4* 主要在根中表达，并不受外界 K$^+$ 浓度的影响［图 8-7（a）］；但随 NaCl（50～200mmol·L^{-1}）处理浓度的增加，叶片、叶鞘和根中的 *EeHKT1;4* 转录丰度均呈增加趋势，且表现出根＞叶鞘＞叶片的趋势［图 8-7（b）］。

在 25mmol·L^{-1} 和 150mmol·L^{-1} NaCl 处理下，随着处理时间的延长（3～168h），长穗偃麦草叶鞘和根中 *EeHKT1;4* 表达水平均呈增加趋势，叶片中 *EeHKT1;4* 转录丰度未发生明显变化（图 8-8），表明 *EeHKT1;4* 的表达受 NaCl 处理的诱导和调节，EeHKT1;4 是一个特异的 Na$^+$ 转运蛋白。

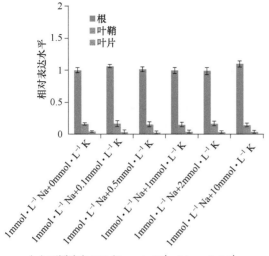
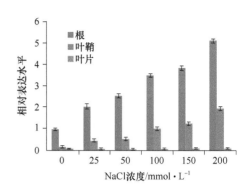

（a）不同浓度 KCl（0mmol·L⁻¹、0.1mmol·L⁻¹、
0.5mmol·L⁻¹、1mmol·L⁻¹、2mmol·L⁻¹ 和 10mmol·L⁻¹）
处理

（b）不同浓度 NaCl（0mmol·L⁻¹、25mmol·L⁻¹、
50mmol·L⁻¹、100mmol·L⁻¹、150mmol·L⁻¹ 和
200mmol·L⁻¹）处理

图 8-7　实时荧光 RT-PCR 分析 KCl 和 NaCl 处理 48h 对长穗偃麦草根、
叶鞘及叶片 *EeHKT1;4* 表达水平的影响

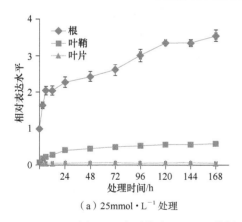
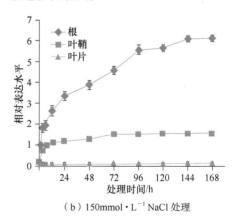

（a）25mmol·L⁻¹ 处理

（b）150mmol·L⁻¹ NaCl 处理

图 8-8　实时荧光 RT-PCR 分析 NaCl 处理 0～168h 对长穗偃麦草根、
叶鞘及叶片 *EeHKT1;4* 表达水平的影响

6）*EeHKT1;4* 基因植物表达载体构建

采用 Clontech Infusion 无缝连接技术，在 *EeHKT1;4* 基因 ORF 上下游引物两端分别引入 *Xba* I 与 *Sma* I 酶切位点，经 RT-PCR 扩增，通过 1.2% 凝胶电泳检测目的片段 PCR 产物（图 8-9），再用 *Xba* I /*Sma* I 对 pBI121 载体上限制性酶切位点进行双酶切，回收大片段（图 8-9），命名为 pBI121-A；然后按照 Clontech Infusion 无缝连接技术的程序将目的基因 *EeHKT1;4* 插入到线性化植物表达载体（pBI121-A）

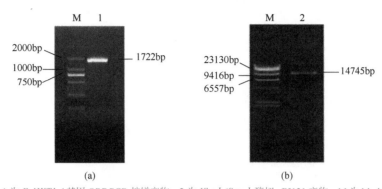

1 为 *EeHKT1;4* 基因 ORF PCR 扩增产物；2 为 *Xba* I /*Sma* I 酶切 pBI121 产物；M 为 Marker。

图 8-9　*EeHKT1;4* 基因 ORF PCR 扩增产物（a）与 pBI121 载体 *Xba* I /*Sma* I 酶切检测（b）

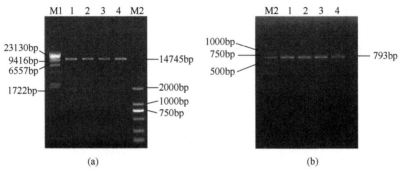

（a）图 1、2、3、4 为 pBI121-35S-*EeHKT1;4*-Nos 酶切鉴定 *EeHKT1;4* 基因 ORF 产物；（b）图 1、2、3、4 为验证 pBI121-35S-*EeHKT1;4*-Nos 构建的 PCR 扩增产物；M1、M2 为 Marker。

图 8-10　pBI121-35S-*EeHKT1;4*-Nos 载体酶切鉴定（a）与 PCR 鉴定（b）

中得到重组质粒 pBI121-35S-*EeHKT1;4*-Nos，再经 *Xba* I /*Sma* I 双酶切获得 1722bp 大小的特异条带，进一步用 pBI121F1/5′*HKT1;4WR1* 引物进行 PCR 检测，与预期片段大小一致（图 8-10），证实已成功获取重组载体 pBI121-35S-*EeHKT1;4*-Nos（图 8-11），说明长穗偃麦草 *EeHKT1;4* 基因植物表达载体构建成功。

　　7）农杆菌阳性菌株鉴定

　　根据冻融法将 pBI121-35S-*EeHKT1;4*-Nos 载体导入农杆菌 EHA105 中，在含 50mg·L⁻¹ 的卡那霉素与 50mg·L⁻¹ 利福平的 LB 固体培养基上，于 28℃黑暗筛选培养 2～3d，将平板上长出的乳白色单菌落接种到含 50mg·L⁻¹ 卡那霉素与 50mg·L⁻¹ 利福平的 LB 液体培养基中，28℃ 150r·min⁻¹ 过夜黑暗培养，提取菌液质粒 DNA，分别用 ORF-F/ORF-R 巢式引物与 pBI121F1/5′*HKT1;4WR1* 引物进行 PCR 扩增，通过凝胶电泳检测出 1722bp 与 793bp 目的片段（图 8-12），证实该菌株为阳性。

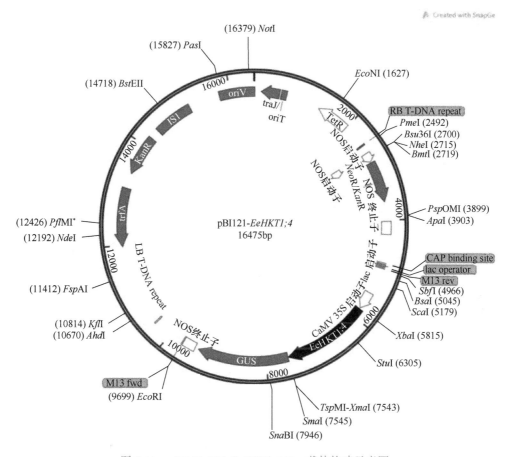

图 8-11　pBI121-35S-*EeHKT1;4*-Nos 载体构建示意图

8）烟草遗传转化及阳性植株鉴定

将烟草 W38 叶盘预培养至边缘膨大（图 8-13A），在阳性农杆菌液中侵染 7min，叶面朝下暗培养 2～3d（图 8-13B），暗培养结束后，将叶盘移栽至 MS 筛选分化培养基中（图 8-13C），待分化出抗性苗（图 8-13D、E），将其自愈伤组织切下，移栽至 MS 筛选生根培养基中（图 8-13F、G），将生根的阳性植株进行炼苗（图 8-13H），移入塑料花盆中。

如图 8-14 所示，以阳性农杆菌液及野生型烟草为对照，具有卡那霉素抗性的烟草

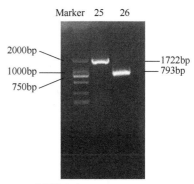

25、26 分别为含有 pBI121-35S-*EeHKT1;4*-Nos 农杆菌 *EeHKT1;4* 基因 PCR 产物。

图 8-12　农杆菌阳性鉴定

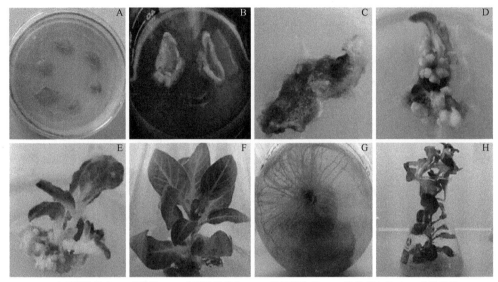

A. 叶盘预培养；B. 暗培养；C. 愈伤组织分化；D. 抗性芽培养；E. 抗性苗生长；F. 抗性植株；
G. 抗性植株生根培养；H. 抗性植株炼苗。

图 8-13　转基因烟草培养流程图

DNA 为模板，JCF1/JCR1 为引物，通过 PCR 检测转基因烟草阳性植株，通过 1% 凝胶电泳检测 PCR 产物，如图 8-14 所示，400bp 处出现 DNA 特异性条带，长度为 411bp。

如图 8-15 所示，以野生型烟草为对照，利用 qRT-PCR 技术对不同转基因烟草植株表达水平进行检测，结果表明，与其他转基因烟草植株相比，6 号（L6）转基因烟草植株表达水平最高。因此，选取 L6 进行后续耐盐生理生化分析。

9）转基因烟草植株耐盐性鉴定评价

如图 8-16 所示，分别用 0mmol·L^{-1}、50mmol·L^{-1}、100mmol·L^{-1} 和 200mmol·L^{-1} NaCl 对转基因烟草植株和野生型植株处理 7d。正常条件下（0mmol·L^{-1} NaCl）野生型和转基因植株在生长形态上没有明显差异；但随 NaCl 处理浓度增加，尤其在 200mmol·L^{-1} NaCl 胁迫下，野生型烟草植株生长受到严重抑制，长势变缓，叶片枯黄萎蔫，而转基因烟草植株生长基本正常，仅仅靠近根部的叶片有发黄的现象，表明转基因烟草植株具有较强的耐盐性。

分析不同浓度 NaCl 条件下野生型烟草与转基因烟草地上部与地下部 K$^+$、Na$^+$ 累积模式变化规律显示（图 8-17），随 NaCl（50～200mmol·L^{-1}）处理浓度的增加，Na$^+$ 的积累浓度在烟草的根、茎和叶中均呈增加趋势，表现出根＞茎＞叶的规律，而 K$^+$ 则呈下降趋势。高盐（100～200mmol·L^{-1} NaCl）处理下，转基因烟草根与茎中 Na$^+$ 积累浓度分别较野生型高出 15.3%、18.2% 与 11.7%、14.2%，

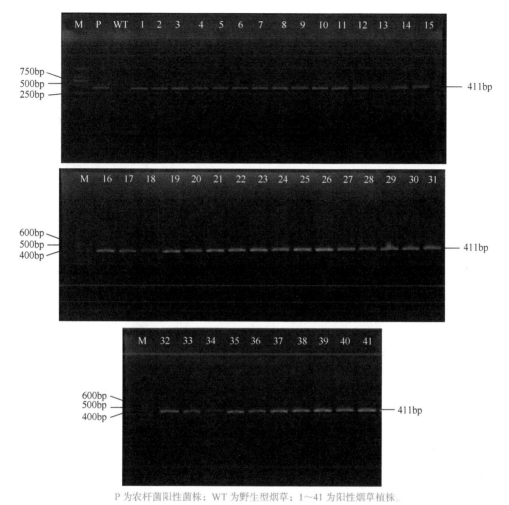

P 为农杆菌阳性菌株；WT 为野生型烟草；1～41 为阳性烟草植株。

图 8-14 *EeHKT1;4* 转基因烟草基因组 DNA PCR 检测结果

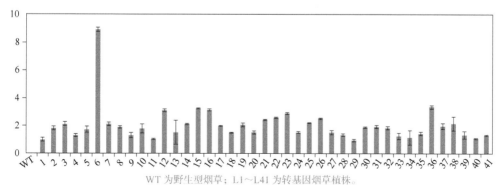

WT 为野生型烟草；L1～L41 为转基因烟草植株。

图 8-15 采用 qRT-PCR 技术对转基因烟草植株表达水平检测

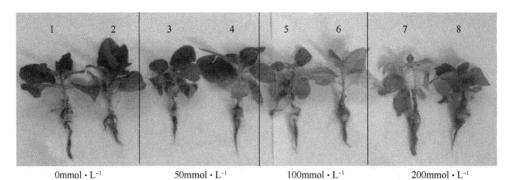

0mmol · L⁻¹   50mmol · L⁻¹   100mmol · L⁻¹   200mmol · L⁻¹

1，3，5，7 为野生型烟草；2，4，6，8 为转基因烟草。

图 8-16　不同浓度 NaCl 处理转 *EeHKT1;4* 基因烟草与野生型烟草植株的生长势比较

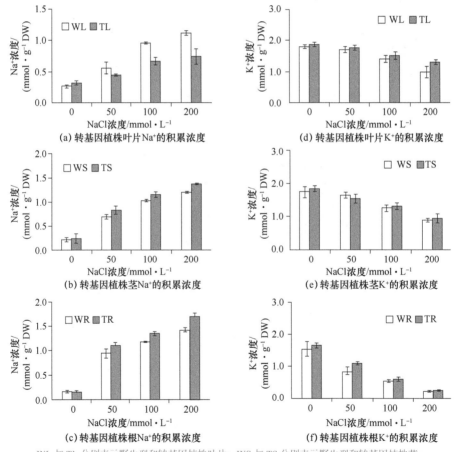

(a) 转基因植株叶片Na⁺的积累浓度　　　　(d) 转基因植株叶片K⁺的积累浓度

(b) 转基因植株茎Na⁺的积累浓度　　　　(e) 转基因植株茎K⁺的积累浓度

(c) 转基因植株根Na⁺的积累浓度　　　　(f) 转基因植株根K⁺的积累浓度

WL 与 TL 分别表示野生型和转基因植株叶片；WS 与 TS 分别表示野生型和转基因植株茎；
WR 与 TR 分别表示野生型和转基因植株根。

图 8-17　不同浓度 NaCl 处理后转基因烟草耐盐性分析

而 K$^+$ 没有明显差异；转基因烟草叶片中 Na$^+$ 浓度分别显著低于野生型烟草 30.2% 和 33.9%，相反 K$^+$ 浓度显著高于野生型 29.7% 和 37.0%。这说明与野生型烟草相比，盐胁迫下转 *EeHKT1;4* 基因将 Na$^+$ 沉积在烟草根和茎中，减少了叶中 Na$^+$ 的过量积累，以避免对叶片的伤害，从而维持叶片中 K$^+$、Na$^+$ 稳态，提高了转基因烟草植株的耐盐性。

8.1.3　小结与讨论

植物遭受盐胁迫时，由于 K$^+$、Na$^+$ 具有相似的离子水合半径，破坏细胞的离子平衡，导致膜功能失调和代谢活动的减弱，从而抑制植物生长并最终导致细胞死亡（Wang *et al.*，1998；Su *et al.*，2003；Rus *et al.*，2006；Wang CM *et al.*，2009；Guo *et al.*，2012）。因此，植物细胞抵御 Na$^+$ 毒害的主要策略是限制 Na$^+$ 内流、Na$^+$ 外排和 Na$^+$ 区域化，以维持体内较低的 Na$^+$ 浓度和高的 K$^+$/Na$^+$ 值（Corhan *et al.*，1987；Ren *et al.*，2005；Davenport *et al.*，2007；Guo *et al.*，2015）。研究发现，高亲和 K$^+$ 转运蛋白 HKT 通过限制根部 Na$^+$ 的吸收，增加 Na$^+$ 外排，以维持体内特别是地上部低的 Na$^+$ 浓度和高的 K$^+$/Na$^+$ 值，是高等植物耐盐性的关键（Fairbairn *et al.*，2000；Berthomieu *et al.*，2003；Byrt *et al.*，2007；Zhang *et al.*，2010；Meng *et al.*，2016）。其中 HKT1 类蛋白主要是 Na$^+$ 选择性转运蛋白，主要参与植物体内 Na$^+$ 从木质部中的卸载及韧皮部中的 Na$^+$ 向根部的回流（Sunarpi *et al.*，2005；Pardo *et al.*，2006；Horie *et al.*，2006，2009；Møller *et al.*，2009；Hauser *et al.*，2010；James *et al.*，2006，2011）。本研究所得长穗偃麦草 HKT1;4 转运蛋白基因 cDNA 序列长 1722bp，编码 572 个氨基酸。将该序列与 GenBank 中已注册的小麦 *HKT1;4* 基因序列进行同源性比较，其核苷酸序列与氨基酸序列的同源性均在 90% 以上，且在 EeHKT1;4 氨基酸序列中存在 HKT 亚家族 I 中 P 环保守序列及 P 环中的特异选择位点 S（丝氨酸）残基，此位点与 Na$^+$ 的转运相关，是 Na$^+$ 的特异性低亲和转运位点，符合 HKT1 类蛋白亚家族的结构域。通过实时荧光定量 PCR 对不同浓度 NaCl 处理后的长穗偃麦草叶片、叶鞘和根中 *EeHKT1;4* 基因表达模式分析表明，长穗偃麦草 *EeHKT1;4* 主要在根和叶鞘中表达，表现出根＞叶鞘＞叶片的趋势。与此同时，在盐处理下对长穗偃麦草各组织中的 Na$^+$ 积累模式的分析结果也表现出根＞叶鞘＞叶片的 Na$^+$ 积累模式，这充分说明 HKT1;4 主要负责从植株叶鞘和根木质部汁液中卸载 Na$^+$，以降低植株地上部 Na$^+$ 的积累，从而维持其较高的 K$^+$/Na$^+$ 值（Huang *et al.*，2006）。

为了进一步研究长穗偃麦草 *EeHKT1;4* 基因是否能提高植物的耐盐性，我们选择烟草为转基因植物材料，这是因为烟草易于进行组织培养以及遗传转化效率高，已成为当前研究植物分子遗传学的模式植物（Horsh *et al.*，1985）。有关耐盐基因在烟草中过表达提高烟草耐盐性的研究已有报道。刘文奇等（2002）将 *OPBP1* 基因对烟草进行遗传转化，获得转 *OPBP1* 基因烟草植株，经鉴定，该转基因烟草植株耐盐能力明显增加；张海娜等（2008）利用小麦超氧化物歧化酶基因 *TaSOD1.1* 和 *TaSOD1.2*，采用农杆菌介导的遗传转化技术，获得了过量表达 *TaSOD1.1* 和 *TaSOD1.2* 的转基因烟草植株，在 NaCl 处理下，与对照相比，转基因植株耐盐性提高；秦智慧等（2010）将 *acdS* 基因转入烟草 NC89 叶片中，转基因烟草耐盐性得到增强；Duan 等（2009）将含有甜菜碱合成基因的转基因烟草植物与含有液泡膜 Na^+/H^+ 逆向转运蛋白基因（*AtNHX*）的转基因烟草植物通过有性杂交，将甜菜碱合成基因和液泡膜 Na^+/H^+ 逆向转运蛋白基因整合到烟草植物中，获得了含这两个异源基因的转基因烟草，在细胞和整株水平上进行耐盐性鉴定表明，含有这两种异源基因的株系比单独转入其中一个基因的转基因株系耐盐性更强；Guo 等（2009）在棉花 cDNA 文库中找到一个锌指蛋白基因 *GhZFP1*，将该基因在烟草中超表达后发现转基因烟草对耐盐性有所提高。因此，我们将 *EeHKT1;4* 基因在模式植物烟草中过量表达。随着盐处理浓度的增加，与野生型植株相比，转基因烟草植株积累更少的 Na^+ 和更多的 K^+，显著提高了 K^+/Na^+ 值，耐盐性得到显著提高。这从另一个侧面印证了 EeHKT1;4 是一个特异的 Na^+ 转运蛋白，其表达模式与转基因植株降低叶片 Na^+ 浓度、滞留 Na^+ 于叶鞘的生理作用相一致。由此可知 EeHKT1;4 主要参与植物体内 Na^+ 从木质部中的卸载，在维持地上部 K^+、Na^+ 稳态平衡中起关键性作用，能显著增强植物的耐盐性。

8.2　长穗偃麦草 *EeSKOR* 耐盐基因克隆及功能分析

8.2.1　材料与方法

1）试验材料

以长穗偃麦草 4 周龄幼苗的根为材料，采自位于北京市小汤山的国家精准农业研究示范基地草资源试验研究圃。大肠杆菌菌株 *Escherichia coli* DH5α 由本实验室保存。TaKaRa MiniBEST RNA 提取试剂盒、Prime Script RTase 反转录试剂盒、克隆载体 pMD19-T、TaKaRa LA Taq 试剂盒、DH5α 等购自宝生物工程（大连）有限公司，其他生化试剂均为进口或国产分析纯。

将长穗偃麦草籽粒饱满的种子用 5% 的次氯酸钠溶液消毒后，均匀播种在铺有吸水纸的培养皿中，25℃暗培养 4d，待发芽后，移入黑色培养盒（20cm×10cm×7cm）中，浇灌 Hoagland 营养液培养 4 周。培养条件为：光照培养 16h（昼）/8h（夜），光强度约为 600μmol·m^{-2}·s^{-1}，Hoagland 营养液约 2d 更换 1 次。培养室昼夜温度为（28℃±2℃）/（23℃±2℃），光照为 16h·d^{-1}，光强约为 600μmol·m^{-2}·s^{-1}，空气相对湿度为 60%～80%。然后用 200mmol·L^{-1} NaCl 盐胁迫处理 4 周龄的长穗偃麦草 24h，以诱导长穗偃麦草 *SKOR* 基因的表达。

2）引物的设计与合成

使用 Primer 5.0 软件设计核心引物，使用 DNAMAN 6.0 软件进行 3′ 及 5′ RACE 引物设计、序列拼接和基因序列分析，引物由生工生物工程（上海）股份有限公司合成（表 8-1）。

表 8-1　引物序列

引物类别	引物名称	引物序列（5′—3′）
核心引物	SKOR-1	TACCTGRTCGGSAACATGACGGCG
	SKOR-2	GATGCTRGTCARGGAYTGCTTGTC
3′RACE 引物	3′-O	ACATGGATGTCTGGAAGAGATTGT
	3′-I	ATGTGGATCAGAAAAGGTCATCTCAGA
5′RACE 引物	5′-O	ACAATCTGGCTCAGGAAGTCCTCT
	5′-I	CTCTTGTAGCTGCTCTCGTACTGC

3）*EeSKOR* 基因克隆及序列生物信息学分析

取长穗偃麦草 4 周龄幼苗根，用 200mmol·L^{-1} NaCl 处理 24h，经无菌水冲洗后，置于消毒滤纸上吸干水分，于液氮中充分研磨，参照生工生物工程（上海）股份有限公司 Trizol 试剂盒说明书提取总 RNA。cDNA 第一链的合成按照宝生物工程（大连）有限公司的试剂盒操作说明书进行。

比较 GenBank 数据库中的其他植物 *SKOR* 基因序列，根据同源性高及简并性的原则设计引物 EeSKOR-1/EeSKOR-2。通过 PCR 扩增出 *EeSKOR* 的保守核心片段。将扩增的保守核心片段 cDNA 插入到 pMD19-T 载体［购自宝生物工程（大连）有限公司］，并由生工生物工程（上海）股份有限公司测序。参考 *EeSKOR* 基因核心序列，设计 5′RACE 和 3′RACE 引物，按照 RACE 试剂盒相应的方法获得 5′cDNA 和 3′cDNA，利用 TaKaRa Premix PrimeSTAR HS 试剂盒扩增

5′RACE 和 3′RACE 基因片段并拼接 *EeSKOR* 基因的 cDNA 全长，通过 1.2% 琼脂糖凝胶电泳进行检测，用 DNA 纯化试剂盒回收 cDNA 目的片段，将回收产物连接到 pMD19-T 载体后转化克隆并进行阳性菌株鉴定，由生工生物工程（上海）股份有限公司测序。

采用实时荧光定量 PCR 方法，分析不同 NaCl 盐浓度（0mmol·L⁻¹、25mmol·L⁻¹、50mmol·L⁻¹、100mmol·L⁻¹、150mmol·L⁻¹ 和 200mmol·L⁻¹）处理 24h，25mmol·L⁻¹ NaCl 和 200mmol·L⁻¹ NaCl 处理 0h、3h、6h、12h、24h、48h、72h、96h、120h、144h 和 168h，以及不同渗透势山梨醇（0MPa、−0.5MPa、−1.0MPa 和 −1.5MPa）处理 24h 后的长穗偃麦草地上部和根中 *EeSKOR* 基因的表达模式。各处理条件下，长穗偃麦草根、叶鞘与叶中的总 RNA 的提取参照宝生物工程（大连）有限公司 RNA 提取试剂盒说明书进行。cDNA 第一链的合成按照宝生物工程（大连）有限公司 Prime Script™ RT reagent Kit with gDNA Eraser 试剂盒说明书进行。*EeSKOR* 基因实时荧光定量 PCR 正向引物为 P3（5′-TACGGAGGCTGCTCAGGTTT-3′），反向引物为 P4（5′-CGCATCTCCTCGCTTCATC-3′），PCR 产物长度为 189bp；内参基因 *Actin* 实时荧光定量 PCR 正向引物为 P5（5′-CTTGACTATGAACAAGAGCTGGAAA-3′），反向引物为 P6（5′-TGAAAGATGGCTGGAAAAGGA-3′），PCR 产物长度为 139bp。参考宝生物工程（大连）有限公司 SYBR® Premix *Ex Taq* II 试剂盒说明书的方法在 Stepone plus 仪器上进行实时荧光定量 PCR 试验。反应体系：12.5μL SYBR® Premix *Ex Taq* II，正、反向引物均为 1μL，2μL cDNA，加水补至 25μL。扩增程序为：95℃变性 1min；95℃ 5s、60℃ 30s，40 个循环。采用 $2^{-\triangle\triangle CT}$ 方法计算 *EeSKOR* 基因的相对表达量，设置 3 次重复。

通过 ESPript 3 生物软件进行序列比较，通过 DNAMAN 6.0 生物软件进行翻译和系统进化树分析，在 NCBI（www.ncbi.nlm.nih.gov/BLAST）网站上进行 Blast 搜索。

4）亚细胞定位分析

通过 Primer 5.0 软件分别设计带有 *Kpn* I 酶切位点的正向引物（5′-GGGGACGAGCTCGGTACCATGGAGAGGGAGATTGTAGCAGAGT-3′）、带有 *Xba* I 酶切位点的反向引物（5′-CATGGTGTCGACTCTAGACTGATCGGCTGCAACAGCAGCTGTA-3′），模板为已测序验证的 *EeSKOR* 可读框菌液，利用 TaKaRa Premix PrimeSTAR HS 试剂盒扩增目的片段。PCR 反应条件为 95℃ 5min；94℃ 30s，58℃ 30s，72℃ 1min，30 个循环；72℃ 10min。用 *Kpn* I 和 *Xba* I 双酶切 pCAM35-GFP 质粒，酶切后通过琼脂糖凝胶电泳进行结果检测，通过百泰克胶回收试剂盒获得线性化 pCAM35-GFP 酶切产物；将目的片段和线性化 pCAM35-

GFP 酶切产物连接、转化、阳性鉴定得到重组质粒 pCAM35-EeSKOR-GFP；用冻融法分别将空载体 pCAM35-GFP、pCAM35-EeSKOR-GFP 导入到农杆菌 GV3101 中保存备用。

利用注射法将 pCAM35-GFP、pCAM35-EeSKOR-GFP 转入本氏烟草（*Nicotiana benthamiana*）叶表皮细胞中瞬时表达，利用德国徕卡 TCS SP8 型共聚焦显微镜观察 *EeSKOR* 在烟草叶表皮细胞中的亚细胞表达定位情况。

5）植物表达载体构建与农杆菌转化

长穗偃麦草 *EeSKOR* 可读框的上下游引物两端分别引入 *Nco* I 与 *Bgl* II 酶切位点，经 RT-PCR 扩增，通过 1.2% 凝胶电泳检测目的片段 PCR 产物；再用 *Nco* I /*Bgl* II 对 pCAMBIA1301 载体上限制性酶切位点进行双酶切，回收大片段；然后按照 Clontech Infusion 无缝连接技术的相应程序将目的基因 *EeSKOR* 插入到线性化植物表达载体（pCAMBIA1301-A）中得到重组质粒 pCAMBIA1301-35S-*EeSKOR*-Nos，再经 *Hind* III/*Bgl* II 双酶切得到特异条带。用冻融法将构建好的过表达载体转化到农杆菌 GV3101 感受态中，将转化的菌液均匀涂布于 YEP 固体培养基上（含 50mg·L^{-1} 卡那霉素、50mg·L^{-1} 利福平、50mg·L^{-1}Gm），28℃避光倒置培养，2~3d 后长出单菌落，用接种环挑取单菌落，接种于 5mL YEP 培养基中，振荡过夜培养，提取质粒，并进行 PCR 鉴定确认阳性克隆。

6）烟草遗传转化体系构建及分子检测方法

参照 8.1.1 节中 6）的方法。

7）转基因烟草植株耐盐性分析

野生型烟草 W38 的种子、过表达 *EeSKOR* 转基因烟草株系 L12 和株系 L36 的 T1 代种子，经 5% 的次氨酸钠溶液消毒 5min 后，在蒸馏水中清洗若干遍，将湿润的种子均匀地播种在铺有吸水纸的培养皿中，25℃暗培养 4d，待发芽生根后，移入黑色培养盒（20cm×10cm×7cm）中，浇灌 Hoagland 营养液培养。培养条件为：光照培养 16h（昼）/8h（夜），光强度约为 600μmol·m^{-2}·s^{-1}，约 2d 更换一次 Hoagland 营养液，空气相对湿度为 60%~80%。将野生型、转空载体和转基因烟草植株分别在 0mmol·L^{-1}、50mmol·L^{-1}、100mmol·L^{-1}、150mmol·L^{-1} 和 200mmol·L^{-1} NaCl 的 Hoagland 营养液中胁迫 21d，每处理 5 次重复，分别测定株高、生物量及植株地上部和根中的 H_2O_2、MDA 含量、叶绿素含量、SOD 活性及 Na^+、K^+ 积累浓度。其中 MDA 含量测定参照朱广廉（1980）的方法，叶绿素含量测定参照赵世杰等（1993）的方法，SOD 活性测定采用氮蓝四唑（NBT）法测定，体内 Na^+、K^+ 积累浓度测定参照 8.1.1 节中 9）的方法。

8.2.2 研究结果

1）长穗偃麦草 *EeSKOR* 基因的克隆及序列分析

根据其他植物 SKOR 蛋白基因保守同源序列设计简并引物（EeSKOR-1、EeSKOR-2），以长穗偃麦草幼根总 RNA 反转录合成的 cDNA 为模板，通过 PCR 扩增出长穗偃麦草 *EeSKOR* 基因保守核心 cDNA 片段，经测序，核心片段长度为 555bp［图 8-18（a）］。通过 *EeSKOR* 基因保守核心片段的已知序列设计引物进行 3′RACE 和 5′RACE。5′RACE 扩增产物经测序为 1136bp［图 8-18（b）］，3′RACE 扩增产物经测序为 1133bp［图 8-18（c）］。

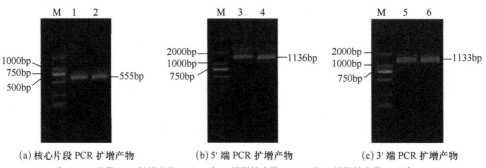

(a) 核心片段 PCR 扩增产物　　(b) 5′ 端 PCR 扩增产物　　(c) 3′ 端 PCR 扩增产物

1，2 为 SKOR 片段 PCR 扩增产物；3，4 为 5′ 端阳性克隆；5，6 为 3′ 端阳性克隆；M 为 Marker。

图 8-18　*EeSKOR* 基因 PCR 扩增产物

经 DNAMAN 软件序列拼接得到长穗偃麦草 *EeSKOR* 的全长 cDNA 序列，长度为 2402bp，ORF 为 2145bp，可编码 717 个氨基酸（图 8-19），推测其等电点为 8.29，分子量为 81.15kDa，将其命名为 *EeSKOR*。EeSKOR 与小麦 TaSKOR、乌拉尔图小麦（*Triticum urartu* Thum. ex Gandil）TuSKOR 和节节麦（*Aegilops tauschii* Coss.）AetSKOR 的氨基酸同源性分别为 87.67%、87.14% 和 86.09%（图 8-20）。系统进化树分析发现，长穗偃麦草 EeSKOR 与禾本科小麦族单子叶植物 SKOR 亲缘关系较近（图 8-21）。以上结果表明，*EeSKOR* 基因编码了外整流 K$^+$ 通道蛋白。

2）长穗偃麦草 *EeSKOR* 亚细胞定位

将带有 GFP 信号的 *EeSKOR* 质粒转入到烟草叶片中，观察 *EeSKOR* 在烟草叶表皮中的瞬时表达。结果表明，在激光共聚焦显微镜下观察，EeSKOR-GFP 定位在烟草表皮细胞的质膜和细胞核上（图 8-22）。由此可见长穗偃麦草 EeSKOR 定位于质膜和细胞核。

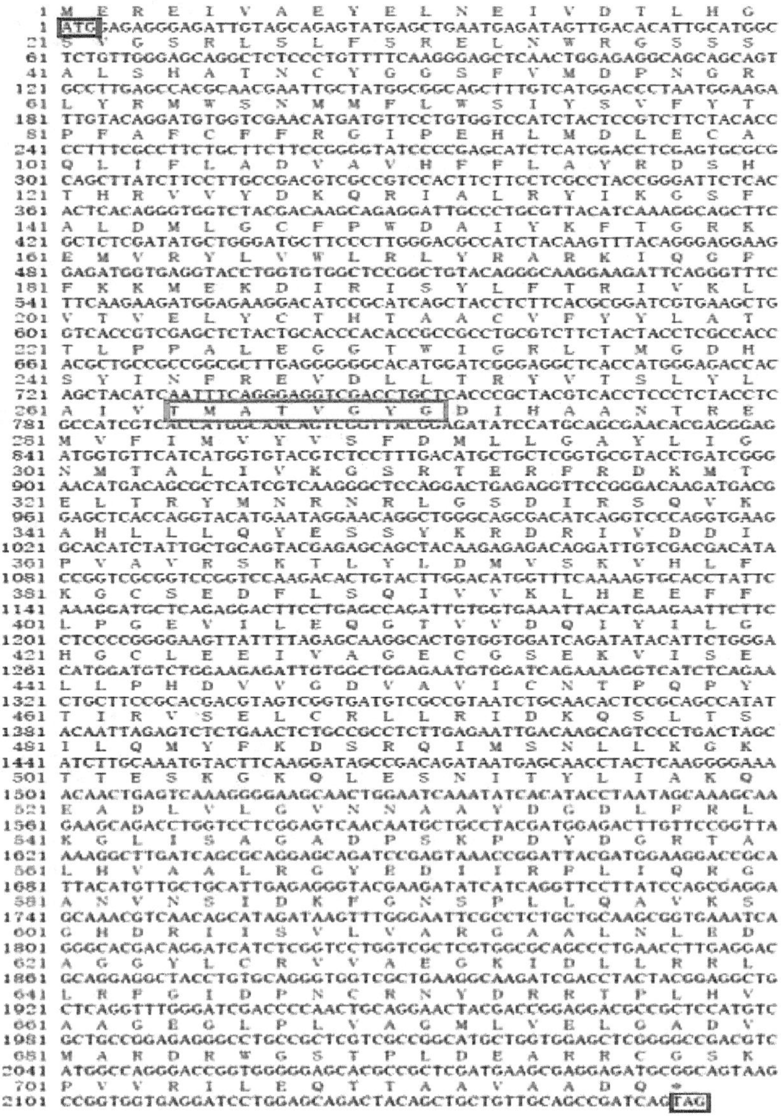

左侧数字分别代表核苷酸和氨基酸的位点，红框处为起始密码子（ATG）和终止密码子（TAG），绿色为 P 环结构。

图 8-19　长穗偃麦草 *EeSKOR* 基因 cDNA 核酸序列及其推测氨基酸序列

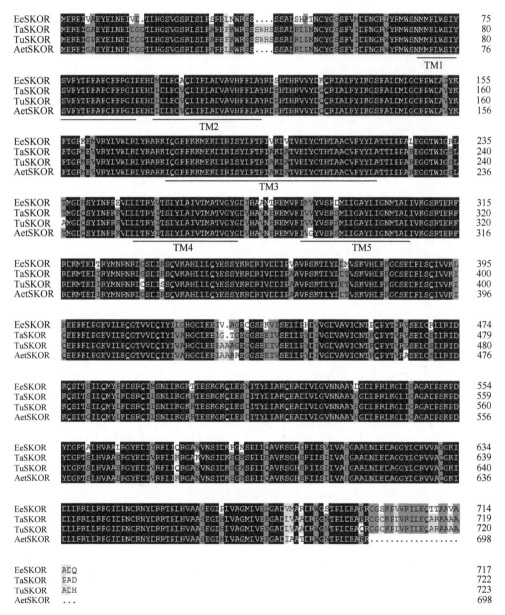

图 8-20 长穗偃麦草 EeSKOR 与小麦 TaSKOR、乌拉尔图小麦 TuSKOR、节节麦 AetSKOR 氨基酸多重比较

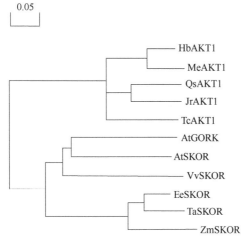

HbAKT1〔橡胶树，*Heveabrasiliensis*（Willd. ex A. Juss.）Muell. Arg.，XM_021790545〕，MeAKT1（木薯，*Manihot esculenta* Crantz，XM_021736424），QsAKT1（欧洲栓皮栎，*Quercus suber* L.，XM_024069160），JrAKT1（胡桃，*Juglans regia* L.，XM_018985513），TcAKT1（可可树，*Theobroma cacao* L.，XM_007013273），AtGORK（拟南芥，NM_123109.5），AtSKOR（拟南芥，NM_111153），VvSKOR（葡萄，*Vitis vinifera* L.，XM_002282362），EeSKOR（长穗偃麦草，MK203848），TaSKOR（小麦，AK331457），ZmSKOR（玉米，NM_001357855）。

图 8-21　K$^+$通道蛋白系统进化树分析

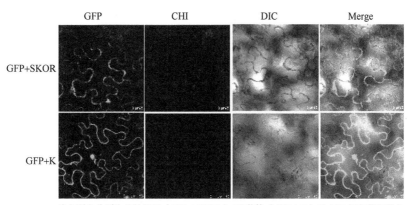

从左到右分别为目的基因（GFP＋SKOR）/空载体（GFP＋K）的 GFP 绿色荧光蛋白（GFP）、叶绿体自发荧光（CHI）、明场（DIC）和三个通道的叠加（Merge）图片。

图 8-22　长穗偃麦草 EeSKOR 蛋白亚细胞定位分析

3）盐处理 *EeSKOR* 基因表达模式分析

为探明盐胁迫下长穗偃麦草根、叶鞘和叶中 *EeSKOR* 基因的表达水平及变化规律，通过实时荧光定量 PCR 检测，我们对 4 周龄的长穗偃麦草在不同浓度 NaCl（0 mmol·L^{-1}、25 mmol·L^{-1}、50 mmol·L^{-1}、100 mmol·L^{-1}、150 mmol·L^{-1}

和200mmol·L⁻¹）处理24h，低盐（25mmol·L⁻¹NaCl）和高盐（150mmol·L⁻¹NaCl）处理0～168h根、叶鞘及叶中 *EeSKOR* 基因的表达水平进行分析。结果表明，随着NaCl浓度（25～100mmol·L⁻¹）的增加，根中的 *EeSKOR* 基因表达水平呈增加趋势，而在150～200mmol·L⁻¹NaCl下根中的 *EeSKOR* 基因表达水平略有减少；随着NaCl浓度的增加，与对照相比，叶鞘和叶中的 *EeSKOR* 基因表达水平呈下降趋势，但总体表现出根＞叶＞叶鞘的趋势（图8-23）。

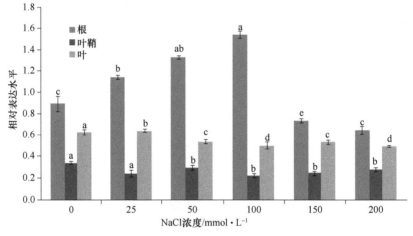

不同小写字母表示处理间显著差异（*P*＜0.05）。

图8-23　不同浓度盐处理24h长穗偃麦草根、叶鞘与叶中 *EeSKOR* 的表达水平

在25mmol·L⁻¹NaCl处理下，随着处理时间（3～168h）的延长，长穗偃麦草根和叶中的 *EeSKOR* 基因表达水平呈增加趋势，而叶鞘中的 *EeSKOR* 基因转录丰度均未发生明显的变化；在150mmol·L⁻¹NaCl处理下，随着处理时间（3～96h）的延长，根中的 *EeSKOR* 基因表达水平呈增加趋势，在120～168h根中的 *EeSKOR* 基因表达水平呈下降趋势，叶中的 *EeSKOR* 基因表达模式类似于根，而叶鞘中的 *EeSKOR* 基因表达水平在3～168h保持不变。无论是低盐（25mmol·L⁻¹NaCl）或高盐（150mmol·L⁻¹NaCl）处理，不同时间后 *EeSKOR* 基因表达均表现出根＞叶＞叶鞘的变化趋势（图8-24），表明长穗偃麦草 *EeSKOR* 表达受盐胁迫的诱导和调节。

4）干旱处理 *EeSKOR* 基因表达模式分析

通过实时荧光定量PCR，检测4周龄长穗偃麦草幼苗山梨醇渗透胁迫（−0.5MPa、−1.0MPa、−1.5MPa）24h后 *EeSKOR* 基因表达模式的变化规律。*EeSKOR* 基因在根、叶鞘和叶中均有表达，且 *EeSKOR* 表达量随干旱胁迫浓度的增加呈上调趋势，总体上 *EeSKOR* 表达水平呈现根＞叶＞叶鞘（图8-25），可见

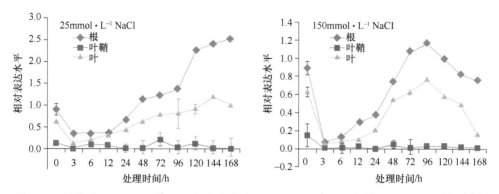

图 8-24　低盐（25mmol·L^{-1} NaCl）和高盐（150mmol·L^{-1} NaCl）处理 0～168h 对长穗偃麦草根、叶鞘与叶中 *EeSKOR* 表达水平的影响

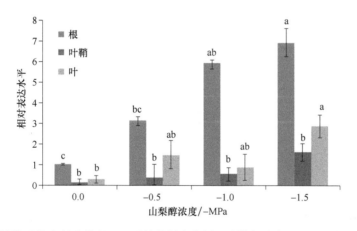

图 8-25　不同渗透势山梨醇处理 24h 对长穗偃麦草根、叶鞘与叶中 *EeSKOR* 表达水平的影响

EeSKOR 基因表达受渗透胁迫的诱导和调节。

5）长穗偃麦草 *EeSKOR* 基因植物表达载体构建

根据 Clontech Infusion 无缝连接技术的要求，在长穗偃麦草 *EeSKOR* 基因 ORF 上下游引物两端分别引入 *Nco* Ⅰ 与 *Bgl* Ⅱ 酶切位点，经反转录 PCR，通过 1.2% 凝胶电泳检测目的片段 PCR 产物（图 8-26）。再经 *Nco* Ⅰ/*Bgl* Ⅱ 对 pCAMBIA1301 载体上限制性酶切位点进行双酶切，回收大片段，命名为 pCAMBIA1301-A。按照 Clontech Infusion 无缝连接技术的相应程序，将目的基因 *EeSKOR* 插入到线性化植物表达载体（pCAMBIA1301-A）中得到重组质粒 pCAMBIA1301-35S-*EeSKOR*-Nos，再经 *Hind* Ⅲ/*Bgl* Ⅱ 双酶切得到大约 2900bp 大小的特异条带（图 8-26），成功构建了长穗偃麦草 *EeSKOR* 基因植物表达载体（图 8-27）。

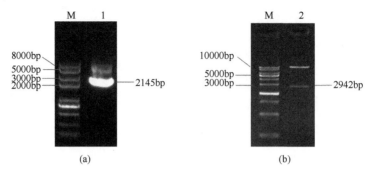

1、2 分别为 *EeSKOR* 基因 ORF PCR 产物与 pCAMBIA1301-35S-*EeSKOR*-Nos 酶切鉴定产物；
M 为 Marker。

图 8-26 *EeSKOR* 基因 ORF PCR 扩增产物（a）与 pCAMBIA1301 载体
*Hin*d Ⅲ /*Bgl* Ⅱ 双酶切检测（b）

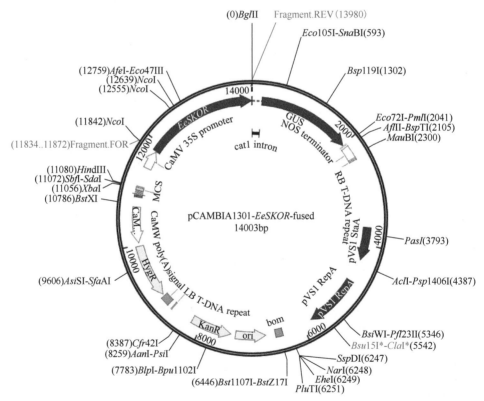

图 8-27 pCAMBIA1301-35S-*EeSKOR*-Nos 载体构建示意图

6）农杆菌阳性鉴定

采用冻融法将 pCAMBIA1301-35S-*EeSKOR*-Nos 载体导入农杆菌 GV3101
中，在含 50mg·L⁻¹卡那霉素与 50mg·L⁻¹利福平的 LB 固体培养基上，于

28℃黑暗筛选培养 2～3d。将平板上长出的乳白色单菌落接种到含 50mg·L⁻¹ 卡那霉素与 50mg·L⁻¹ 利福平的 LB 液体培养基中，28℃ 150r·min⁻¹ 过夜黑暗培养。提取菌液质粒 DNA，用 ORF PCR 引物与卡那霉素引物进行检测，通过凝胶电泳检测出 2154bp 与 795bp 目的片段（图 8-28），证实该菌株为阳性。

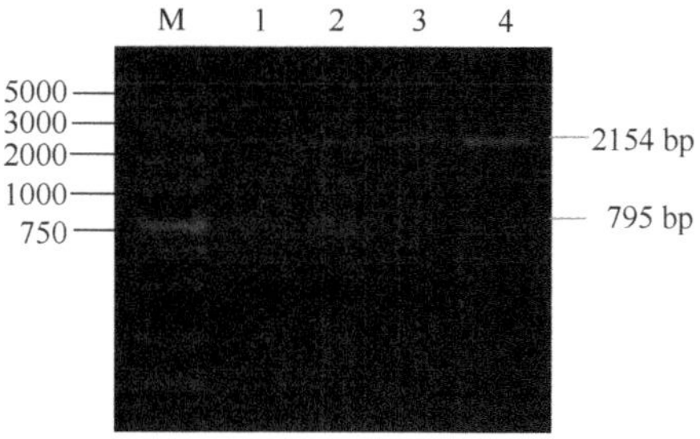

1、2 为卡那霉素；3、4 为 ORF。

图 8-28　农杆菌阳性鉴定

7）烟草遗传转化及分子检测

将野生型烟草 W38 叶盘预培养至边缘膨大（图 8-29A），随后在携带目的基因的农杆菌液中侵染 7min，叶面朝下暗处共培养 2～3d（图 8-29B）。暗培养结束后，将叶盘移栽至 MS 筛选分化培养基中（图 8-29C），待分化出抗性苗（图 8-29D、E），将其自愈伤组织切下，移栽至 MS 筛选生根培养基中（图 8-29F、G），将生根的阳性植株进行炼苗（图 8-29H），移入塑料花盆中。

如图 8-30 所示，以野生型烟草和转空载体烟草为对照，利用 qRT-PCR 技术对不同转基因烟草植株表达水平进行检测。结果表明，与其他转基因烟草植株

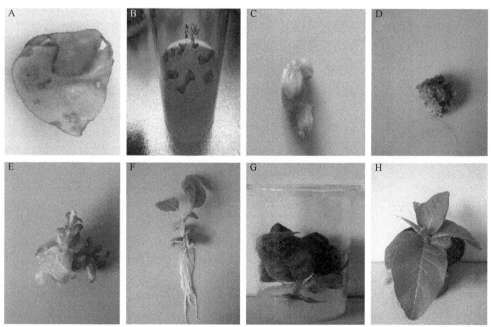

A. 叶盘预培养；B. 暗培养；C. 愈伤组织边缘膨大；D. 愈伤组织分化；
E. 生成不定芽；F. 生成根；G. 炼苗；H. 移栽。

图 8-29　烟草遗传转化

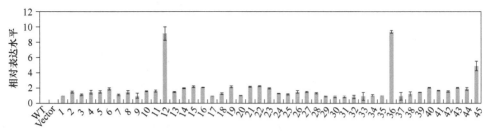

WT 为野生型烟草；Vector 为转空载体烟草；L1～L45 为转基因烟草植株。

图 8-30 采用 qRT-PCR 技术检测转基因烟草植株表达水平

相比，12 号（L12）和 36 号（L36）转基因烟草株系表达水平最高。因此，选取 L12、L36 进行后续耐盐生理生化分析。

8）转基因烟草植株耐盐性分析

植株表型特征分析：在正常条件下（0mmol·L^{-1} NaCl），野生型植株、转空载体植株与转基因植株均生长良好；但随着 NaCl 盐浓度增加，与野生型植株和转空载体植株相比，转基因植株表现出更强的耐盐性特征（图 8-31）。由图 8-32 可知，与正常生长条件相比，随着盐浓度的增加各植株的株高和干重显著下降；但在盐处理下转基因烟草植株的干重和株高显著高于野生型植株和转空载体植株。如在 200mmol·L^{-1} NaCl 处理下，与野生型植株和转空载体植株相比，转基因烟草植株 L12 的干重分别增加了 35% 和 42%，L36 的干重分别增加了 39% 和 46%；转基因烟草植株 L12 的株高分别增加了 39% 和 47%，L36 的株高分别增加了 38% 和 45%。表明盐处理下过量表达 *EeSKOR* 显著增加了转基因烟草植株的生物量和株高。

WT 为野生型植株；Vector 为转空载体植株；L12 和 L36 为转基因植株。

图 8-31 不同浓度 NaCl（0、50、100、150、200mmol·L^{-1}）处理 21d 对野生型、转空载体植株及转基因植株表型的影响

植株 H$_2$O$_2$、MDA 含量、叶绿素含量及 SOD 活性分析：由图 8-33 可知，在正常条件下，野生型、转空载体和转基因烟草植株的 H$_2$O$_2$、MDA 含量、叶绿素

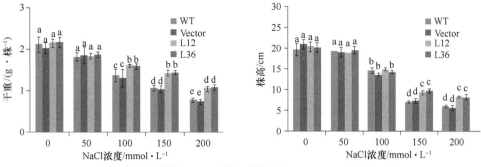

WT 为野生型植株；Vector 为转空载体植株；L12 和 L36 为转基因植株。

不同小写字母表示处理间差异显著（$P<0.05$）。

图 8-32 不同浓度 NaCl（0、50、100、150、200mmol·L^{-1}）处理 21d 对野生型、转空载体植株及转基因植株干重和株高的影响

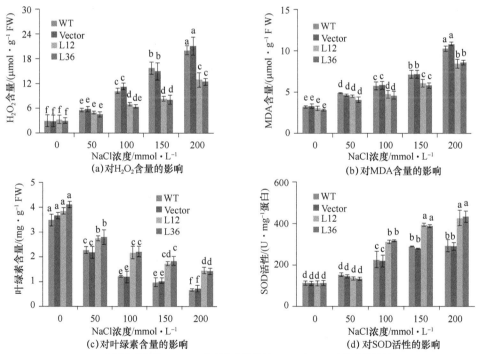

WT 为野生型植株；Vector 为转空载体植株；L12 和 L36 为转基因植株。

不同小写字母表示处理间差异显著（$P<0.05$）。

图 8-33 不同浓度 NaCl（0、50、100、150、200mmol·L^{-1}）处理 21d 对野生型植株、转空载体植株及转基因植株 H_2O_2 含量、MDA 含量、叶绿素含量和 SOD 活性的影响

含量及 SOD 活性均无显著差异。尽管与正常条件处理相比，随着外界盐浓度增加各植株 H_2O_2 含量、MDA 含量和 SOD 活性逐渐增加，但叶绿素含量呈大幅度

下降趋势。特别是在 200mmol·L⁻¹ NaCl 处理下，与野生型植株和转空载体植株相比，转基因烟草植株 L12 的 H_2O_2 含量分别降低了 36% 和 39%，L36 的 H_2O_2 含量分别降低了 38% 和 41%；转基因烟草植株 L12 的 MDA 含量分别降低了 18% 和 22%，L36 的 MDA 含量分别降低了 16% 和 20%；转基因烟草植株 L12 的 SOD 活性分别增加了 47% 和 49%，L36 的 SOD 活性分别增加了 48% 和 50%；转基因烟草植株 L12 的叶绿素含量分别增加了 118% 和 114%，L36 的叶绿素含量分别增加了 101% 和 97%。这充分表明盐处理下过量表达 *EeSKOR* 基因显著降低了转基因烟草植株的 H_2O_2 和 MDA 含量，显著提高了 SOD 活性和叶绿素含量。

植株 Na^+ 和 K^+ 浓度分析：为了研究过量表达 *EeSKOR* 基因对转基因烟草植株体内 Na^+、K^+ 积累的影响，分别测定了不同 NaCl 浓度处理下野生型植株、转空载体植株和转基因烟草植株地上部和根中 Na^+ 和 K^+ 的浓度。如图 8-34 所示，随着盐处理浓度的增加（50~200mmol·L⁻¹ NaCl），与野生型植株和转空载体植株相比，转基因烟草植株地上部和根中 Na^+ 浓度显著降低、K^+ 浓度均显著增加。如 200mmol·L⁻¹ NaCl 处理下，转基因烟草植株 L12 地上部 Na^+ 浓度分别比野生

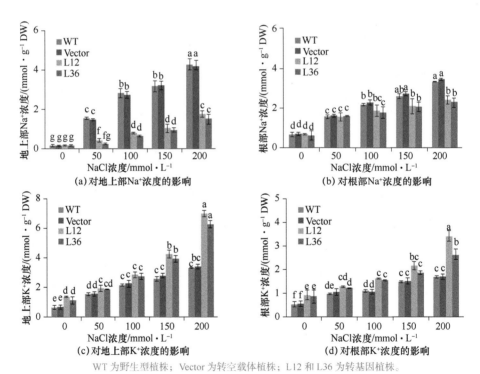

(a) 对地上部 Na^+ 浓度的影响　　(b) 对根部 Na^+ 浓度的影响

(c) 对地上部 K^+ 浓度的影响　　(d) 对根部 K^+ 浓度的影响

WT 为野生型植株；Vector 为转空载体植株；L12 和 L36 为转基因植株。
不同小写字母表示处理间差异显著（$P<0.05$）。

图 8-34　不同浓度 NaCl（0、50、100、150、200mmol·L⁻¹）处理 21d 对野生型植株、转空载体植株及转基因植株地上部和根部 Na^+ 与 K^+ 浓度的影响

型和转空载体植株降低了 59% 和 58%，L36 地上部 Na$^+$ 浓度分别降低了 65% 和 64%；L12 根部 Na$^+$ 浓度分别比野生型和转空载体植株降低了 28% 和 30%，L36 根部 Na$^+$ 浓度分别降低了 32% 和 34%。而 L12 和 L36 地上部与根部的 K$^+$ 浓度均显著高于野生型和转空载体植株。由此可见，盐处理下过量表达 *EeSKOR* 基因不仅显著降低了转基因植株的 Na$^+$ 浓度，而且增加了其体内 K$^+$ 浓度。

8.2.3　小结与讨论

本研究发现 EeSKOR 包括 5 个跨膜区，其中第四和第五跨膜区之间有一个高度保守的 P 环结构（含有 GYGD 基本序列），是 K$^+$ 通道蛋白的标志序列（图 8-20）。已有研究表明第四跨膜区含有正电荷的氨基酸（精氨酸和赖氨酸）可感应跨膜电压的变化，在控制 K$^+$ 通道开闭中起关键作用（Gierth *et al.*，2007）。EeSKOR 的 C 端含有 1 个环核苷酸结合域及锚蛋白区，而调节钾通道活性的部位往往位于 SKOR 蛋白 C 端胞内，说明该环核苷酸结合域能调节外整流 K$^+$ 通道蛋白活性。研究表明 Shaker 通道中有内整流 K$^+$ 通道和外整流 K$^+$ 通道 2 个不同的家族（Gambale *et al.*，2006）。本研究系统进化树分析表明，EeSKOR 与单子叶植物如小麦 TaSKOR 和水稻 OsSKOR 同源性较高，而与内整流 K$^+$ 通道 AKT1 同源性较低（图 8-21）。由此可见，*EeSKOR* 编码外整流 K$^+$ 通道蛋白 SKOR。

钾是植物体必需的营养元素之一，约占植株干物质 10%（Leigh *et al.*，1984），它在植物营养、生长、酶系统稳态及渗透调节中起重要作用（Clarkson *et al.*，1980；Ashley *et al.*，2006）。土壤盐渍化扰乱植物正常摄取钾营养，已成为影响全球农业生产的重要环境因素之一（Amtmann，2009；Craig Plett *et al.*，2010）。这是因为 K$^+$、Na$^+$ 具有相似的离子水合半径，盐胁迫下 Na$^+$ 竞争植物根部质膜 K$^+$ 结合位点，从而阻碍根系对 K$^+$ 的转运（Maathuis *et al.*，1999；Schachtman *et al.*，1999；Zhu *et al.*，2010；Zhang *et al.*，2010）。因此，K$^+$ 转运体系对于植物抵御盐胁迫具有重要的作用（Hu *et al.*，2016）。研究表明 Na$^+$ 卸载到木质部周围的薄壁细胞中会引起膜的去极化，激活外整流 K$^+$ 通道 SKOR 活性将 K$^+$ 装载至木质部，而后转运到地上部以增强植物的耐盐性（Wegner *et al.*，1994；Lacan *et al.*，1996；Wegner *et al.*，1997）。盐胁迫下拟南芥 *AtSKOR* 基因转录丰度显著上调（Maathuis，2006）。Garcia 等（2010）研究表明与对照相比，*AtSKOR* 基因在盐处理下表达上调，且拟南芥地上部 K$^+$ 浓度也增加，由此可见，*AtSKOR* 基因表达水平的增加导致更多的 K$^+$ 被装载进木质部转运到地上部。本研究发现 EeSKOR 主要定位在烟草叶表皮细胞质膜，少部分定位在细胞核，表明 EeSKOR 是一个膜转运蛋白（图 8-22）；而且随着外界盐浓度的增加，长穗偃麦草根、叶鞘及叶中 *EeSKOR* 表达水平呈增加趋势（图 8-23 和图 8-24）。本研究还发现在烟草中过量表达 *EeSKOR* 基因，与对照相比，盐胁迫下转基因烟草植株积累了更多的 K^+ 和更少的 Na^+ 浓度（图 8-34）。这可能是由于 HKT1 类蛋白将木质部汁液中的 Na^+ 卸载到其薄壁细胞中，一方面降低地上部 Na^+ 浓度，另一方面可能引起木质部薄壁细胞膜的去极化，以激活外整流 K^+ 通道 SKOR（Gaymard *et al.*，1998；Roberts *et al.*，1995；Horie *et al.*，2009；Shabala S *et al.*，2010；Guo *et al.*，2012），从而导致更多的 K^+ 装载进木质部中经长距离运输至地上部以保持地上部 K^+ 浓度的恒定。与此同时，我们还发现盐胁迫下，过量表达 *EeSKOR* 基因显著增强了转基因烟草植株 SOD 活性和叶绿素含量，同时显著降低了 H_2O_2 含量和 MDA 含量（图 8-32）。表明过量表达 *EeSKOR* 可提高植株的抗氧化活性，有效清除和减少活性氧的产生，以保护膜系统的完整性和光合器官行使正常的光合作用，以提高植株的耐盐性。另外，EeSKOR 除了定位于质膜外，我们还发现该蛋白质定位在细胞核，推测该基因可能通过其他的耐盐途径参与植物耐盐性的调控，此尚需进一步的研究佐证。

第9章 / Chapter 9

长穗偃麦草耐盐转录组特征分析

内容提要

本章以长穗偃麦草为试验材料，通过 Illumina HiSeq 2000 对盐处理（0mmol·L^{-1}、25mmol·L^{-1}、200mmol·L^{-1} NaCl）48h 后的长穗偃麦草幼苗根部 RNA 进行了转录组测序。结果表明，比较组 A（NaCl_25mmol·L^{-1}_48h/CK）上调和下调基因数分别为 1350 个和 1401 个、比较组 B（NaCl_200mmol·L^{-1}_48h/CK）上调和下调基因数分别为 14739 个和 22019 个、比较组 C（NaCl_200mmol·L^{-1}_48h/NaCl_25mmol·L^{-1}_48h）上调和下调基因数分别为 17097 个和 35416 个。通过差异表达基因 GO 富集分析，发现差异表达基因主要参与转录激活、DNA 结合、ATP 结合、离子跨膜转运、ABC 转运蛋白与细胞色素 P450 等相关生物学和代谢过程。利用 qRT-PCR 对随机选取的 10 个差异表达基因的表达量进行验证，发现其表达模式与 RNA-Seq 差异表达基因表达量结果一致，推测这些基因可能参与了长穗偃麦草盐胁迫响应过程。这将为探明长穗偃麦草耐盐分子机制、挖掘与耐盐性密切相关的功能基因奠定基础。

 9.1　材料与方法

9.1.1　试验材料培养及处理

挑选籽粒饱满的长穗偃麦草种子在铺有吸水纸的培养皿中暗培养 7d，发芽后移入水培盒，浇灌 Hoagland 营养液，营养液约 3d 更换一次。培养室昼夜温度为 25℃/18℃，光照时间为 16h·d^{-1}，光强约为 600μmol·m^{-2}·s^{-1}，空气相对湿度为 60%~80%。5 周龄的长穗偃麦草幼苗用 0mmol·L^{-1}、25mmol·L^{-1} 和 200mmol·L^{-1} NaCl 处理 48h，分别收获根部样品，经液氮速冻，置于−80℃超低温冰箱保存备用。

9.1.2 长穗偃麦草根总 RNA 的提取及 cDNA 的合成

将收获的根部样品用干冰盒包装好，送上海美吉生物医药科技有限公司提取 RNA 和测序。利用凯奥 K5500 分光光度计检测总 RNA 质量，并经安捷伦 2100 RNA Nano 6000 Assay Kit（Agilent Technologies，CA，USA）检测 RNA 样品的完整性和浓度。

9.1.3 cDNA 文库构建与上机测序

总 RNA 样本检测合格后，用带有 Oligo（dT）的磁珠富集 mRNA，向得到的 mRNA 中加入片段缓冲液使其成为短片段，再以片段 mRNA 为模板，用 6 碱基随机引物合成 cDNA 第一链，并加入缓冲液、dNTPs、RNaseH 和 DNA 聚合酶 I 继续合成 cDNA 第二链，经过 QIA quick PCR 试剂盒纯化并加 EB 缓冲液洗脱。洗脱纯化后的双链 cDNA 再进行末端修复、加碱基 A、加测序接头处理，然后经琼脂糖凝胶电泳回收目的片段并进行 PCR 扩增，从而完成整个文库制备工作。

9.1.4 数据质控与过滤

Illumina HiSeq 2000 高通量测序结果最初以原始图像数据文件存在，经 CASAVA 软件进行序列碱基识别后转化为原始测序序列（sequenced reads），称之为原始数据（raw data）或原始读数（raw reads），其结果以 FASTQ 文件格式存储。文件包含每条测序序列（read）的名称、碱基序列以及其对应的测序质量信息。在 FASTQ 文件中每个碱基对应一个碱基质量字符，每个碱基质量字符对应的 ASCII 码值减去 33（Sanger 质量值体系），即为该碱基的测序质量得分（phred quality score）。不同测序质量得分代表不同的碱基测序错误率，如测序质量得分值为 20 和 30 分别表示碱基测序错误率为 1% 和 0.1%。

测序得到的原始序列含有测序接头序列及低质量序列。为了保证信息分析数据的质量，对原始序列去除接头污染的读数（reads）（读数中接头污染的碱基数大于 5bp）；去除低质量序列的读数（质量值 Q≤19 的碱基占总碱基的 15% 以上）；去除含 N 比例大于 5% 的读数。最终得到质量较高的读数干净数据（clean reads）进行后续分析。

9.1.5　转录组组装与评估

由于高通量测序错误率会随着测序序列读长的增加而升高，需要对原始数据进行质量评估，分析不同长度片段测序的错误率。用 Illumina HiSeq 2000 测序造成的错误率小于 0.1% 的碱基所占比例（Q30）来衡量测序的质量（Erlich *et al.*，2008）。将测序得到的原始数据以 FASTQ 文件进行存储，并去除原始数据的接头序列，去除原始数据中的杂质数据，得到读数干净数据（clean reads），计算原始数据和过滤后的有效数据（valid data）的比率。利用短读数组装软件 Trinity 进行序列的组装（Grabherr *et al.*，2011），将组装好的重叠群（Contig）进行聚类，并通过蝶形合并 de Bruijn 图中有连续节点的线性路径，剔除读数支持少的路径。通过统计每个样品由原始数据得到的测序碱基数、读数干净数据占原始数据的比例、读数干净数据比对到重叠群的比例以及测序饱和度，来评估测序的质量（Wang C M *et al.*，2009）。

9.1.6　差异表达基因的筛选和功能注释

采用 RPKM 算法（每百万 reads 中来自某基因每千碱基长度的 reads 数，Reads Per Kilobase per million mapped reads）计算基因表达量（Mortazavi *et al.*，2008）。针对不同的样品分组情况，采用 DEseq2 软件进行处理组与参考组的比较（Anders *et al.*，2010），并选取 $\log_2(Ratio) \geq 1$ 和错误发现率（false discovery rate，FDR）≤ 0.001 为标准，筛选差异表达基因（differentially expressed gene，DEG）。差异表达基因序列首先在 NCBI 的 Nr 数据库比对，然后采用 Blast2GO 软件在 Gene ontology 数据库（http://www.geneontology.org/）中搜索基因的 GO 注释。

9.1.7　实时荧光定量 PCR 验证

盐（0mmol·L^{-1}、25mmol·L^{-1} 和 200mmol·L^{-1} NaCl）处理 24h 后，参照宝生物工程（大连）有限公司的 RNA 提取试剂盒说明书，提取长穗偃麦草地上部和根中的总 RNA，并按照该公司的 Prime Script RT reagent Kit with gDNA Eraser 试剂盒说明书进行 cDNA 第一链的合成。随机选取 10 个差异表达基因，利用 NCBI 在线设计网站（http://www.ncbi.nlm.nih.gov/tools/primer-blast/）设计引物（表 9-1）；采用 TaKaRa 的 SYBR® Premix Ex Taq II 试剂盒说明书的方法在

CFX96 Touch 仪器（Bio-Rad）上进行实时荧光定量 PCR（qRT-PCR）分析。反应体系：1μL cDNA，10μL SYBR® Premix Ex Taq II，0.4μL ROX Reference Dye，正、反向引物均为 1μL，加水补至 20μL。扩增程序为：95℃ 1min；95℃ 5s，60℃ 1min，40 个循环。采用 $2^{-\triangle\triangle CT}$ 方法计算长穗偃麦草各耐盐基因在盐胁迫下的相对表达量，设置 3 次重复（Guo et al.，2019）。

表 9-1　本试验所用的引物序列

引物	序列（5'—3'）	引物	序列（5'—3'）
HAK5-F	ATGCAAGGTTGCCGAAAAGG	CYP94B3-R	CATCTCCTTCCCGAGGCAAA
HAK5-R	TGTCCATCTGCTGGGAGAAAC	ABCG4-F	GCAGCGGTCATCTCCTTTCT
SOS1-F	TTTGTTGCACCTACTCGGCA	ABCG4-R	TGTCACCGGCCATTGTTGAA
SOS1-R	CAATCAGCAGGCCCAAGTTC	WRKY47-F	CCATCAGTCCTTCCGCCTAC
HKT1;4-F	TCATAACACGTCCACACACCA	WRKY47-R	GGGTGATGGTGGGGAACTG
HKT1;4-R	CGTATGAACTGGAGGGCGAG	CCCH37-F	GAGTACCTCTCCTCTTCCGC
NHX2-F	TCACCAGCACCATCACTGTC	CCCH37-R	GCCGCACCTTGAACTCGTA
NHX2-R	GTGACGCGGGATCCGAAG	NAC2-F	CGACGGGCAAGAGGGATAAG
SKOR-F	GCAAAGATGGTGAAGAAGAGGC	NAC2-R	GAGCACGCTCATGCAGTAGT
SKOR-R	CACGAACAGTGTAGGGCTGT	ACT-F	CTTGACTATGAACAAGAGCTGGAAA
CYP94B3-F	AACTCGTACGCAATGGGGAG	ACT-R	TGAAAGATGGCTGGAAAAGGA

9.2　研究结果

9.2.1　长穗偃麦草转录组测序 RNA 质量检测分析

由表 9-2 和图 9-1 所示，通过凯奥 K5500 超微量分光光度计纯度检测发现，9 个根组织样品的 $OD_{280/260}$ 比值为 2.1～2.2，$OD_{260/230}$ 为 1.7～2.2，浓度为 675～1160ng·μL^{-1}。通过 Agilent 2100 Bioanalyzer 对 9 个根组织样品 RNA 质量完整性检测发现，28S/18S 比值为 1.5～2.0，RIN 为 7.5～9.9。结果表明 9 个样品 RNA 总量和完整性良好，均符合转录组文库构建要求。

表 9-2　长穗偃麦草 9 个根组织样品的 RNA 检测

序号	样品名称	浓度 / (ng · μL⁻¹)	体积 / μL	总量 / μg	OD_{260}/OD_{280}	OD_{260}/OD_{230}	28S/18S	RIN	检测结果
1	0-1	1160	43	49.9	2.1	2.2	1.9	9.7	合格
2	0-2	820	42	34.4	2.2	2.2	1.9	9.6	合格
3	0-3	900	43	38.7	2.2	1.7	1.5	7.5	合格
4	25-1	1135	41	46.5	2.1	2.2	1.8	9.5	合格
5	25-2	745	42	31.3	2.1	2.2	1.8	9.9	合格
6	25-3	830	44	36.5	2.1	2.2	1.8	9.6	合格
7	200-1	1130	41	46.3	2.1	2.2	1.9	9.4	合格
8	200-2	675	44	29.7	2.1	1.9	1.9	9.6	合格
9	200-3	970	41	39.8	2.2	2.2	2.0	9.7	合格

注：对照表示 0mmol · L⁻¹ NaCl；低盐表示 25mmol · L⁻¹ NaCl；高盐表示 200mmol · L⁻¹ NaCl；RIN 表示 RNA 完整性指数。

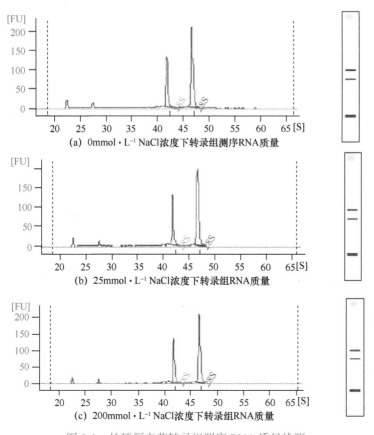

(a)　0mmol · L⁻¹ NaCl浓度下转录组测序RNA质量

(b)　25mmol · L⁻¹ NaCl浓度下转录组RNA质量

(c)　200mmol · L⁻¹ NaCl浓度下转录组RNA质量

图 9-1　长穗偃麦草转录组测序 RNA 质量检测

9.2.2 长穗偃麦草转录组测序数据输出

对长穗偃麦草 9 个根组织样品原始测序序列进行过滤分析，共获得 31.41Gb 干净数据。如表 9-3 所示，各处理中读数干净数据（clean reads number）平均值依次为 45772949 条（对照处理组）、47535375 条（低盐处理组）、46364157 条（高盐处理组）；低盐和高盐处理得到的干净碱基数（clean bases number）平均值均大于对照组，与此同时，质量参数 Q30 碱基数百分比均大于 92%。

表 9-3 数据过滤与统计

样品名称	读数干净数据	干净碱基数	Ns 读数比率 /%	干净 Q30 碱基率 /%
0-1	45638430	6845764500	0.04	92.95
0-2	45839276	6875891400	0.04	93.41
0-3	45841142	6876171300	0.02	94.66
25-1	47914864	7187229600	0.05	93.49
25-2	46776398	7016459700	0.03	93.07
25-3	47914864	7187229600	0.05	93.43
200-1	47483370	7122505500	0.05	93.58
200-2	45343834	6801575100	0.02	94.59
200-3	46265266	6939789900	0.05	93.66

注：读数干净数据为过滤后剩余的读数；干净碱基数为过滤后剩余的碱基数；Ns 读数比率（Ns reads rate）为由于含 N 过高被去掉的序列占原始下机序列的比例；干净 Q30 碱基率（clean Q30 base rate）为过滤后，总序列中质量值大于 30（错误率小于 0.1%）的碱基数比例，该值越大说明测序质量越好。

根据碱基互补配对原则，图 9-2 显示 A 碱基与 T 碱基、C 碱基与 G 碱基曲线基本重合，说明干净数据中碱基分布均衡，表明测序的质量较高，可用于后续转录组的组装。

9.2.3 转录组测序数据组装与注释

基于过滤后的干净数据，经 Trinity 软件构建 de novo 转录组，组装出 727000 条转录本（transcript），总长度为 343395308bp，GC 含量为 47.25%，平均长度为 472bp；组装出 499570 条单基因簇（unigene），总长度为 227153866bp，GC 含量为 46.6%，平均长度为 455bp（表 9-4）。

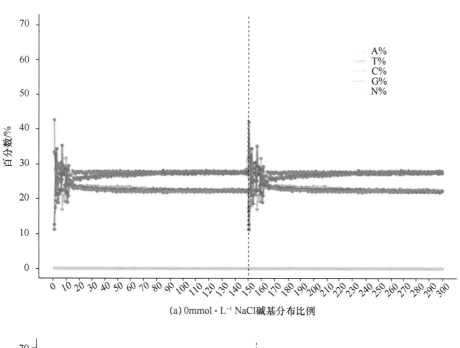

(a) 0mmol·L⁻¹ NaCl碱基分布比例

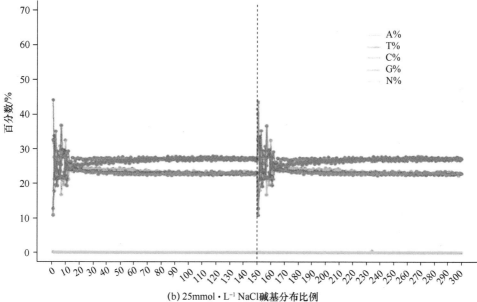

(b) 25mmol·L⁻¹ NaCl碱基分布比例

图 9-2　碱基分布比例

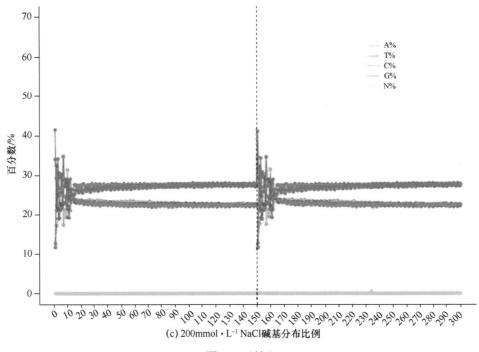

(c) 200mmol·L⁻¹ NaCl碱基分布比例

图 9-2 （续）

表 9-4　组装结果统计

转录组项目	数目/条	GC 含量/%	总碱基数/bp	平均碱基数/bp
转录本	727000	47.25	343395308	472
单基因簇	499570	46.60	227153866	455

注：数目为组装出来的潜在转录本、潜在基因的条数；GC 含量为转录本、潜在基因的 GC 百分数；总碱基数为潜在转录本、潜在基因的碱基数。

在长度 200～1400bp 组装的转录本为 707758 条，占总数的 97.35%，而在 1400bp 以上的转录本仅占总数的 2.65%；在同样序列长度区间内组装的单基因簇为 487356 条，占总数的 97.56%，而在 1400bp 以上的单基因簇仅占总数的 2.44%（表 9-5）。可见随着序列的不断拼接和组装，转录本和单基因簇比例大大降低。此外，统计组装出来的转录本和单基因簇的长度分布，转录本与单基因簇的 N50 分别为 524bp、490bp；转录本和单基因簇的 N90 分别为 257bp、252bp（图 9-3）。进一步统计组装出来的转录本和单基因簇每条序列的 GC 含量和长度发现，随着序列长度的增加，GC 含量的波动逐渐减小（图 9-4）。

表 9-5　不同长度序列区间转录本和单基因簇条数的统计

长度分布	转录本	单基因簇	长度分布	转录本	单基因簇
200～<400	423359	307255	2200～<2400	1158	740
400～<600	153193	100614	2400～<2600	778	485
600～<800	67282	41103	2600～<2800	535	354
800～<1000	34294	20444	2800～<3000	343	239
1000～<1200	18759	11375	3000～<3200	282	183
1200～<1400	10871	6585	3200～<3400	212	144
1400～<1600	6671	4110	3400～<3600	130	82
1600～<1800	4146	2614	3600～<3800	112	76
1800～<2000	2736	1738	3800～<4000	82	64
2000～<2200	1753	1145	≥4000	304	220

注：200～<400 表示长度大于等于 200、小于 400 的潜在转录本的个数，以下相同；≥4000 表示长度大于等于 4000 的潜在转录本的个数。

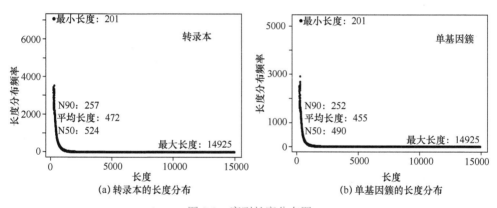

(a) 转录本的长度分布　　　　　　　　　(b) 单基因簇的长度分布

图 9-3　序列长度分布图

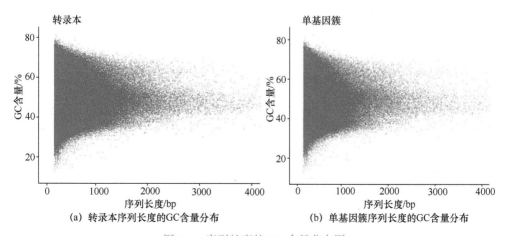

(a) 转录本序列长度的 GC 含量分布　　　　(b) 单基因簇序列长度的 GC 含量分布

图 9-4　序列长度的 GC 含量分布图

利用 Bowtie 2 对组装的序列（过滤后的读数干净数据）与组装后的转录本序列进行比对，发现能比对上转录本序列的干净读数有 327201134 条，占总干净数据的 78.74%，未能比对上转录本序列的干净读数有 88334766 条，占总干净数据的 21.26%。

将长穗偃麦草转录组注释组装的单基因簇与 NR、NT、BLASTP 和 BLASTX 数据库进行相似性比对（E-value<10^{-5}），比对结果显示，共有 454756 条单基因簇成功获得了蛋白功能注释，占总单基因簇的 92.53%。其中，注释到 NCBI NR 数据库的单基因簇有 190655 条（38.79%），通过 BLASTP 注释到 UniProt 数据库的单基因簇有 81988 条（16.68%），注释到 NCBI NT 数据库的单基因簇有 99766 条（20.3%），通过 BLASTX 注释到 Uni Prot 数据库的单基因簇有 82347 条（16.75%）。另外，仍有 36730 条单基因簇未被注释到数据库中，占总单基因簇的 7.47%（图 9-5）。

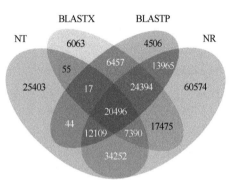

NT、NR、BLASTX 和 BLASTP 分别代表数据库以及注释到数据库的基因个数。

图 9-5　注释结果统计韦恩图

9.2.4　基因表达量评估

根据所有样本的基因表达量，得到样本的表达量密度图。一般而言，差异表达基因的数量只占整体基因的小部分，因此所有样本应该具有类似的表达量分布情况［图 9-6（a）］；进一步，根据每个样本的表达量对各样本间的基因表达丰度进行箱式 RPKM 分析，如图 9-6（b）所示，200mmol·L^{-1} NaCl 处理样本组表达丰度高于对照样本组和 25mmol·L^{-1} NaCl 处理样本组。

9.2.5　差异表达基因筛选

基于 3 个样本的相关系数进行样本的聚类分析。聚类结果显示，对照处理组（0mmol·L^{-1} NaCl）的样品与低盐处理组（25mmol·L^{-1} NaCl）的样本聚在一起，然后与高盐处理组（200mmol·L^{-1} NaCl）样本聚在一起。这表明对照处理组样本与低盐处理组样本基因表达模式差异较小，而与高盐处理组样本基因表达模式差异较大（图 9-7）。

采用 DEseq2 软件，以 log$_2$(Ratio)≥2 和 FDR≤0.05 为标准，对 3 个比较组 A

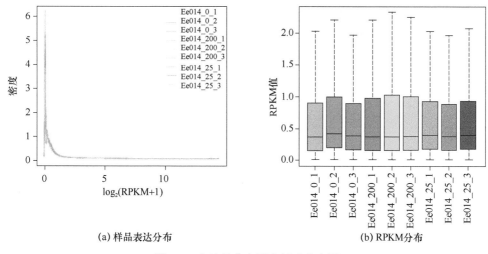

(a) 样品表达分布　　　　　(b) RPKM分布

图 9-6　表达量分布图和箱式分布图

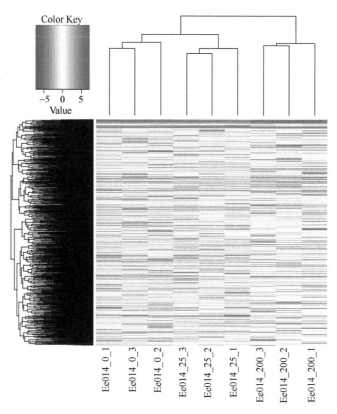

图 9-7　差异基因聚类图

组 NaCl_25mmol·L^{-1}_48h/CK、B 组 NaCl_200mmol·L^{-1}_48h/CK 和 C 组 NaCl_ 200mmol·L^{-1}_48h/NaCl_25mmol·L^{-1}_48h 进行差异表达基因筛选，共鉴定到 92022 个差异表达基因。其中，比较组 A 的差异表达基因数为 2751 个，上调和 下调基因数分别为 1350 个和 1401 个；比较组 B 的差异表达基因数为 36758 个， 上调和下调基因数分别为 14739 个和 22019 个；比较组 C 的差异表达基因数为 52513 个，上调和下调基因数分别为 17097 个和 35416 个。3 个比较组 A、B 和 C 特有的差异表达基因数分别为 258、5496 和 21151 个，共有的差异表达基因数 为 567 个（图 9-8）。

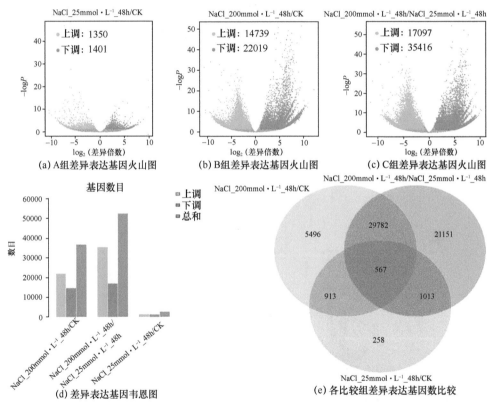

a～c 表示差异表达基因火山图，横坐标表示基因在不同样本处理间表达差异的倍数；纵坐标表示基因表达变 化差异的显著性，不同颜色点表示显著上调或下调的差异表达基因以及非差异表达基因；d 表示差异表达基因 韦恩图；e 表示各比较组中显著上调和下调基因数。

图 9-8 各比较组差异表达基因数统计

9.2.6 差异表达基因 GO 富集分析

GO 可用来描述生物体中基因和基因产物的属性。如图 9-9 所示，（a）NaCl_

25mmol・L^{-1}_48h/CK、（b）NaCl_200mmol・L^{-1}_48h/CK 和（c）NaCl_
200mmol・L^{-1}_48h/NaCl_25mmol・L^{-1}_48h GO 富集统计发现分别有 1006、
17289 和 24761 个差异表达基因。这些差异表达基因主要与生物过程条目中的
细胞过程、代谢过程等有关，也与细胞组成条目中的细胞组分、细胞器、细胞
器组分有关，及与分子功能条目中的结合、催化活性、结构分子等有关。

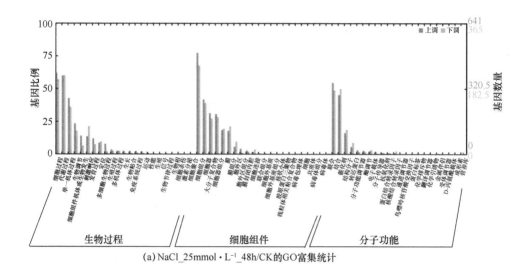

(a) NaCl_25mmol・L^{-1}_48h/CK 的 GO 富集统计

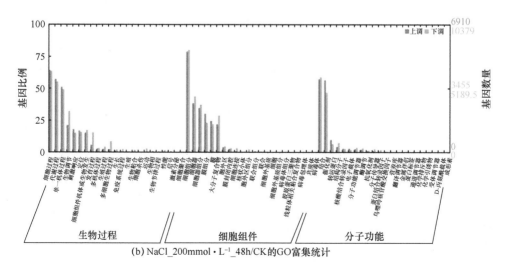

(b) NaCl_200mmol・L^{-1}_48h/CK 的 GO 富集统计

横坐标为 GO 的三个大类及其具体的子类，左侧纵坐标为差异基因在该子类中所占的比例，右侧纵坐标为该子类
富集到的基因数。不同的颜色代表不同的组别。

图 9-9　差异表达基因的 GO 统计柱状图

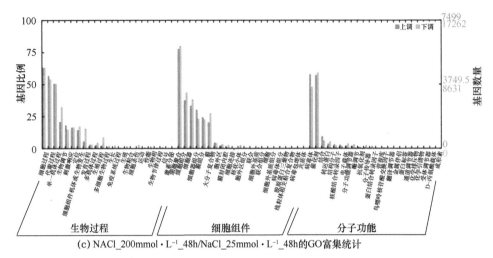

(c) NACl_200mmol·L⁻¹_48h/NaCl_25mmol·L⁻¹_48h的GO富集统计

图9-9 （续）

以 $q<0.05$ 为阈值，对比较组A、B、C中差异表达基因显著富集的主要GO条目进行统计分析。结果表明，比较组A在生物过程中，包括烟草胺代谢过程、烟草胺生物合成过程、三羧酸生物合成过程、有丝分裂纺锤体伸长与纺锤体延伸上调基因均为8个，下调基因均为0个，翻译延伸（上调基因15个，下调基因7个），细胞生物胺生物合成过程、胺生物合成过程、负调控细胞黏附上调基因均为13个、下调基因均为0个，胶原蛋白结合调节、负调节胶原蛋白结合的上调基因均为4个、下调基因均为0个，三羧酸代谢过程上调和下调基因分别为9个和0个，负调控多细胞生物过程的上调和下调基因分别为15个和3个。比较组A在细胞组成中，包括核糖体亚基（上调和下调基因分别为34个和36个），胞质核糖体（上调和下调基因分别为23个和33个），小核糖体亚基（上调和下调基因分别为18个和17个），细胞溶质大核糖体亚基（上调和下调基因分别为10个和17个），真核翻译伸长因子1复合物（上调和下调基因分别为6个和0个），脂质颗粒（上调和下调基因分别为13个和1个），呼吸链（上调和下调基因分别为11个和7个），细胞外间隙（上调和下调基因分别为23个和3个）。比较组A在分子功能中包括核糖体的结构组成（上调和下调基因分别为95个和66个），烟草胺合成酶活性（上调和下调基因分别为8个和0个），rRNA结合（上调和下调基因分别为19个和11个），果聚糖β-(2,6)转化酶活性（上调和下调基因分别为0个和5个），翻译延伸因子活性（上调和下调基因分别为14个和3个），氧化还原酶活性（上调和下调基因分别为10个和7个），翻译因子活性、核酸结合（上调和下调基因分别为27个和3个），溶血磷脂酶活性（上调和下调基因分别为5个和2个）（表9-6）。

表 9-6　比较组 A 主要差异表达基因 GO 富集分类统计

序号	上调基因数	下调基因数	功能描述
BP1	8	0	烟草胺代谢过程
BP2	8	0	烟草胺生物合成过程
BP3	8	0	三羧酸生物合成过程
BP4	15	7	翻译延伸
BP5	13	0	细胞生物胺生物合成过程
BP6	13	0	胺生物合成过程
BP7	13	0	负调控细胞黏附
BP8	4	0	胶原蛋白结合调节
BP9	4	0	负调节胶原蛋白结合
BP10	9	0	三羧酸代谢过程
BP11	8	0	有丝分裂纺锤体伸长
BP12	8	0	纺锤体延伸
BP13	0	3	宿主防御相关的程序性细胞死亡的共生体调控
BP14	0	5	硝酸盐反应
BP15	3	1	胞壁酰二肽反应
BP16	15	3	负调控多细胞生物过程
CC1	34	36	核糖体亚基
CC2	23	33	胞质核糖体
CC3	28	34	细胞溶质部分
CC4	18	17	小核糖体亚基
CC5	16	19	大核糖体亚基
CC6	10	17	细胞溶质大核糖体亚基
CC7	11	10	细胞溶质小核糖体亚基
CC8	6	0	真核翻译伸长因子 1 复合物
CC9	13	1	脂质颗粒
CC10	11	7	呼吸链
CC11	23	3	细胞外间隙
MF1	95	66	核糖体结构组成
MF2	8	0	烟草胺合成酶活性
MF3	19	11	rRNA 结合
MF4	0	5	果聚糖 β-(2,6) 转化酶活性

续表

序号	上调基因数	下调基因数	功能描述
MF5	14	3	翻译延伸因子活性
MF6	10	7	氧化还原酶活性
MF7	27	3	翻译因子活性、核酸结合
MF8	5	2	溶血磷脂酶活性

注：BP 代表生物过程；CC 代表细胞组成；MF 代表分子功能。

如表 9-7 和表 9-8 所示，比较组 B 和 C 在生物过程中，包括有机酸生物合成过程上调基因分别为 379 个和 390 个、下调基因分别为 251 个和 439 个；羧酸生物合成过程上调基因分别为 378 个和 389 个、下调基因分别为 251 个和 439 个；α 氨基酸代谢过程上调基因分别为 312 个和 332 个、下调基因分别为 191 个和 359 个；核糖核蛋白复杂生物起源上调基因分别为 300 个和 297 个、下调基因分别为 299 个和 486 个；非编码 RNA 代谢过程上调基因分别为 280 个和 275 个、下调基因分别为 297 个和 518 个；核糖体生物合成上调基因分别为 271 个和 268 个、下调基因分别为 233 个和 391 个；细胞氨基酸生物合成过程上调基因分别为 241 个和 247 个、下调基因分别为 96 个和 176 个；跨膜转运上调基因分别为 202 个和 221 个、下调基因分别为 221 个和 357 个；碳水化合物分解过程上调基因分别为 191 个和 232 个、下调基因分别为 203 个和 330 个等。比较组 B 和比较组 C 在细胞组成中，包括细胞器内膜上调基因分别为 249 个和 286 个、下调基因分别为 363 个和 620 个；线粒体内膜上调基因分别为 183 个和 272 个、下调基因分别为 209 个和 591 个；线粒体基质上调基因分别为 167 个和 195 个、下调基因分别为 303 个和 407 个；核糖体亚基上调基因分别为 147 个和 143 个、下调基因分别为 225 个和 294 个；贮藏液泡上调基因分别为 128 个和 133 个、下调基因分别为 8 个和 23 个；细胞器膜组成部分上调基因分别为 96 个和 112 个、下调基因分别为 175 个和 153 个；细胞器膜固有成分上调基因分别为 105 个和 129 个、下调基因分别为 107 个和 164 个等；比较组 B 和比较组 C 在分子功能中，抗氧化活性上调基因均为 95 个、下调基因均为 195 个；谷胱甘肽转移酶活性上调基因均为 77 个、下调基因均为 42 个；血红素结合上调基因均为 254 个、下调基因均为 280 个；阳离子转运 ATP 酶活性上调基因均为 67 个、下调基因均为 171 个；钾离子跨膜转运活性上调基因均为 25 个、下调基因均为 75 个；激酶调节活性上调基因均为 30 个、下调基因均为 82 个；序列特异性 DNA 结合 RNA 聚合酶Ⅱ转录因子活性上调基因均为 85 个、下调基因均为 92 个；氢离子跨膜转运体活性上调基因均为 90 个、下调基因均为 191 个；氨基酸跨膜转运活性上调基因均为 69 个、下调基因均为 36 个。

表 9-7　比较组 B 主要差异表达基因 GO 富集分类统计

序号	上调基因数	下调基因数	功能描述
BP1	379	251	有机酸生物合成过程
BP2	378	251	羧酸生物合成过程
BP3	312	191	α 氨基酸代谢过程
BP4	300	299	核糖核蛋白复杂生物起源
BP5	280	297	非编码 RNA 代谢过程
BP6	271	233	核糖体生物合成
BP7	241	96	细胞氨基酸生物合成过程
BP8	211	302	细胞器裂变
BP9	209	303	细胞周期调控
BP10	209	298	核苷单磷酸代谢过程
BP11	208	188	非编码 RNA 加工
BP12	208	295	核分裂
BP13	206	296	核苷单磷酸代谢过程
BP14	204	66	α 氨基酸生物合成过程
BP15	202	221	跨膜转运
BP16	193	393	胞大分子复合组装
BP17	191	203	碳水化合物分解过程
BP18	187	236	核苷酸生物合成的过程
BP19	187	239	核苷磷酸盐生物合成过程
BP20	183	286	嘌呤核苷单磷酸盐代谢过程
BP21	181	142	rRNA 代谢过程
BP22	180	142	rRNA 加工
BP23	179	389	有丝分裂细胞周期过程
BP24	177	361	RNA 聚合酶 II 启动子转录的调控
BP25	176	134	硫化合物代谢过程
BP26	166	185	小分子分解代谢过程
BP27	165	96	线粒体组织
BP28	162	199	氮复合运输
CC1	249	363	细胞器内膜
CC2	183	209	线粒体内膜

续表

序号	上调基因数	下调基因数	功能描述
CC3	167	303	线粒体基质
CC4	150	120	染色体部分
CC5	148	252	细胞皮层
CC6	147	225	核糖体亚基
CC7	140	291	胞质腔
CC8	129	10	溶解液泡
CC9	128	8	贮藏液泡
CC10	120	52	真菌类型液泡
CC11	114	34	细胞皮层部分
CC12	113	104	细胞分裂位点
CC13	105	107	细胞器膜固有成分
CC14	105	198	核染色体部分
CC15	99	98	核被膜
CC16	96	175	细胞器膜组成部分
CC17	93	124	核染色质
CC18	91	185	大型核糖体亚基
CC19	90	4	胞质核糖体
CC20	88	2	真菌类型液泡膜
CC21	88	4	细胞顶端
CC22	80	125	细胞极
CC23	78	161	线粒体膜部分
CC24	74	23	蛋白 DNA 复合
CC25	73	67	前核糖体
CC26	71	31	核染色质
CC27	70	8	皮层细胞骨架
CC28	70	8	肌动蛋白皮层补丁
CC29	70	25	内吞作用补丁
CC30	249	363	皮层肌动蛋白细胞骨架
MF1	210	685	核糖体的结构组成
MF2	85	92	序列特异性 DNA 结合 RNA 聚合酶 II 转录因子活性
MF3	68	176	翻译起始因子活性

续表

序号	上调基因数	下调基因数	功能描述
MF4	95	195	抗氧化活性
MF5	77	42	谷胱甘肽转移酶活性
MF6	254	280	血红素结合
MF7	103	277	翻译因子活性，核苷酸结合
MF8	53	34	RNA 聚合酶 II 调控区 DNA 结合
MF9	79	152	过氧化物酶活性
MF10	17	22	血磷脂酶活性
MF11	53	29	RNA 聚合酶 II 调控区域序列特异性 DNA 结合
MF12	90	191	氢离子跨膜转运体活性
MF13	68	155	转录调节区域 DNA 结合
MF14	61	51	转录调控区域序列特异性 DNA 结合
MF15	171	344	特异性 DNA 结合蛋白
MF16	29	61	酶活性，耦合于离子的跨膜运动、旋转机制
MF17	67	171	阳离子转运 ATP 酶活性
MF18	122	286	单价无机阳离子跨膜转运活性
MF19	74	110	氧化还原酶活性，作用于醛或氧基团的供体
MF20	19	54	质子转运 ATP 合酶活性、旋转机制
MF21	48	323	蛋白质结合转录因子活性
MF22	139	492	脂质结合
MF23	17	1	核心 RNA 聚合酶 II 结合转录因子活性
MF24	15	1	脂酰辅酶 A 活性
MF25	53	31	磷酸盐跨膜转运活性
MF26	11	28	过氧化物氧化还原酶活性
MF27	2	44	钾转运 ATP 酶活性
MF28	23	42	质子转运 ATP 酶活性
MF29	8	0	亚硫酸盐还原酶（NADPH）活性
MF30	22	27	热激因子结合蛋白
MF31	12	16	过氧化氢酶活性
MF32	189	396	无机阳离子跨膜转运活性
MF33	23	14	RNA 聚合酶 II 转录调控区域序列特异性 DNA 结合转录因子活性参与转录的正向调控

续表

序号	上调基因数	下调基因数	功能描述
MF34	5	45	脂酰辅酶 A 结合
MF35	15	3	多胺跨膜转运体活性
MF36	30	82	激酶调节活性
MF37	21	81	核糖核蛋白复合结合
MF38	2	23	依赖性蛋白激酶调节活性
MF39	69	36	氨基酸跨膜转运活性
MF40	219	294	电子载体活性
MF41	25	75	钾离子跨膜转运活性

注：BP 代表生物过程；CC 代表细胞组成；MF 代表分子功能。

表 9-8　比较组 C 主要差异表达基因 GO 富集分类统计

序号	上调基因数	下调基因数	功能描述
BP1	390	439	有机酸生物合成过程
BP2	389	439	羧酸生物合成过程
BP3	332	359	α 氨基酸代谢过程
BP4	297	486	核糖核蛋白复杂生物起源
BP5	275	518	非编码 RNA 代谢过程
BP6	268	391	核糖体生物合成
BP7	247	176	细胞氨基酸生物合成过程
BP8	232	330	碳水化合物分解过程
BP9	229	364	有机羟基化合物代谢过程
BP10	224	474	核苷单磷酸代谢过程
BP11	223	516	细胞器裂变
BP12	221	469	核苷单磷酸代谢过程
BP13	221	456	细胞周期调控
BP14	221	357	跨膜转运
BP15	220	497	核分裂
BP16	206	611	细胞大分子复合组装
CC1	286	620	细胞器内膜
CC2	272	591	线粒体内膜
CC3	213	554	转移酶复合
CC4	195	407	线粒体基质

续表

序号	上调基因数	下调基因数	功能描述
CC5	168	478	染色体部分
CC6	162	203	细胞皮层
CC7	143	294	核糖体亚基
CC8	139	228	微体
CC9	139	228	过氧物酶体
CC10	139	660	核质部分
CC11	133	23	贮藏液泡
CC12	129	164	细胞器膜固有组分
CC13	128	93	细胞皮层部分
CC14	116	59	细胞分裂位点
CC15	112	153	细胞器膜组成部分
CC16	111	333	核膜
CC17	13	31	液泡质子转运 V 型 ATP 酶复合体
CC18	7	26	细胞核内膜
MF1	210	685	核糖体的结构成分
MF2	85	92	序列特异性 DNA 结合 RNA 聚合酶 II 转录因子活性
MF3	68	176	翻译起始因子活性
MF4	95	195	抗氧化活性
MF5	77	42	谷胱甘肽转移酶活性
MF6	254	280	血红素结合
MF7	103	277	翻译因子活性，核酸结合
MF8	53	34	RNA 聚合酶 II 调控区域 DNA 结合
MF9	79	152	过氧化物酶活动
MF10	17	22	溶血磷脂酶的活动
MF11	53	29	RNA 聚合酶 II 调控区域序列特异性 DNA 结合
MF12	90	191	氢离子跨膜转运体活性
MF13	68	155	转录调控区 DNA 结合
MF14	61	51	转录调控区域序列特异性 DNA 结合
MF15	171	344	序列特异性 DNA 结合蛋白
MF16	29	61	ATP 酶活性与离子跨膜转运、旋转机理相结合
MF17	67	171	阳离子转运 ATP 酶活性
MF18	122	286	单价无机阳离子跨膜转运活性

序号	上调基因数	下调基因数	功能描述
MF19	74	110	氧化还原酶活性
MF20	19	54	质子转运 ATP 合酶活性
MF21	48	323	蛋白结合转录因子活性
MF22	139	492	脂质结合
MF23	17	1	核心 RNA 聚合酶 II 结合转录因子活性
MF24	15	1	脂酰辅酶 A 合酶活性
MF25	53	31	磷酸盐跨膜转运活性
MF26	11	28	过氧化物还原酶活性
MF27	2	44	钾转运 ATP 酶活性
MF28	23	42	质子转运 ATP 酶活性
MF29	8	0	亚硫酸盐还原酶（NADPH）活性
MF30	22	27	热激因子结合蛋白
MF31	12	16	过氧化氢酶活性
MF32	189	396	无机阳离子跨膜转运活性
MF33	23	14	RNA 聚合酶 II 转录调控区域序列特异性 DNA 结合转录因子活性参与转录的正向调控
MF34	5	45	脂肪酰辅酶 A 结合
MF35	15	3	多胺跨膜转运体活性
MF36	30	82	激酶调节活性
MF37	21	81	核糖核蛋白复杂结合
MF38	2	23	cAMP 依赖性蛋白激酶调节活性
MF39	69	36	氨基酸跨膜转运活性
MF40	219	294	电子载体活动
MF41	25	75	钾离子跨膜转运活性

注：BP 代表生物过程；CC 代表细胞组成；MF 代表分子功能。

9.2.7　耐盐相关基因的筛选与鉴定

通过差异表达基因 GO 富集，结合相关文献，对长穗偃麦草盐胁迫响应相关的关键耐盐基因进行筛选和分析。结果表明，与对照相比，随着盐浓度的增加，长穗偃麦草耐盐基因表达均显著上调。这些耐盐基因主要包括高亲和 K^+ 转运蛋白基因 *EeHAK5*；Na^+ 转运蛋白基因 *EeSOS1*、*EeNHX2*、*EeHKT7*（*EeHKT1;4*）；外整流 K^+ 通道蛋白基因 *EeSKOR*；细胞色素 P450 家族成员 *EeCYP94B3*；ABC 转运蛋白 G 家族成员 *EeABCG4*；转录因子 EeCCCH37、EeWKRY47、EeNAC2（表 9-9）。

表 9-9 差异表达基因表达量统计及功能注释

基因编号	A 组差异基因表达量	B 组差异基因表达量	C 组差异基因表达量	比对物种	基因功能描述
C619017_g1	0.90	2.71	4.67	节节麦	细胞色素 P450 94B3（CYP94B3）
c501081_g2	2.10	3.52	4.82	二穗短柄草	WRKY 结构域蛋白（WRKY47）
c416658_g1	1.30	3.41	6.64	节节麦	锌指结构域蛋白（CCCH37）
c495317_g1	0.53	3.14	5.61	一粒小麦	质膜 Na^+/H^+ 逆向转运蛋白（SOS1）
c486011_g1	0.66	1.81	5.59	二穗短柄草	ABC 转运蛋白 G 亚家族成员（ABCG4）
c512588_g3	0.64	2.36	5.00	玉米	高亲和 K^+ 转运蛋白（HAK5）
c484149_g1	1.09	2.57	5.52	小麦	外整流 K^+ 通道蛋白（SKOR）
c505986	1.15	3.36	6.05	一粒小麦	Na^+ 转运蛋白 HKT7-A2
c129775_g1	1.25	2.96	3.06	二穗短柄草	NAC 结构域 Ⅱ 型蛋白（NAC2）
c501076_g1	0.42	1.35	3.83	长穗偃麦草	液泡膜 Na^+/H^+ 逆向转运蛋白（NHX2）

用 25mmol·L^{-1} NaCl 和 200mmol·L^{-1} NaCl 处理植株 24h，提取其根部和地上部的 RNA，并反转录合成 cDNA，用 qRT-PCR 方法检测上述筛选出的耐盐相关的差异表达基因的相对表达水平。如图 9-10 所示，发现这 10 个基因在盐胁迫处理下的表达水平量变化趋势与 RNA-seq 测序结果基本一致。此外，盐处理下，根中的 *EeHAK5*、*EeSKOR*、*EeSOS1*、*EeHKT7*、*EeCYP94B3*、*EeCCCH37*、

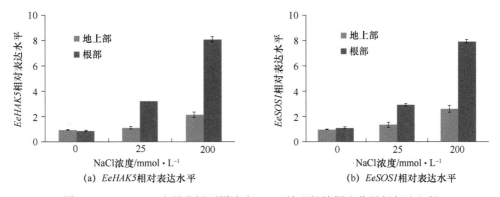

(a) *EeHAK5* 相对表达水平　　(b) *EeSOS1* 相对表达水平

图 9-10　qRT-PCR 定量分析不同浓度 NaCl 处理长穗偃麦草根部与地上部 24h 各基因相对表达水平

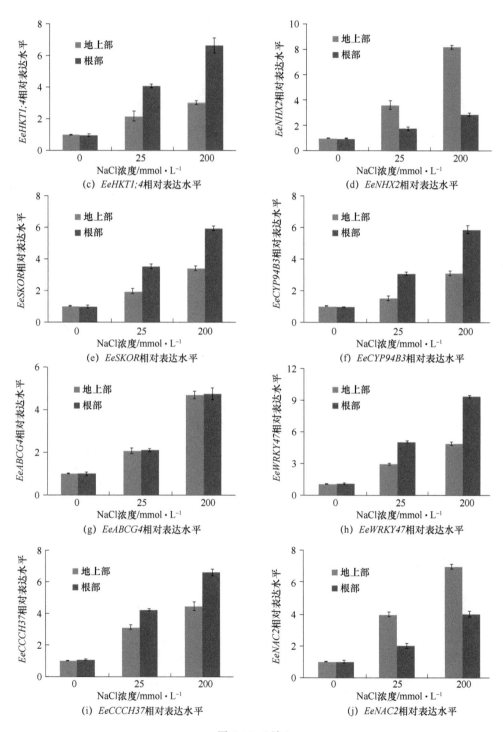

(c) *EeHKT1;4*相对表达水平

(d) *EeNHX2*相对表达水平

(e) *EeSKOR*相对表达水平

(f) *EeCYP94B3*相对表达水平

(g) *EeABCG4*相对表达水平

(h) *EeWRKY47*相对表达水平

(i) *EeCCCH37*相对表达水平

(j) *EeNAC2*相对表达水平

图 9-10 （续）

EeWKRY47 表达量明显高于地上部，与之相反，地上部的 *EeNAC2*、*EeNHX2* 表达量高于根部，而根中的 *EeABCG4* 表达量与地上部相当；表明这些基因受盐胁迫的诱导和调节。

9.3　小结与讨论

随着高通量测序技术的快速发展，除模式植物拟南芥、水稻的基因组外，其他植物基因组测序结果相继公布，如二穗短柄草基因组（Vogel *et al.*，2010）、青稞（*Hordeum vulgare* L. var. *nudum* Hook. f.）基因组（Zeng *et al.*，2015）、小麦基因组（Appels *et al.*，2018）、茶〔*Camellia sinensis*（L.）O. Ktze.〕基因组（Wei *et al.*，2018）等。但因长穗偃麦草耐盐种质资源为十倍体，基因组十分庞大，很难对其进行有效的基因组测序。转录组测序通过二代测序平台快速全面地获得某一物种特定细胞或组织在某一状态下的几乎所有的转录本及基因序列，可以用于研究基因表达量、基因功能、基因结构、可变剪接和新转录本预测等。目前，转录组测序已经被广泛应用于基础研究、临床诊断和药物研发等领域。为此，本研究应用 Illumina HiSeq 2000 高通量测序技术对盐处理下的长穗偃麦草转录组进行测序，对盐胁迫下长穗偃麦草幼苗 RNA-seq 测序结果，通过差异表达基因 GO 富集分析筛选出部分关键耐盐基因，并利用 qRT-PCR 对这些耐盐基因的表达模式进行验证，以期获得重要的耐盐调控基因。一方面，解析长穗偃麦草适应盐渍逆境的分子机制，另一方面为优良牧草和农作物耐盐遗传改良提供新的思路。

我们前期研究发现，长穗偃麦草的耐盐生理机制是根系具有较强的 K^+、Na^+ 选择性能力，限制了根系对 Na^+ 的吸收，以维持植株中 K^+ 的浓度，从而提高植株耐盐性（Guo *et al.*，2015）。然而，长穗偃麦草根系 K^+、Na^+ 选择性耐盐分子机制仍不清楚。通过 RNA-seq 测序筛选与阳离子转运相关的差异表达基因 *EeHAK5*、*EeSOS1*、*EeHKT1;4*、*EeNHX2*、*EeSKOR*，这些基因受盐的显著诱导和调节 [图 9-10（a）～（e）]，主要参与生物过程中的 Na^+、K^+ 稳态，分子功能中的阳离子转运以及细胞组成中的完整膜蛋白。研究表明，HAK5 可介导根系低亲和 Na^+ 吸收（Wang *et al.*，2015），再经根部内皮层进入中柱鞘细胞，而后由木质部周围薄壁细胞膜上的 SOS1 直接装载 Na^+ 进入木质部，或将细胞质中的 Na^+ 外排至质外体空间，以减轻 Na^+ 对根细胞的毒害（Guo *et al.*，2012）；通过长距离运输将 Na^+ 运至地上部，随后在 NHX 的作用下将部分 Na^+ 有效地区域化至液泡中，以减轻 Na^+ 对细胞质内的各类代谢酶的伤害（Wu *et al.*，2015；Bao *et al.*, 2016）；Na$^+$过量积累也会对植株地上部造成伤害（Pardo，2010）；HKT1 类蛋白将 Na$^+$从木质部汁液中卸载到木质部薄壁细胞中（Ren *et al.*，2005；Sunarpi *et al.*，2005；Munns *et al.*，2012），一方面控制 Na$^+$向植株地上部运输，另一方面引起膜的去极化，激活外整流 K$^+$通道（SKOR）将 K$^+$装载至木质部中（Wegner *et al.*，1994；Wegner *et al.*，1997；Gaymard *et al.*，1998），从而促进 K$^+$运至植株地上部（Horie *et al.*，2009；Hauser *et al.*，2010；Hu *et al.*，2016）；木质部周围薄壁细胞中过量积累的 Na$^+$势必对细胞造成毒害，导致膜系统功能紊乱甚至膜稳定性受损，从而影响 HKT1 及 SKOR 的转运活性。因此，通过 NHX、SOS1、HKT1 协同调控植株体内 Na$^+$转运，以保护膜的完整性并维持木质部周围薄壁细胞膜上正常的 HKT 与 SKOR 的转运活性，从而维持根系 K$^+$、Na$^+$的选择性。

研究表明，植物细胞色素 P450（CYP450）是一类由超基因家族编码的血红素单加氧酶，除了广泛参与脂肪酸、植物激素、信号分子、色素、黄酮类、萜类等代谢物的合成和代谢途径，还在植物的生长发育、抵御生物和非生物胁迫中扮演重要的角色（Xu *et al.*，2015）。我们通过 RNA-seq 筛选得到一个差异表达基因 *EeCYP94B3*，在盐胁迫下该基因表达量显著上调 ［图 9-10（f）］，主要与生物过程中的脂肪酸代谢过程、分子功能中血红色素结合蛋白、细胞组成中的膜蛋白相关。其中，CYP450 亚家族 CYP94 主要在维持植物内源激素稳态中发挥至关重要的作用（Kitaoka *et al.*，2014）。研究表明，拟南芥脂肪酸 ω-氧化酶 AtCYP94B3/AtCYP94C1 主要负责茉莉酰异亮氨酸复合物的代谢过程，进而影响植物激素茉莉酸代谢途径，从而影响抗逆基因的表达（Koo *et al.*，2011）。这表明 *EeCYP94B3* 也与茉莉酸代谢途径有关，在长穗偃麦草耐盐调控中发挥重要作用。

ABC 转运蛋白，是目前已知的超大蛋白家族之一，是广泛存在于原核和真核生物细胞中的超家族跨膜转运蛋白，其依赖于 ATP 水解释放的能量实现多种底物分子在细胞内外跨膜转运（Samuels *et al.*，2008；Zhang *et al.*，2018）。其中，ABC 亚家族 ABCG 转运蛋白在脂质分泌、次生代谢产物分泌、激素运输、植物器官发育、抵抗生物和非生物胁迫等方面具有重要作用（Bernard *et al.*，2013）。通过 RNA-seq 测序获得的差异表达基因 *EeABCG4*，随着盐浓度的增加，基因表达量显著上调（图 9-10g），主要参与生物过程中的 ATP 分解代谢、分子功能中的 ATP 结合以及细胞组成中的完整膜蛋白合成。研究表明，ABCG4 是一类定位于质膜的生长素转运蛋白，调控根表皮细胞生长素水平，参与根伸长和根毛发育（Lewis *et al.*，2007；Kubés *et al.*，2012）。盐胁迫下生长素通过调控根系生长来增强植物的耐盐性（Wang *et al.*，2018），推测 *EeABCG4* 可能通过调控植物体内生长素水平间接影响植株耐盐性。

转录因子又称反式作用因子，是指与真核基因启动子区域中的顺式作用元件发生特异性结合，并对基因转录的起始进行调控的一类蛋白质，在植物生长发育、代谢、抗病性以及非生物逆境响应中起着非常重要作用（刘蕾等，2008；李伟等，2011）。本研究发现盐胁迫下差异基因表达量显著上调的转录因子WRKY47 [图 9-10（h）]，通过对差异表达基因 GO 富集分析，其功能主要涉及生物过程中的转录调控、分子功能中的序列特异性 DNA 结合转录因子活性以及细胞组成中的细胞核系统。WRKY 转录因子是近年来在植物中发现的特有新型转录调控因子，因在其 N 端含有由 WRKY 组成的高度保守的氨基酸序列而得名，它是应对生物和非生物胁迫、衰老、种子休眠和萌发等过程的关键调控因子（Ulker *et al.*，2004；苏琦等，2007）。研究表明拟南芥 AtWRKY47 在调控硒胁迫应答中发挥至关重要的作用（钱靓雯等，2018）。转录因子 WRKY28 能显著增强拟南芥抗旱、耐盐以及氧化胁迫的能力（Babitha *et al.*，2013）；拟南芥 AtWRKY33、长叶红砂（*Reaumuria trigyna* Maxim.）RtWRKY33 在盐胁迫响应过程中起重要作用（王佳等，2014；Jiang *et al.*，2009；Li *et al.*，2011）。可见，转录因子 WRKY 家族成员众多，在不同类型植物非生物胁迫响应过程中功能各异。WRKY47 不仅在硒胁迫应答过程中起作用，而且可能在长穗偃麦草抵御盐胁迫过程中也发挥重要作用。NAC 转录因子也是植物特有的一类转录因子，一般在 N 端含有一段高度保守的约 150 个氨基酸组成的 NAC 结构域，而 C 端为高度多样化的转录调控区，在植物抗逆应答过程中具有重要的调控作用，同时在植物细胞次生壁的生长、植物顶端分生组织形成、植物侧根发育等生长发育过程亦具有重要作用（李伟等，2011）。番茄 *SlNAC1*、菊花〔*Dendranthema morifolium*（Ramat.）Tzvel.〕*DgNAC1*、水稻 *OsNAC45/63*、拟南芥 *AtNAC2* 受盐胁迫诱导和调节，可显著提高植株的耐盐性（He *et al.*，2005；Yokotani *et al.*，2009；Yoshii *et al.*，2010；Yang *et al.*，2011）。Chen 等（2015）研究报道，通过对低温处理狗牙根的 RNA-seq 测序发现，差异表达基因 *CdNAC74* 表达量上调，表明 NAC74 在植株低温胁迫响应中具有重要作用。而本研究发现，与对照相比，盐胁迫下 *EeNAC2* 表达量显著上调 [图 9-10（j）]，表明 *EeNAC2* 在长穗偃麦草耐盐中起关键作用。研究表明干旱胁迫下 *ZmCCCH54* 可显著增强水稻和拟南芥的抗旱性（徐倩倩，2015），同时拟南芥 *AtCCCH29/H47* 参与盐胁迫应答响应过程（Sun *et al.*，2007），说明植物锌指蛋白 CCCH 型转录因子在植物抵抗非生物胁迫中起重要作用。而本研究发现长穗偃麦草 *EeCCCH37* 基因受盐胁迫诱导，其表达量也显著上调 [图 9-10（i）]，推测该转录因子可能与长穗偃麦草耐盐性紧密相关。植物耐盐性是一个由多基因参与的、表达及调控复杂的网络系统（Zhu，2003；Zhang *et al.*，2010），因此，这些耐盐关键基因可能共同在长穗偃麦草耐盐过程中扮演着极其重要的角色。

第10章 / Chapter 10

偃麦草新品种选育

🌿 内容提要

针对我国北方干旱半干旱地区自然降水稀少、土地贫瘠、天然草地退化、大量边际土地（如荒坡荒滩地、水土流失山坡地、公路边坡等）的生态环境治理，城市及郊野公园园林绿化等对自主乡土草种的迫切需要，以新疆天山北坡野生偃麦草种质群体为原始材料，采用无性系单株选择和有性繁殖综合品种的育种方法，以根茎生长速度快、地面覆盖性强、抗旱性强和草产量较高为选育目标，经过单株选择、混合收种、品比、区试和生产试验等选育过程，历时13年育成牧草与生态兼用型京草1号偃麦草并登记国审新品种（登记号389）；以地面覆盖性强、绿期长、抗旱耐寒及坪用质量高为选育目标，经过单株选择、混合收种、品比、全国联网评价和生产试验等选育过程，历时17年育成草坪型京草2号偃麦草并登记国审新品种（登记号475）。

我国北方干旱半干旱地区自然降水贫乏、土地贫瘠，天然草地退化、沙化严重，存在大量边际土地，如荒坡荒滩地、平原沙化土地、公路边坡等，急需大量自主创新的乡土草种以满足这些地区草业发展和生态环境建设的现实需求。自20世纪90年代中期以来，我国大量引进国外草坪草品种进行城市园林、运动场等草坪绿地的建植，取得了相当成效。因我国草坪生产基地规模小且分散，产业化程度低，自主研发的优良草坪草品种供种能力低，不能适应我国北方干旱半干旱地区的城市美化绿化及生态环境建设的需要，截至目前仍有95%以上的草坪草种依赖进口。在草坪建植和管理中，水分是制约草坪草成坪、生长及维持颜色青绿的主要环境因子，特别是在干旱半干旱地区水资源数量有限，且时空分布极不均匀，限制了草坪绿地的建植规模与成效，增加了养护成本和难度。

我国北方存在大量分布广泛、抗逆性强、耐粗放管理、适应北方季风性气候的优良野生乡土草资源。因此，非常必要利用和挖掘我国北方地区优良野生乡土草种质资源，选育出适宜我国北方干旱半干旱地区种植的适应性强、地面覆盖性强、抗旱耐寒性强、绿期长等的新草品种，以丰富我国草品种的多样性，满足生态环境治理和园林草坪绿化的要求。偃麦草又称速生草、匍匐冰草，英文名为

Quack grass、Couch grass、Witch grass，系禾本科小麦族偃麦草属多年生根茎疏丛型优良乡土草种，广泛分布于我国新疆、青海、甘肃等省区，东北、内蒙古、西藏等地也有分布（陈默君等，2002）。偃麦草具有抗旱性强、抗寒性强、耐盐性强、地面覆盖能力强的优良特性，是理想的水土保持、固土护坡护堤、覆盖能力强的植物，同时还是改良小麦不可缺少的野生基因库。特别是偃麦草绿期长，根茎系统十分发达，竞争与侵占能力极强，即使很少几株偃麦草，也能迅速扩大蔓延成片，并可挤走其他草而成为密集群丛。偃麦草草质柔软，营养价值较高，抽穗至开花期蛋白质含量较高，为马、牛、羊所喜食，还可作为一种抗逆性强、适应性广、营养丰富的优良牧草（肖文一，1989；孟林等，2003）。

目前，美国和加拿大科学家选育并注册有 Alkar、Platte 和 Orbit 等长穗偃麦草品种，美国科学家选育并注册有 Greenar、Clarke 和 Oahe 等中间偃麦草品种。在我国，武保国等（1991）在 20 世纪 70 年代开始偃麦草引种驯化、区域试验及示范种植；20 世纪 90 年代末北京草业与环境研究发展中心和新疆农业大学等单位开始偃麦草新品种选育工作，截至目前已选育出 5 个偃麦草新品种，包括 3 个国审品种，即北京草业与环境研究发展中心选育的京草 1 号偃麦草和京草 2 号偃麦草，新疆农业大学选育的新偃 1 号偃麦草（李培英等，2015）；2 个省级审定品种，分别为黑龙江省农业科学院草业研究所选育的黑龙江省审定品种——农菁 7 号偃麦草（申忠宝等，2012），中国农业科学院兰州畜牧与兽药研究所选育的甘肃省审定品种——陆地中间偃麦草（甘肃省农牧厅，2013）。本章主要介绍本研发团队选育出的地面覆盖性强、抗旱性强、绿期长、耐粗放管理的京草 1 号偃麦草和京草 2 号偃麦草新品种的选育过程和品种特性等。

京草 1 号偃麦草新品种选育

10.1.1　材料与方法

1）选育材料及育种目标

以新疆天山北坡野生偃麦草种质群体为原始材料，针对目前我国北方干旱半干旱地区荒山荒坡治理、公路护坡以及退化天然草地治理等的需要，选育根茎生长速度快、地面覆盖性强、抗旱性强、草产量较高的偃麦草新品种，为生态环境建设和草食畜牧业发展提供优良乡土草品种。

2）选育方法和过程

采用无性系单株选择和有性繁殖综合品种的育种方法（图 10-1），从 1997 年

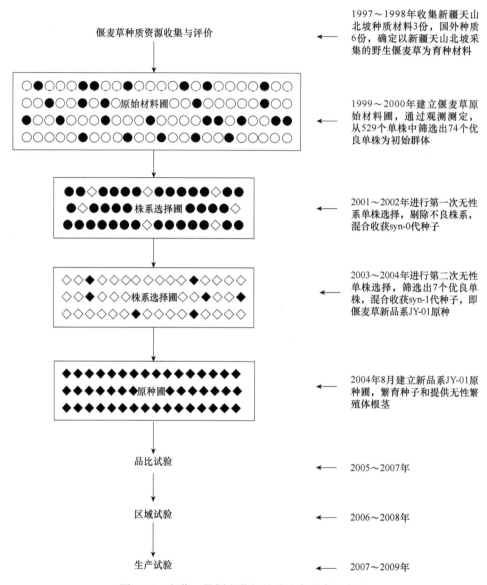

偃麦草种质资源收集与评价 ← 1997~1998年收集新疆天山北坡种质材料3份，国外种质6份，确定以新疆天山北坡采集的野生偃麦草为育种材料

原始材料圃 ← 1999~2000年建立偃麦草原始材料圃，通过观测测定，从529个单株中筛选出74个优良单株为初始群体

株系选择圃 ← 2001~2002年进行第一次无性系单株选择，剔除不良株系，混合收获syn-0代种子

株系选择圃 ← 2003~2004年进行第二次无性单株选择，筛选出7个优良单株，混合收获syn-1代种子，即偃麦草新品系JY-01原种

原种圃 ← 2004年8月建立新品系JY-01原种圃，繁育种子和提供无性繁殖体根茎

品比试验 ← 2005~2007年

区域试验 ← 2006~2008年

生产试验 ← 2007~2009年

图 10-1 京草 1 号偃麦草新品种选育程序示意图

开始，历时 13 年，选育出京草 1 号偃麦草新品种，2010 年通过国家草品种审定委员会审定并登记为新品种（登记号 389）。

3）品比、区域和生产试验

2005~2007 年，在位于北京昌平区小汤山的国家精准农业研究示范基地草资源试验研究圃，以原始群体（CK）和 AJC-320（产于俄罗斯，苗期抗旱性鉴定评价、田间生产性能和农艺性状综合评价中表现良好）为对照开展品种比较试验。利用开沟直埋根茎方法（即截取 10cm 左右、具有 1～3 个发育较好的根茎芽的根茎作为繁殖材料，依次平放于沟内，覆土后浇水 1 次），埋深 5cm，行距 40cm，每小区面积 4m×5m=20m²，3 次重复，随机排列。试验期不施肥，每年返青后浇水 1 次。测定根茎蔓生距离、植被覆盖度、分蘖数、根茎干重、根茎芽数、干草产量、种子产量、生长速度、株高、叶长、叶宽、穗长、株丛幅、物候期和营养成分等指标。

2006～2008 年，以原始群体（CK）为对照，分别在北京昌平区、内蒙古赤峰市和新疆乌鲁木齐市三个区试点开展京草 1 号偃麦草的区域试验。利用开沟直埋根茎方法，埋深 5cm，行距 40cm，随机区组试验设计。其中北京小汤山和新疆乌鲁木齐市试验点小区面积均为 3m×5m=15m²，内蒙古赤峰市试验点小区面积为 5m×10m=50m²，均为 3 次重复。测定物候期、植被覆盖度、根茎芽数、根茎干重、分蘖数、干草产量和种子产量等指标。

2007～2009 年，以原始群体（CK）为对照，分别在北京平谷区、北京怀柔区和内蒙古赤峰市三个试验点开展京草 1 号偃麦草的生产试验。利用开沟直埋根茎法，埋深 5cm，行距 40cm。测定物候期、植被覆盖度、根茎芽数、根茎干重、分蘖数、干草产量和种子产量等指标。

10.1.2　研究结果

1）京草 1 号偃麦草生物学特性和物候期

与原始群体（CK）和 AJC-320 相比，京草 1 号偃麦草的自然株高、株丛幅、叶宽、穗长及根茎蔓生距离均呈显著差异（$P<0.05$），叶长无显著差异，其中自然株高、株丛幅、叶宽、穗长和根茎蔓生距离呈极显著差异（$P<0.01$）（表 10-1）。同一区试点的京草 1 号偃麦草各生育期较原始群体（CK）提前 3～4d，不同区试点京草 1 号偃麦草生育期之间相差较大，如北京小汤山和新疆乌鲁木齐市的生育期为 140d 左右，内蒙古赤峰市的生育期 120d 左右（表 10-2）。

表 10-1　京草 1 号偃麦草的生物学特性

参试材料	自然株高 / cm	垂直株高 / cm	株丛幅 / cm	叶宽 / mm	叶长 / cm	穗长 / cm	根茎蔓生距离 /m
京草 1 号	56.2±1.6aA	84.2±4.4aA	89.3±2.1aA	12.5±0.6aA	25.7±0.9aA	13.6±0.5aA	1.44±0.03aA
原始群体（CK）	45.3±1.6bB	72.0±4.2bA	67.4±1.6bB	8.6±0.4bB	25.4±0.9aA	8.6±0.8bB	1.25±0.03bB
AJC-320	42.2±1.2bB	66.8±3.5bA	56.6±1.3cC	6.5±0.3cB	23.4±0.8aA	9.2±0.6bB	1.10±0.01cC

注：同列不同小写字母表示差异显著（$P<0.05$），不同大写字母表示差异极显著（$P<0.01$）。

表 10-2　京草 1 号偃麦草的物候期（2007 年）（月-日）

区试点	参试材料	返青	分蘖	拔节	抽穗	开花	种熟
北京小汤山	京草 1 号	3-5	3-25	5-13	6-5	6-12	7-22
	原始群体（CK）	3-7	3-28	5-15	6-6	6-14	7-25
内蒙古赤峰市	京草 1 号	4-7	4-15	5-28	6-15	7-2	8-4
	原始群体（CK）	4-10	4-17	6-3	6-18	7-5	8-8
新疆乌鲁木齐市	京草 1 号	3-16	4-15	5-24	6-8	6-24	8-4
	原始群体（CK）	3-21	4-18	5-29	6-13	6-30	8-5

2）京草 1 号偃麦草生长与农艺特性

返青后至拔节前京草 1 号生长速度较 AJC-320 和原始群体（CK）分别快 0.18cm·d^{-1} 和 0.07cm·d^{-1}；拔节后，3 个偃麦草材料的生长速度明显增加，至 6 月上旬开花前，京草 1 号生长速度达 1.20cm·d^{-1}，AJC-320 和原始群体（CK）为 0.85cm·d^{-1} 和 0.92cm·d^{-1}，且株高分别达 77.5cm、56.6cm 和 63.9cm；之后 3 个偃麦草材料生长速度下降，至结实期分别为 0.53cm·d^{-1}、0.35cm·d^{-1} 和 0.32cm·d^{-1}，株高分别达到 101.67cm、72.08cm 和 78.50cm（图 10-2，图 10-3）。

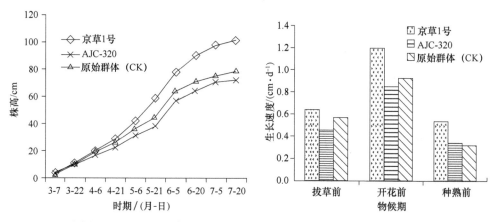

图 10-2　3 个偃麦草种质材料株高生长趋势图　　图 10-3　3 个偃麦草种质材料生长速度比较图

三个区域试验点连续三年的试验结果显示，京草 1 号偃麦草与原始群体（CK）建植当年的植被覆盖度均在 45% 以上，生长到第二年均达 80% 以上，建植前两年京草 1 号较原始群体（CK）植被覆盖度大 5.6%～33%，多数达显著差异（$P<0.05$），说明京草 1 号根茎蔓生速度更快，地面覆盖性能更好。另外，北京小汤山、内蒙古赤峰市和新疆乌鲁木齐市三个试验点的京草 1 号偃麦草三年平均分蘖数达 3216.7 个·m^{-2}、2875.0 个·m^{-2} 和 3016.7 个·m^{-2}，根茎干重分别

达 1.46kg·m^{-2}、1.21kg·m^{-2} 和 1.20kg·m^{-2}，根茎芽数分别为 12825.0 个·m^{-2}、11416.7 个·m^{-2} 和 11725.0 个·m^{-2}，均显著高于原始群体（CK）（$P<0.05$）（表 10-3），进一步表明京草 1 号偃麦草具较强分蘖能力，更适于形成发达的根系网络结构，表现出更强的水土保持能力。

表 10-3　区域试验中京草 1 号偃麦草的农艺性状

区试点	年度	试验材料	植被覆盖度 /%	分蘖数 /（个·m^2）	根茎干重 /（kg·m^2）	根茎芽数 /（个·m^2）
北京小汤山	2006	京草 1 号	60±1.39aA	2125±61.3aA	0.65±0.03aA	9425±217.7aA
		原始群体（CK）	45±1.04bB	1675±77.4bB	0.55±0.03aA	7475±215.8bB
	2007	京草 1 号	100±5.77aA	3350±116.0aA	1.50±0.06aA	11725±473.9aA
		原始群体（CK）	85±4.91bA	2725±125.9bA	1.16±0.03bB	9700±280.0bA
	2008	京草 1 号	100±3.46aA	4175±192.8aA	2.24±0.09aA	17325±500.1aA
		原始群体（CK）	100±3.46aA	3450±99.6bA	1.80±0.06bB	14475±334.3bA
	平均	京草 1 号	86.7±3.55aA	3216.7±92.9aA	1.46±0.05aA	12825.0±296.2aA
		原始群体（CK）	76.7±3.15aA	2616.7±120.9bA	1.17±0.04bA	10550.0±304.6bB
内蒙古赤峰市	2006	京草 1 号	55±2.54aA	1850±53.4aA	0.50±0.00aA	6800±157.0aA
		原始群体（CK）	45±2.08bA	1425±65.8bB	0.40±0.00bA	5650±163.1bB
	2007	京草 1 号	80±1.85aA	3100±143.2aA	1.20±0.06aA	10925±315.4aA
		原始群体（CK）	65±1.50bA	2525±72.9bA	0.96±0.03bB	8825±203.8bB
	2008	京草 1 号	90±2.08aA	3675±106.1aA	1.91±0.12aA	16525±381.6aA
		原始群体（CK）	85±1.96aA	3175±146.6bA	1.55±0.09bB	14300±412.8bA
	平均	京草 1 号	75.0±2.14aA	2875.0±99.6aA	1.21±0.05aA	11416.7±461.4aA
		原始群体（CK）	65.0±1.85bA	2375.0±68.6bA	0.97±0.04bA	9591.7±221.5bA
新疆乌鲁木齐市	2006	京草 1 号	70±4.04aA	2075±59.9aA	0.45±0.03aA	7375±170.3aA
		原始群体（CK）	55±3.18bA	1625±56.3bB	0.35±0.03bB	5825±235.4bB
	2007	京草 1 号	95±3.29aA	3050±88.0aA	1.24±0.03aA	11475±265.0aA
		原始群体（CK）	90±3.12aA	2475±85.7bB	0.96±0.03bB	9025±364.7bB
	2008	京草 1 号	95±4.39aA	3925±113.3aA	1.90±0.06aA	16325±377.0aA
		原始群体（CK）	90±4.16aA	3350±96.7bA	1.55±0.03bA	13725±317.0bA
	平均	京草 1 号	86.7±3.90aA	3016.7±139.3aA	1.20±0.03aA	11725.0±338.5aA
		原始群体（CK）	78.3±3.49aA	2483.3±71.7bA	0.96±0.02bA	9525.0±220.0bB

注：同列不同小写字母表示差异显著（$P<0.05$），不同大写字母表示差异极显著（$P<0.01$）。

3）京草 1 号偃麦草生产性能

京草 1 号偃麦草在北京小汤山、内蒙古赤峰市和新疆乌鲁木齐市三个生产试验点连续三年平均干草产量分别为4903.0kg·hm⁻²、3811.5kg·hm⁻²和4461.0kg·hm⁻²，分别较原始群体（CK）增产27.4%、20.1%和23.9%（$P<0.05$）；种子产量分别为65.5kg·hm⁻²、69.8kg·hm⁻²和64.7kg·hm⁻²，较原始群体（CK）分别增产23.6%、23.5%和27.4%（$P<0.05$）（表10-4）。

表10-4 京草1号偃麦草的生产性能（区域试验）

试验点	年度	试验材料	干草产量 /（ kg · hm⁻² ）	增产 /%	种子产量 /（ kg · hm⁻² ）	增产 /%
北京小汤山	2006	京草1号	3423.0±118.6aA	29.1	25.5±1.8aA	21.4
		原始群体（CK）	2650.5±107.1bB		21.0±1.7bA	
	2007	京草1号	5421.0±187.8aA	26.7	76.5±2.7aA	24.4
		原始群体（CK）	4279.5±173.0bA		61.5±2.5bA	
	2008	京草1号	5865.0±203.2aA	26.9	94.5±3.3aA	23.5
		原始群体（CK）	4621.5±186.8bA		76.5±3.1bA	
	平均	京草1号	4903.0±169.9aA	27.3	65.5±2.5aA	23.6
		原始群体（CK）	3850.5±155.6bA		53.0±2.4bA	
内蒙古赤峰市	2006	京草1号	3006.0±104.2aA	16.6	32.3±2.3aA	26.7
		原始群体（CK）	2577.0±74.4bA		25.5±1.5bB	
	2007	京草1号	3745.5±129.7aA	20.5	79.5±2.8aA	23.3
		原始群体（CK）	3108.3±89.1bA		64.5±1.8bB	
	2008	京草1号	4683.0±162.2aA	22.1	97.5±3.4aA	22.6
		原始群体（CK）	3835.5±110.7bA		79.5±2.3bA	
	平均	京草1号	3811.5±132.0aA	20.1	69.8±2.8aA	23.5
		原始群体（CK）	3173.6±91.4bA		56.5±1.9bA	
新疆乌鲁木齐市	2006	京草1号	3072.4±127.7aA	30.5	29.0±2.4aA	25.0
		原始群体（CK）	2353.5±91.1bB		23.2±1.6bB	
	2007	京草1号	4693.0±180.0aA	19.1	78.0±3.2aA	32.7
		原始群体（CK）	3940.1±129.8bA		58.8±2.0bB	
	2008	京草1号	5617.5±233.1aA	24.6	87.0±3.5aA	23.4
		原始群体（CK）	4508.0±159.6bA		70.5±2.4bA	
	平均	京草1号	4461.0±180.3aA	23.9	64.7±3.0aA	27.4
		原始群体（CK）	3600.5±126.8bA		50.8±2.0bA	

注：同列不同小写字母表示差异显著（$P<0.05$），不同大写字母表示差异极显著（$P<0.01$）。

京草1号偃麦草和原始群体（CK）抽穗期粗蛋白含量（11.9%和11.5%）高于开花期（10.2%和10.0%），再生草粗蛋白含量达19.6%和19.3%；京草1号偃麦草的酸性洗涤纤维（ADF）值介于 28.9%～32.2%，中性洗涤纤维（NDF）值介于 53.8%～59.5%，且与原始群体（CK）间无显著差异（表 10-5）。

表 10-5 京草 1 号偃麦草的营养成分 （单位：%）

	试验材料	水分	粗蛋白	粗纤维	粗灰分	粗脂肪	无氮浸出物	钙	磷	ADF	NDF
抽穗 （6月3日）	京草 1 号	6.9	11.9	28.8	6.8	3.3	42.3	0.40	0.16	28.9	53.8
	原始群体 （CK）	7.1	11.5	29.6	6.1	2.9	42.8	0.32	0.13	30.3	55.7
开花 （6月17日）	京草 1 号	7.4	10.2	30.9	6.0	3.9	41.6	0.24	0.14	32.2	59.5
	原始群体 （CK）	7.0	10.0	29.3	5.2	4.2	44.3	0.58	0.14	29.3	56.5
再生草 （8月15日）	京草 1 号	6.9	19.6	23.8	11.3	6.1	32.3	0.30	0.36	30.5	58.5
	原始群体 （CK）	7.6	19.3	25.4	9.6	5.4	32.7	0.24	0.36	28.7	55.3

注：由农业部（现在为农业农村部）全国草业产品质量监督检验测试中心分析测试。

10.1.3 小结与讨论

京草 1 号偃麦草为多年生根茎疏丛型禾草。株型直立，抽穗期株高 70～90cm，结实期株高可达 117cm；须根，根茎系统发达、粗壮；叶长 15～25cm，叶宽 0.8～1.2cm，叶全缘，叶色灰绿。穗长 12～14cm，穗状花序，小穗单生于穗轴之每节，含 5～9 小花，颖披针形，长 0.9～1.3cm，边缘膜质，具 5～7 脉；外稃披针形，先端钝或具短尖头，具 5 脉；内稃稍短于外稃，种子颖果矩圆形，暗褐色，千粒重 2.8g。细胞染色体 2n＝6X＝42。植株分蘖多，根茎蔓生速度快，直埋根茎生长到第二年，植被覆盖度即可达 80%～100%，根茎可蔓延到约 100cm，根茎芽数达 15000 个·m^{-2} 以上；绿期长，北京昌平区 250～270d、内蒙古赤峰市 210d 左右、新疆乌鲁木齐市达 215d 左右，抗旱性较强，苗期能耐 20d 左右的连续干旱，是一个适于北方干旱半干旱地区的坡地、沙荒地、撂荒地等种植以及天然草地补播的优良草种。但其有性繁殖结实性差，种子产量较低，生产实际应用中常采用根茎无性繁殖体。

京草 1 号偃麦草常使用两种栽培建植的技术方法，即种子直播和根茎移栽直埋。

种子直播建植的技术要点：平整土地，清除杂草和石块，保证地面平整细碎，结合整地可施用有机肥，施入量为 15000～30000kg·hm^{-2}。有灌溉条件地区和春旱不严重地区可春播（4 月中下旬至 5 月上旬），亦可秋播（北京 8 月中下

旬至 9 月初，内蒙古赤峰市 8 月初）；无灌溉条件地区可抢雨季播种。播种量为
22.5~30.0kg·hm^{-2}，深度 2~3cm，行距 30cm，播后立即镇压，及时灌水并保
持土表湿润直至完全出苗。播种当年苗期生长缓慢，要注意杂草防控，有条件的
应刈割后结合灌水及时施用氮肥（75kg·hm^{-2}）。年可收割 2 茬，留茬高度 5cm，
第一茬抽穗期刈割收获，第二茬于初霜前 30d（北京 9 月中旬）收获以利于越冬。

根茎移栽直埋的技术要点：移栽前疏松平整土壤。有灌溉条件的地区可随
时移栽，移栽后（根茎直埋后）和返青后及时灌水 1 次。在缺乏灌溉条件的地
区，8 月初至 9 月初土壤墒情较好时移栽为宜。移栽（直埋）根茎量（鲜重）
为 300~375kg·hm^{-2}，根茎埋深 5cm，行距 40~50cm。将带有 1~3 个根茎芽
的根茎段，沿开好的小沟单条或两条依次平放于沟中并覆土，立即镇压，及时
灌水。移栽当年生长缓慢，要注意杂草防控。生产条件较好的地区刈割后可结
合灌水追施氮肥（约 75kg·hm^{-2}），以促进快速生长。一年可收割 2 茬，留茬
高度 5cm，第一茬抽穗期刈割收获，第二茬于初霜前 30d（北京 9 月中旬）收
获以利于越冬。

10.2　京草 2 号偃麦草新品种选育

10.2.1　材料与方法

1）选育材料及育种目标

以新疆天山北坡 3 份野生偃麦草的混合种质群体作为新品种选育的原始材
料，选育适应我国北方干旱半干旱地区城市园林和边坡绿化美化等生态环境建设
的需要，具有地面覆盖性强、绿期长、抗旱耐寒及坪用质量好等特性，亦可用作
饲草的优良草坪草新品种。

2）选育方法和过程

采用无性系单株选择和有性繁殖综合品种的育种法。具体选育过程为
（图 10-4），从 1997 年开始，历时 17 年，选育出京草 2 号偃麦草新品种，2014
年通过国家草品种审定委员会审定并登记为新品种（登记号 475）。

3）品比、区域和生产试验

2007~2009 年在位于北京昌平区小汤山的国家精准农业研究示范基地草资
源试验研究圃，以京草 1 号偃麦草（CK$_1$）和偃麦草原始群体（CK$_2$）为对照开
展京草 2 号偃麦草的品种比较试验。利用开沟直埋根茎（营养体）方法（即截取
10cm 左右、具有 1~3 个根茎芽发育较好的根茎段作为繁殖材料，依次平放于沟

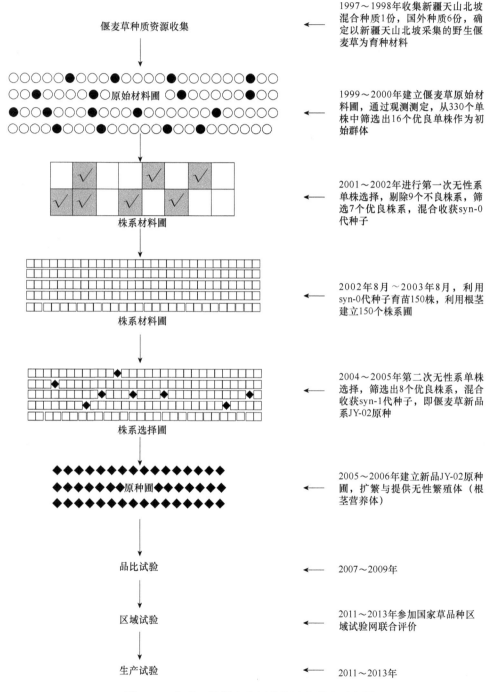

偃麦草种质资源收集

1997～1998年收集新疆天山北坡混合种质1份，国外种质6份，确定以新疆天山北坡采集的野生偃麦草为育种材料

原始材料圃

1999～2000年建立偃麦草原始材料圃，通过观测测定，从330个单株中筛选出16个优良单株作为初始群体

株系材料圃

2001～2002年进行第一次无性系单株选择，剔除9个不良株系，筛选7个优良株系，混合收获syn-0代种子

株系材料圃

2002年8月～2003年8月，利用syn-0代种子育苗150株，利用根茎建立150个株系圃

株系选择圃

2004～2005年第二次无性系单株选择，筛选出8个优良株系，混合收获syn-1代种子，即偃麦草新品系JY-02原种

原种圃

2005～2006年建立新品JY-02原种圃，扩繁与提供无性繁殖体（根茎营养体）

品比试验

2007～2009年

区域试验

2011～2013年参加国家草品种区域试验网联合评价

生产试验

2011～2013年

图 10-4　京草 2 号偃麦草新品种选育程序示意图

内，覆土后浇水 1 次），埋深 3～5cm，行距 10cm，每小区面积 4m×5m＝20m²，3 次重复，随机区组排列，各小区间石棉瓦单层隔离，并留出 50cm 人行横道。根据《草品种审定技术规程》（NY/T 1091—2006）附录 C——草坪草质量性状综合评价方法，每年绿色生长期的每个月测定 1 次每个小区参试材料的均一性、质地、密度、色泽；采用目测法，对抗旱性、抗寒性、抗病性、抗虫性、耐热性、对杂草的竞争力、成坪速度、绿色期等指标进行评分分级，其中附录 C 中未包含（或分级评分方法不明确）的指标分级评分方法见表 10-6，然后将上述指标的评分值分别计算平均值，对草坪质量性状作出综合评价；记载与测定物候期、干草产量和营养成分。

表 10-6　草坪草对杂草的竞争力、成坪速度和绿色期的分级评分表

等级	对杂草的竞争力		成坪速度		绿色期	
	杂草盖度 /%	评分	指标	评分	指标 /d	评分
1	<10	8～9	明显快于对照品种	8～9	>260	8～9
2	10～24	6～7	快于对照品种	6～7	240～259	6～7
3	25～39	4～5	与对照品种一样	4～5	220～239	4～5
4	40～75	2～3	劣于对照品种	2～3	201～219	2～3
5	>75	1	明显劣于对照品种	1	<200	1

注：成坪速度依据建坪或返青后草坪盖度达 80% 所需的天数进行评分；绿色期评分参照刘建秀（2000）和孙吉雄（2002）有关绿色期评分标准进行适当调整。

2011～2013 年，在北京双桥、内蒙古海拉尔、山西太原、新疆伊犁、新疆呼图壁 5 个国家区试点，以京草 1 号偃麦草、新农 1 号狗牙根和凌志高羊茅为对照品种，京草 2 号偃麦草参加全国草品种区域试验网的联合评价。采用随机区组设计，小区面积 2m×2m＝4m²，4 个重复。京草 2 号偃麦草、京草 1 号偃麦草和新农 1 号狗牙根采用根茎移栽直埋，行距 10cm，每小区 20 行，将根茎播入沟内，覆土 1cm，镇压灌水。凌志高羊茅为种子直播，撒播，每小区播种量 120g，播后耙平、镇压。每年测定其适应性能指标和坪用质量指标。与此同时在北京昌平区、天津经济技术开发区南海路绿化带（简称：天津泰达）和内蒙古赤峰市 3 个生产试验点，以京草 1 号偃麦草（CK₁）、偃麦草原始群体（CK₂）为对照，连续 3 年开展京草 2 号偃麦草的生产试验。采用根茎移栽直埋方法，行距 10cm，埋深 3～5cm，覆土后及时浇水。根据《草品种审定技术规程》（NY/T 1091—2006）附录 C——草坪草质量性状综合评价方法，测定 3 个参试材料的草坪草质量指标、物候期、干草产量和营养成分。

10.2.2　研究结果

1）京草 2 号偃麦草的物候期

北京昌平区、天津泰达和内蒙古赤峰市 3 个试验点中，相同试验点的京草 2 号偃麦草生育期与京草 1 号偃麦草（CK$_1$）和偃麦草原始群体（CK$_2$）相比，仅仅相差 1～3d，无显著差异；绿色期总体呈"京草 2 号＞京草 1 号≥原始群体"的趋势。北京昌平区的京草 2 号偃麦草、京草 1 号偃麦草（CK$_1$）和偃麦草原始群体（CK$_2$）均可于 3 月 11～14 日正常返青，生育期 139～140d，绿色期 259～264d；天津泰达点 3 月 18～20 日返青，生育期 114～117d，绿色期 247～249d；内蒙古赤峰点 4 月上旬返青，生育期 120d 左右，绿色期 209～214d（表 10-7）。

表 10-7　京草 2 号偃麦草的物候期（2012 年）（月-日）

地点	试验材料	返青	分蘖	拔节	抽穗	开花	种熟	生育期 /d	枯黄	绿色期 /d
北京昌平区	京草 2 号	3-12	3-31	5-27	6-18	6-27	7-28	139	11-30	264
	京草 1 号（CK$_1$）	3-11	4-2	5-28	6-17	6-25	7-28	140	11-27	262
	原始群体（CK$_2$）	3-14	4-2	5-30	6-19	6-29	7-30	139	11-27	259
天津泰达	京草 2 号	3-18	4-15	5-19	6-5	6-16	7-11	116	11-21	249
	京草 1 号（CK$_1$）	3-20	4-11	5-16	6-3	6-15	7-12	117	11-21	247
	原始群体（CK$_2$）	3-20	4-15	5-20	6-7	6-16	7-11	114	11-21	247
内蒙古赤峰市	京草 2 号	4-3	4-17	6-4	6-12	7-14	8-2	122	11-2	214
	京草 1 号（CK$_1$）	4-5	4-12	5-28	6-7	7-12	8-5	123	11-2	212
	原始群体（CK$_2$）	4-6	4-14	5-30	6-10	7-14	8-5	122	10-31	209

2）京草 2 号偃麦草草坪草质量综合评价

京草 2 号偃麦草在北京小汤山品种比较试验中草坪草质量综合评价结果显示，成坪速度评分为 6.3～7.3，快于京草 1 号偃麦草（CK$_1$）和偃麦草原始群体（CK$_2$）；建坪当年草坪密度、均一性和质地的评分值分别为 3.9、7.4 和 3.5，分别高于偃麦草原始群体（CK$_2$）的 2.8、6.4 和 1.8（$P<0.05$）；生长到第二年后，色泽和绿色期评分值分别为 2.8 和 8.3，显著高于京草 1 号偃麦草（CK$_1$）（2.5 和 7.2）和偃麦草原始群体（CK$_2$）（2.6 和 7.2）（$P<0.05$）；抗旱性、抗寒性、抗虫

性、抗病性、耐热性和对杂草的竞争力均较强，但差异不显著。建坪当年综合评价，京草2号偃麦草综合评分为6.33，与京草1号偃麦草（CK$_1$）（5.81）差异不显著，但显著高于偃麦草原始群体（CK$_2$）（5.72），第二年和第三年，京草2号偃麦草的综合评分分别为6.93和7.01，显著高于京草1号偃麦草（CK$_1$）（6.34和6.36）和偃麦草原始群体（CK$_2$）（6.25和6.26）（$P<0.05$）。

2011～2013年参加全国草品种区域试验网联合评价，经北京双桥、内蒙古海拉尔、山西太原、新疆伊犁和新疆呼图壁5个国家区试点的联合评价试验，结果显示，①北京双桥、山西太原和新疆伊犁区试点的京草2号偃麦草均于3月底至4月初返青，与京草1号偃麦草和凌志高羊茅几乎同时返青，但较新农1号狗牙根提早了38～47d（北京双桥点）、27～45d（山西太原点）和20d（新疆伊犁点），在内蒙古海拉尔点于4月底至5月初返青，新疆呼图壁点4月上中旬返青。②京草2号偃麦草在5个区试点成坪天数短于（或等于）京草1号偃麦草和新农1号狗牙根的有效年点有3个，占成坪天数总有效年点的75%，短于凌志高羊茅（提前1d）的有效年点有1个，仅占总有效年点的25%。③京草2号偃麦草在5个区试点的绿色期（121～262d），长于（或等于）京草1号偃麦草（121～262d）的有效年点有6个，占9个总有效年点的66.7%，长于（或等于）新农1号狗牙根（121～186d）的有效年点有9个，占9个总有效年点的100%，长于凌志高羊茅的有1个，仅占9个总有效年点的11.1%。④每年6月和9月，京草2号偃麦草草坪密度、草坪均一性、草坪盖度和草坪综合质量4个指标测定值高于（或等于）京草1号偃麦草的分别有20个、21个、21个和22个有效年点，分别占共测得的22个总有效年点的90.9%、95.5%、95.5%和100%，高于（或等于）新农1号狗牙根的分别有22个、18个、16个和14个有效年点，分别占共测得的22个总有效年点的100%、81.8%、72.7%和63.6%；6月和9月共测得的22个有效年点中有15个年点京草2号偃麦草的综合质量评分均≥7，18个年点京草2号偃麦草的综合质量评分介于6～8分；京草2号偃麦草叶片质地和草坪盖度高于（或等于）凌志高羊茅的有效年点有15个和12个，分别占总有效年点的68.2%和54.5%。⑤京草2号偃麦草连续2年5个区试点的越夏性均在90.2%以上，越冬率均在100%以上（除新疆呼图壁点和内蒙古海拉尔点越冬率为81.9%和90.3%外），没有或少有病虫害发生。综上，京草2号偃麦草在5个区试点均表现出较好的草坪草综合质量、较强的抗旱耐热性及抗病虫性。

在北京昌平区、天津泰达和内蒙古赤峰市3个生产试验点连续3年的生产结果显示，京草2号偃麦草的草坪密度、均一性、色泽和质地的平均得分（分别为2.2、7.7、7.6和4.2）均高于京草1号偃麦草（分别为2.0、7.3、7.5和1.0）和偃麦草原始群体（分别为1.7、5.9、6.7和2.7）；绿色期平均得分（5.5）较偃麦草原始群体（5.0）高 0.5，与京草 1 号偃麦草相同；成坪天数（54d）比偃麦草原始群体（60d）和京草 1 号偃麦草（57d）要短；抗寒性、抗旱性和抗病性平均得分（均为 9.0）高于对照（8.0～8.8），草坪草质量综合得分为 7.1，明显高于京草 1 号偃麦草（6.6）和偃麦草原始群体（6.3）。

　　3）京草 2 号偃麦草的生产性能

　　京草 2 号偃麦草在北京地区年刈割 2 次，第一茬产草量占全年产草量 70% 以上，年均干草产量可达 4442.2kg·hm^{-2}，较偃麦草原始群体显著增产 18.8%（$P<0.05$），抽穗期和再生草粗蛋白含量分别为 16.0% 和 19.4%，NDF 含量分别为 59.5% 和 45.6%。由此可见，京草 2 号偃麦草具有较好的饲用价值。

10.2.3　小结与讨论

　　京草 2 号偃麦草系多年生根茎疏丛型禾草。株型直立，株高达 80cm，根茎系统发达、粗壮，叶长 15～25cm，叶宽 0.4～0.6cm，叶片绿色或深绿色。穗长 9～17cm，穗状花序，小穗单生于穗轴之每节，含 8～12 小花，颖披针形，长 0.8～1.1cm，边缘膜质，具 5～7 脉；外稃披针形，先端钝或具短尖头，具 5 脉；内稃稍短于外稃，种子颖果矩圆形，暗褐色，千粒重 2.6g。细胞染色体 2n=6X=42。北京地区春季建植，2 个月后草坪覆盖度可达 80%，11 月下旬枯黄，生育期 140d 左右，绿期长达 260d。抗寒性强，北京、太原和伊犁越冬率 100%，海拉尔越冬率 90.3%，呼图壁越冬率 81.9%；抗旱性较强，在越冬水和返青水灌溉条件下生长良好。

　　京草 2 号偃麦草绿色期长、成坪速度快、草坪密度高、质地细致、生长均匀整齐和青绿美观，表现出较高的草坪草综合质量，还具有较强的抗旱、抗寒、耐热、抗病虫等特性。京草 2 号偃麦草在北京双桥、山西太原和新疆伊犁 3 个区试点的成坪速度达 52～64d，绿色期为 210～262d，较新农 1 号狗牙根绿色期长 32～104d，新疆呼图壁点的成坪速度达 92d，绿色期为 168～194d，内蒙古海拉尔点的绿色期为 121d；6 月和 9 月草坪密度为 0.11～0.72 分蘖枝条·cm^{-2}，95.5% 的有效年点高于（或等于）京草 1 号偃麦草和新农 1 号狗牙根；草坪均一性得分为 5.0～9.0，72.7% 的有效年点高于（或等于）京草 1 号偃麦草和新农 1 号狗牙根。京草 2 号偃麦草的越夏率和越冬率较高，没有或少有病虫害发生。可见，京草 2 号偃麦草是一个适宜于北方干旱半干旱地区生态治理及园林绿化的优良乡土草品种，同时还表现出良好的干草产量和营养价值。在北京，京草 2 号偃麦草年均干草产量为 4442.2kg·hm^{-2}，抽穗期粗蛋白含量达 16.0%，可作为优质饲草利用。

　　同京草 1 号偃麦草，京草 2 号偃麦草也有两种栽培建植方法，即种子直播和根茎移栽直埋（图 10-5，图 10-6）。

1. 植株；2. 根茎；3. 叶片；4. 花序；5. 小穗；6. 种子。

图 10-5　京草 1 号偃麦草

1. 种子；2. 花序；3. 植株；4. 叶片；5. 根茎。

图 10-6　京草 2 号偃麦草

种子直播建植的技术要点：精细平整坪床，使坪床疏松、平整，清除杂草和石块。土壤肥力较差的地块，结合整地可施用有机肥作底肥，施入量为15000kg·hm^{-2}；春播和秋播均可，秋播最佳。条播或撒播，条播行距10~20cm，播深2cm左右，播种量22.5~30kg·hm^{-2}；可采用手摇播种机或人工撒播播种，播种量30~45kg·hm^{-2}；播后及时镇压，并及时灌水。

根茎移栽直埋建植的技术要点：土地平整同前，春秋均可。有灌溉条件的地区可随时移栽，移栽后（根茎直埋后）和返青后及时灌水1次；根茎（鲜重）播量为900~1200kg·hm^{-2}；人工或机械开沟，深度5~6cm，行距10~20cm；将挖取的地下根茎，切成带有2~3个根茎芽发育良好的根茎段（每段长约10cm），依次平行放置于沟中，平行放置2~3列，覆土，埋深5cm左右，及时镇压，并灌水浇透，之后保持土壤表层湿润以避免板结，保证根茎芽的恢复和正常生长。

成坪后的管理技术要点：成坪后，每年可于早春、早秋追施氮磷钾复合肥，施入量为150~225kg·hm^{-2}，以加速返青及第2年形成更多分蘖。修剪后，结合灌水要适当补施氮肥，年用量75~105kg·hm^{-2}，不宜在炎热的夏季施用。干旱和高温季节需每月浇水1~2次，以提高草坪质量以及降低夏枯现象。修剪留茬高度应保持在5cm左右；刚建植未成坪前，由于植株幼苗相对较小且生长缓慢，可选用人工或机械清除的方式，及时进行杂草的防除，夏季高温高湿时偶有病虫害发生，可采用广谱杀虫（菌）剂进行防治。

参 考 文 献

白玉娥，2004. 根茎类禾草耐盐性评价及生理基础的研究［D］. 呼和浩特：内蒙古农业大学.

鲍芫，米福贵，2007. 长穗偃麦草与中间偃麦草杂种成熟胚离体培养与再生体系的建立［J］. 草地学报，15（4）：348-351.

蔡联炳，郭延平，1995. 禾本科植物叶片表皮结构细胞主要类型的演化与系统分类和发育途径的探讨［J］. 西北植物学报，15（4）：323-335.

蔡联炳，郭延平，1996. 禾本科植物叶片表皮结构细胞主要类型的演化与系统分类和发育途径的探讨（续）［J］. 西北植物学报，16（1）：65-72.

陈钢，高景慧，张庆勤，1998. 中间偃麦草和硬粒小麦在小麦远缘杂交育种中的利用［J］. 麦类作物学报，18（5）：17-19.

陈丽萍，徐明飞，陈列忠，等，2016. 稗草成熟胚诱导愈伤组织再生植株的初步研究［J］. 植物生理学报，52（12）：1915-1920.

陈灵芝，1993. 中国的生物多样性现状及其保护对策［M］. 北京：科学出版社：99-113.

陈默君，贾慎修，2002. 中国饲用植物［M］. 北京：中国农业出版社：125-130.

陈少良，2002. 杨树耐旱性的生理生化基础［M］. 北京：高等教育出版社.

陈守良，金岳杏，吴竹君，1993. 禾本科叶片表皮微形态图谱［M］. 南京：江苏科学技术出版社.

陈守良，金岳杏，吴竹君，1996. 应用叶表皮结构讨论槽稃草属 *Euthryptochloa* Cope（Gramineae）的归属问题［J］. 植物研究，16（4）：441-444.

陈穗云，夏光敏，陈惠民，等，2000. 小麦与高冰草（长穗偃麦草）体细胞杂种株系与其亲本幼苗抗盐性的比较［J］. 西北植物学报，20（3）：327-332.

陈婷，曾波，罗芳丽，等，2007. 外源乙烯和 α-萘乙酸对三峡库区岸生植物野古草和秋华柳茎通气组织形成的影响［J］. 植物生态学报，31（5）：919-922.

程雪妮，王颖，庞玉辉，等，2014. 小麦 SSR 和 EST-SSR 引物对无芒雀麦的通用性分析［J］. 植物科学学报，32（1）：27-33.

刁英. 2004. 染色体核型研究的方法及应用［J］. 渝西学院学报（自然科学版），3（2）：55-58.

丁海东，万延慧，齐乃敏，等，2004. 重金属（Cd^{2+}、Zn^{2+}）胁迫对番茄幼苗抗氧化酶系统的影响［J］. 上海农业学报，20（4）：79-82.

董钻，沈秀瑛，2000. 作物栽培学总论［M］. 北京：中国农业出版社.

杜凤凤，刘晓静，常雅军，等，2016. 基于 SSR 标记的荷花品种遗传多样性及群体遗传结构分析［J］. 植物资源与环境学报，25（1）：9-16.

杜建雄，侯向阳，刘金荣，2010. 草地早熟禾对干旱及旱后复水的生理响应研究［J］. 草业学报，19（2）：31-38.

杜占池，杨宗贵，2000. 冰草叶片光合速率与生态因子的关系［J］. 草地学报，8（3）：155-163.

樊守金，赵遵田，1999. 中国苋属植物酯酶同工酶研究［J］. 植物研究，19（2）：148-152.

范三红，郭蔼光，2000. 小偃麦 6 号高分子质量麦谷蛋白 14 和 15 亚基来源分析［J］. 西北农业大学学报，28（6）：1-5.

费永俊，王燕，李秋杰，等，2005. 几个草种的抗盐性评价［J］. 四川草原（5）：20-21.

甘肃省农牧厅，2013. 甘肃省农牧厅关于 2013 年审定通过草品种名录的通告［EB/OL］.（2013-6-25）［2019-11-20］. http://nync.gansu.gov.cn/apps/site/site/issue/tzgg/xztz/2013/07/18/1374134878460.html.

高吉寅，1983. 国外抗旱性筛选方法的研究［J］. 国外农业科技（7）：12-15.

高明君，郝水，何孟元. 等，1992. 中间偃麦草染色体组成的同工酶研究［J］. 遗传学报，19（4）：336-343.

高世庆，唐益苗，杨颖，等，2011a. 偃麦草 *ErABF1* 基因克隆及功能分析［J］. 麦类作物学报，31（2）：194-201.

高世庆，王永波，唐益苗，等，2011b. 长穗偃麦草 *EeNAC9* 基因功能初步研究［J］. 生物技术通报（6）：47-52.

葛颂，1994. 酶电泳资料和系统与进化植物学研究综述［J］. 武汉植物研究，12（1）：71-84.

耿世磊，赵晟，吴鸿，2002. 三种草坪草的茎、叶解剖结构及其坪用性状［J］. 热带亚热带植物学报，10（2）：145-151.

耿以礼，1959. 中国主要植物图说禾本科［M］. 北京：科学出版社：410-412.

龚束芳，杨涛，董宝龙，等，2010. 低温胁迫对偃麦草与高羊茅抗性生理生化指标的影响［J］. 作物杂志（6）：72-74.

谷安琳，云锦凤，LARRY H，等，1998. 羊草和牧冰草旱作条件下的牧草产量分析［J］. 中国草地（2）：17-20.

谷安琳，2004. 耐盐碱栽培牧草——长穗薄冰草［J］. 中国草地，26（2）：9.

关宁，李聪，王涌鑫，等，2009. 毛偃麦草 Na^+/H^+ 逆向转运蛋白的分子克隆及生物信息学分析［J］. 分子植物育种，7（1）：169-176.

郭本兆，1987. 中国植物志—禾本科（三）早熟禾亚科（9 卷 3 册）［M］. 北京：科学出版社：104-109.

郭夏宇，李合松，彭克勤，等，2011. 南荻的组织培养与快速繁殖技术［J］. 植物生理学报，47（10）：987-990.

郭彦军，倪郁，吕俊，等，2003. 豆科牧草种子萌发特性与其抗旱性差异的研究［J］. 中国草地，25（3）：24-27.

郭振飞，卢少云，2002. 细胞工程技术在草坪草育种上的应用［J］. 草原与草坪，98（3）：6-9.

何孟元，徐宗尧，邹明谦，等，1988. 两套小冰麦异附加系的利用［J］. 中国科学（B 辑），11：1161-1168.

何勇，田志宏，郑用琏，2005. 高羊茅成熟胚离体培养及高频植株再生［J］. 草业科学，22（6）：23-29.

贺学礼，张妙娟，2009. 7 种绢蒿属植物染色体数目和核型研究［J］. 西北植物学报，29（6）：1155-1161.

胡德分，胡晓莉，杨绍林，等，2017. 云南 84 个玉米杂交种的 SSR 遗传多样性分析［J］. 西南农业学报，30（7）：1488-1494.

胡能书，万贤国，1985. 同工酶技术及其应用［M］. 长沙：湖南科学技术出版社.

胡志昂，张亚平，1997. 中国动植物的遗传多样性［M］. 杭州：浙江科学技术出版社.

黄顶，李子忠，樊奋成，2003. 日光辐射对老芒麦再生草光合特性的影响［J］. 草地学报，11（4）：338-342.

黄科，唐婧，刘自震，等，2015. 生长素和细胞分裂素对桑树离体繁育的影响［J］. 西南大学学报（自然科学版），37（3）：28-34.

黄帅，2017. 偃麦草属植物分子系统发育及染色体分化研究［D］. 扬州：扬州大学.

黄雪夏，白厚义，陈佩琼，2003. Cd、Zn 污染对玉米的毒害效应［J］. 广西农业生物科学，22（4）：280-283.

黄莺，毛培胜，孟林，等，2010. 中间偃麦草染色体核型及 C-带带型的分析比较［J］. 草地学报，18（3）：378-382.

霍秀文，魏建华，张辉，等，2004. 冰草属植物组织培养再生体系的建立［J］. 华北农学报，19（1）：17-20.

贾慎修，1989. 中国饲用植物（第一卷）［M］. 北京：中国农业出版社.

蒋明义，1999. 水分胁迫下植物体内 HO 的产生与细胞的氧化损伤［J］. 植物学报，41（3）：229-234.

雷雪峰，曹会志，董烨文，等，2013. 偃麦草属三种植物幼苗干旱、盐渍交叉适应生理基础比较［J］. 中国草地学报，35（6）：14-18.

冷平生，杨晓红，胡悦，等，2000. 5 种园林树木的光合和蒸腾特性的研究［J］. 北京农学院学报，15（4）：13-18.

李贵全，2001. 细胞学研究基础［M］. 北京：中国林业出版社.

李合生，2000. 植物生理生化实验原理和技术［M］. 北京：高等教育出版社.

李红霞，王平，叶兴国，等，2002. 中间偃麦草 Z4 抗条锈病基因导入春小麦的研究［J］. 麦类作物学报，22（3）：31-33.

李景欣，云锦凤，阿拉坦苏布道，2004. 冰草的遗传多样性研究［J］. 中国草地，26（6）：12-15.

李孔晨，卢欣石，2008. 黑麦草属 9 个品种萌发及苗期耐盐性研究［J］. 草业科学，25（3）：111-115.

李玲，余光辉，曾富华，2003. 水分胁迫下植物脯氨酸累积的分子机理［J］. 华南师范学报（自然科学版）（1）：126-134.

李懋学，陈瑞阳，1985. 关于植物核型分析的标准化问题［J］. 武汉植物学研究，3（4）：297-302.

李培英，孙宗玖，阿不来提，2008. 偃麦草种质资源抗旱性评价初步研究［J］. 中国草地学报，30（3）：59-64.

李培英，孙宗玖，阿不来提，等，2015. 新偃 1 号偃麦草的选育［J］. 江苏农业科学，43（6）：184-186，418.

李培英，朱昊，孙宗玖，等，2011. 偃麦草 EST 和 POD 同工酶遗传多样性分析［J］. 新疆农业科学，48（1）：166-171.

李培英，2010. 新疆草坪用野生偃麦草种质资源评价 ［D］. 乌鲁木齐：新疆农业大学.

李巧玲，罗敏，秦民坚，等，2017. 黄精属 8 种药用植物遗传多样性的 ISSR 分析 ［J］. 中药材，40（9）：2042-2045.

李伟，韩蕾，钱永强，等，2011. 植物 NAC 转录因子的种类、特征及功能 ［J］. 应用与环境生物学报，17（4）：596-606.

李文静，李学强，贾毛毛，等，2012. 6-BA、NAA 和 2,4-D 不同配比对荠菜愈伤组织诱导、生长及植株再生的影响 ［J］. 植物生理学报，2：141-146.

李晓娜，张雪莲，张国芳，等，2017. 9 种禾本科草本植物的耐旱能力 ［J］. 草业科学，34（4）：802-812.

李晓全，高有汉，刘扬，等，2016. 我国北方 9 份旱生—沙生植物蒙古冰草遗传多样性研究 ［J］. 草业学报，25（3）：77-85.

李雪莲，2005. 偃麦草和中间偃麦草抗旱鉴定及其分子标记辅助筛选 ［D］. 乌鲁木齐：新疆农业大学.

李玉京，刘建中，李滨，等，1999. 长穗偃麦草基因组中与耐低磷营养胁迫有关的基因的染色体定位 ［J］. 遗传学报，26（6）：703-710.

李源，刘贵波，高洪文，等，2009. 紫花苜蓿种质苗期抗旱性综合评价研究 ［J］. 草地学报，17（6）：807-812.

李兆君，马国瑞，徐建民，等，2004. 植物适应重金属 Cd 胁迫的生理及分子生物学机理 ［J］. 土壤通报，35（2）：234-238.

李振声，容珊，钟冠昌，等，1985. 小麦远缘杂交 ［M］. 北京：科学出版社.

梁国玲，周青平，颜红波，等，2009. 羊茅属 4 种牧草苗期抗旱性鉴定 ［J］. 草地学报，17（2）：209-211.

廖勇，张增艳，杜丽璞，等，2007. 中间偃麦草 RAR1 基因的分离及其在小麦背景中的功能分析 ［J］. 中国农业科学，40（8）：1667-1674.

林栖凤，2004. 耐盐植物研究 ［M］. 北京：科学出版社.

林小虎，李兴锋，王黎明，等，2005. 禾本科小麦族三个物种的核型及进化关系分析 ［J］. 中国草地，27（2）：22-26，42.

刘长友，范保杰，曹志敏，等，2014. 利用 SSR 标记分析野生小豆及其近缘野生植物的遗传多样性 ［J］. 作物学报，40（1）：174-180.

刘春华，苏加楷，黄文惠，1992. 禾本科牧草耐盐性的研究 ［J］. 中国草地（6）：12-17，22.

刘建秀. 2000. 草坪坪用价值综合评价体系的探讨：Ⅱ. 评价体系的应用 ［J］. 中国草地（3）：54-56，65.

刘蕾，杜海，唐晓凤，等，2008. MYB 转录因子在植物抗逆胁迫中的作用及其分子机理 ［J］. 遗传，30（10）：1265-1271.

刘穆，2006. 种子植物形态解剖学导论 ［M］. 3 版. 北京：科学出版社：246-263.

刘润堂，1992. 小麦、偃麦草和小偃麦同工酶及蛋白质的比较研究 ［J］. 山西农业大学学报，12（4）：342-344.

刘世鹏，刘济明，陈宗礼，等，2006. 模拟干旱胁迫对枣树幼苗的抗氧化系统和渗透调节的影响 ［J］. 西北植物学报，26（9）：1781-1787.

刘思言，王丕武，关淑艳，等，2013. 6-BA 对大豆愈伤组织诱导影响的初步研究 [J]. 湖北农业科学，52（16）：3999-4001.

刘旺清，魏亦勤，裘敏，等，2004. 远缘杂交在小麦育种研究中的应用进展 [J]. 种子世界（12）：28-30.

刘文奇，陈旭君，徐晓晖，等，2002. ERF 类转录因子 OPBP1 基因的超表达提高烟草的耐盐性能力 [J]. 植物生理与分子生物学学报，28（6）：473-478.

刘香利，刘缙，郭蔼光，等，2007. 小麦幼穗的离体培养及其影响因素研究 [J]. 西北农林科技大学学报（自然科学版），35（2）：79-82，87.

刘永财，孟林，毛培春，等，2009a. 14 份新麦草种质材料苗期抗旱性差异 [J]. 中国草地学报，31（2）：64-69.

刘永财，孟林，张国芳，等，2009b. 新麦草种质遗传多样性的 ISSR 分析 [J]. 华北农学报，24（5）：107-112.

刘宇峰，易津，雷雪峰，2012. 氮肥对 5 种偃麦草属牧草生长发育的影响 [J]. 内蒙古农业科技（3）：77-79.

刘玉萍，苏旭，陈克龙，等，2013. 小麦族植物的分类现状及主要存在的问题 [J]. 生物学杂志，30（2）：77-83.

刘卓，王志峰，耿慧，等，2009. 15 个紫花苜蓿品种抗旱性评价 [J]. 安徽农业科学，37（35）：17442-17444.

卢连荣，郎南平，郑科，2008. 植物抗旱研究进展及发展趋势 [J]. 安徽农业学报，36（7）：2652-2654.

卢萍，刘军，邬惠梅，1999. 一种新的酯酶同工酶染色方法 [J]. 内蒙古师大学报 [自然科学（汉文）版]，28（4）：327-328.

陆静梅，张常钟，张洪芹，等，1994. 单子叶植物耐盐碱的形态解剖特征与生理适应的相关性研究 [J]. 东北师大学报（自然科学版）（2）：79-82.

吕丽华，胡玉昆，李雁鸣，2006. 水分胁迫下不同抗旱性冬小麦脯氨酸积累动态 [J]. 华北农学报，21（2）：75-78.

吕伟东，徐鹏彬，蒲训，2007. 偃麦草属种质资源在普通小麦育种中的应用现状简介 [J]. 草业科学，16（6）：136-140.

马渐新，周荣华，董玉琛，等，1999. 来自长穗偃麦草的抗小麦条锈病基因的定位 [J]. 科学通报，44（1）：65-69.

马宗仁，刘荣堂，1993. 牧草抗旱生理学 [M]. 兰州：兰州大学出版社.

毛培春，2004. 18 种多年生禾草种子萌发期和幼苗期的耐盐性比较研究 [D]. 呼和浩特：内蒙古农业大学.

孟林，毛培春，张国芳，2009a. 不同居群马蔺抗旱性评价及生理指标变化分析 [J]. 草业学报，18（5）：18-24.

孟林，毛培春，张国芳，2009b. 偃麦草属植物种质材料不同耐盐群体生理指标分析 [J]. 干旱地区农业研究，27（4）：83-89.

孟林，毛培春，张晓燕，等，2013. 3 份长穗偃麦草种质的体细胞核型分析 [J]. 草地学报，21（4）：821-827.

孟林，尚春艳，毛培春，等，2009c. 偃麦草属植物种质材料苗期耐盐性综合评价［J］. 草业学报，18（4）：67-74.

孟林，杨宏新，毛培春，等，2011. 偃麦草属植物种间苗期抗旱性评价［J］. 草业学报，20（5）：34-41.

孟林，张国芳，2003. 优良的饲用坪用水土保持兼用植物—偃麦草［J］. 草原与草坪（4）：16-18.

默韶京，刘桂茹，郎明林，2011. 长穗偃麦草 DREB 类基因 EeAP2.2 的克隆与序列分析［J］. 植物遗传资源学报，12（5）：764-769.

欧巧明，倪建福，张正英，等，2005. 长穗偃麦草 DNA 导入引起的冬小麦后代性状变异及其遗传研究［J］. 麦类作物学报，25（5）：18-22.

彭语洛，周青平，陈仕勇，等，2018. 青藏高原垂穗披碱草种质资源遗传多样性的 SSR 分析［J］. 草业科学，35（5）：1080-1089.

彭远英，宋会兴，钟章成，2008. 小麦中国春背景下长穗偃麦草染色体代换对苗期根系形态性状的效应［J］. 作物学报，34（6）：1104-1108.

彭运翔，张力君，于颖杰，等，2002. 偃麦草属植物种子和幼苗的耐盐性［J］. 内蒙古草业，14（3）：42-43.

朴真三，1982. 天兰冰草染色体形态和带型的研究［J］. 遗传学报，9（5）：350-356.

齐津 H B，1957. 植物的远缘杂交［M］. 胡剑德，等，译. 北京：科学出版社.

秦智慧，刘艳昆，孙彦，等，2010. 不同启动子驱动下 acdS 基因转化烟草及耐盐性研究［J］. 生物技术通报（10）：120-125.

邱彤，张军，张文林，等，2015. 基于 SSR 标记的现代月季遗传多样性研究［J］. 北方园艺（14）：115-117.

渠荣达，陈英，1983. 低温预处理提高水稻花粉愈伤组织诱导频率的作用（初报）［J］. 植物生理学报，9（4）：375-381.

任文伟，钱吉，吴霆，等，1999. 不同地理种群羊草的形态解剖结构的比较研究［J］. 复旦学报（自然科学版），38（5）：561-564.

撒多文，米福贵，刘玉良，2009. 中间偃麦草、长穗偃麦草及其杂种 F_1 代同工酶研究［J］. 草地学报，17（3）：349-353.

尚春艳，张国芳，毛培春，等，2008. 中间偃麦草苗期 NaCl 胁迫的生理响应［J］. 华北农学报，23（4）：157-162.

申忠宝，王建丽，潘多锋，等，2012. 牧草新品种农菁 7 号偃麦草特征特性及栽培技术［J］. 黑龙江农业科学（4）：152-153.

石德成，殷立娟，1993. 盐（NaCl）与碱（Na$_2$CO$_3$）对星星草胁迫作用的差异［J］. 植物学报，35（2）：144-149.

石晓蒙，温强，曹牧，等，2017. 基于近缘种微卫星引物的栓皮栎 SSR 标记开发及群体检测［J］. 分子植物育种，15（2）：633-639.

史旦宾斯 G L，1963. 植物的变异和进化［M］. 复旦大学遗传学研究所，译. 上海：上海科学技术出版社.

史广东，毛培春，张国芳，等，2009a. 中间偃麦草和长穗偃麦草解剖结构的扫描电镜观察［J］.

草业科学, 26（8）：52-56.

史广东，孟林，毛培春，等，2009b. 偃麦草属植物叶片表皮形态与结构研究［J］. 草地学报，17（5）：655-664.

史广东，2009. 偃麦草属植物形态结构解剖及同工酶特征分析［D］. 兰州：甘肃农业大学.

史燕山，骆建霞，王煦，等，2005. 5种草本地被植物抗旱性研究［J］. 西北农林科技大学学报（自然科学版），33（5）：130-134.

苏琦，尚宇航，杜密英，等，2007. 植物WRKY转录因子研究进展［J］. 农业生物技术科学，23（5）：94-98.

苏日古嘎，2007. 禾本科牧草抗旱、耐寒、耐贫瘠特性比较研究［D］. 呼和浩特：内蒙古师范大学.

孙吉雄，2002. 草坪绿地实用技术指南［M］. 北京：金盾出版社：344-354.

孙启忠，1989. 水分胁迫下四种冰草体内游离脯氨酸的累积［J］. 牧草与饲料（3）：14-15.

孙启忠，1991. 四种冰草幼苗抗旱性的研究［J］. 中国草地（3）：29-32.

孙宗玖，李培英，阿不来提，等，2009. 干旱复水后4份偃麦草渗透调节物质的响应［J］. 草业学报，18（5）：52-57.

孙宗玖，李培英，阿不来提，等，2013. 26份偃麦草种质苗期耐盐性评价［J］. 草原与草坪，33（3）：43-49.

田小霞，孟林，毛培春，等，2012. 重金属Cd、Zn对长穗偃麦草生理生化特性的影响及其积累能力的研究［J］. 农业环境科学学报，31（8）：1483-1490.

佟明友，张自立，1989. 偃麦草属三个种的染色体组研究［J］. 植物学报，31（3）：185-190.

王爱兰，李维卫，刘笑，2015. 濒危药用植物珊瑚菜遗传多样性的RAPD分析［J］. 安徽农业大学学报，42（5）：792-796.

王海珍，梁宗锁，2004. 黄土高原乡土树种抗旱生理指标的主成分分析［J］. 塔里木农垦大学学报，16（1）：13-15.

王洪刚，刘树兵，亓增军，等，2000. 中间偃麦草在小麦遗传改良中的应用研究［J］. 山东农业大学学报（自然科学版），31（3）：333-336.

王际睿，颜泽洪，魏育明，等，2004. 长穗偃麦草y型高分子量谷蛋白基因的鉴定与分子克隆［J］. 农业生物技术学报，12（2）：143-146.

王佳，郑琳琳，顾天培，等，2014. 珍稀泌盐植物长叶红砂两个WRKY转录因子的克隆及表达分析［J］. 草业学报，23（4）：122-129.

王建飞，陈宏友，杨庆利，等，2004. 盐胁迫浓度和胁迫时的温度对水稻耐盐性的影响［J］. 中国水稻科学，18（5）：449-454.

王建荣，畅志坚，郭秀荣，等，2004. 在小麦育种中利用偃麦草抗病特性的研究［J］. 山西农业科学，32（3）：3-7.

王凯，杜丽璞，张增艳，等，2008. 中间偃麦草SGT1基因的克隆及其抗病功能的分析［J］. 作物学报，34（3）：520-525.

王黎明，李兴锋，刘树兵，等，2007. 小麦微卫星标记在中间偃麦草中通用性研究［J］. 华北农学报，22（6）：50-52.

王黎明，林小虎，赵逢涛，等，2005. 一个小麦-中间偃麦草异代换系的形态学和细胞学鉴定

[J]. 西北植物学报, 25 (3): 441-447.

王六英, 赵金花, 2001. 偃麦草属 (*Elytrigin* Desv.) 3 种牧草营养器官解剖结构与抗旱性的研究 [J]. 干旱区资源与环境, 15 (5): 63-67.

王佺珍, 韩建国, 周禾, 等, 2006. 蓝茎冰草种子产量与施氮量和密度互作的模型分析 [J]. 草地学报, 14 (2): 99-105.

王瑞晶, 李培英, 2016. 小麦 EST-SSR 标记在偃麦草中的通用性分析 [J]. 分子植物育种, 14 (6): 1516-1523.

王瑞瑞, 宿婷, 谢应忠, 2010. 苜蓿 6 个品种幼苗期抗旱性比较研究 [J]. 农业科学研究, 31 (1): 9-12.

王锁民, 朱兴运, 赵银, 1994. 盐胁迫对拔节期碱茅游离脯氨酸成分和脯氨酸含量的影响 [J]. 草业学报, 3 (3): 22-26.

王万军, 王文芳, 曹建军, 等, 1998. 小麦叶片愈伤组织及其再生植株的诱导 [J]. 西北植物学报, 18 (3): 401-405.

王新国, 2008. 偃麦草属植物细胞学鉴定及遗传多样性分析 [D]. 北京: 中国农业大学.

王学文, 蔺彩虹, 李小峰, 等, 2007. NaHCO$_3$ 胁迫对大叶紫花苜蓿生理特征的影响 [J]. 草业科学, 24 (2): 26-29.

王雪青, 张俊文, 魏建华, 等, 2007. 盐胁迫下野大麦耐盐生理机制初探 [J]. 华北农学报, 22 (1): 17-21.

王艳, 张绵, 2000. 结缕草和早熟禾解剖结构与其抗旱性、耐践踏性和弹性关系的对比研究 [J]. 辽宁大学学报 (自然科学版), 27 (4): 371-375.

王元军, 2005. 禾本科植物的泡状细胞 [J]. 生物学教学, 30 (11): 7-9.

王忠, 2000. 植物生理学 [M]. 北京: 中国农业出版社: 435.

翁森红, 聂素梅, 徐恒刚, 等, 1998. 禾本科牧草 K$^+$/Na$^+$ 与其耐盐性的关系 [J]. 四川草原 (2): 22-23, 30.

乌仁其木格, 张力君, 易津, 1999. 偃麦草属牧草种子同工酶比较研究 [J]. 内蒙古农牧学院学报, 20 (2): 49-52.

吴桂胜, 胡鸢雷, 宋福平, 等, 2006. 剪股颖愈伤组织诱导与植株再生 [J]. 生物技术通报 (4): 100-103, 108.

吴珊, 2016. 长穗偃麦草醇溶蛋白的遗传多样性分析 [J]. 河南农业科学, 45 (3): 34-38.

武保国, 杜利民, 薛凤华, 1991. 偃麦草引种驯化 [J]. 种子 (1): 12-16.

肖德兴, 赖小荣, 曲雪艳, 等, 1999. 百喜草和几种水保植物营养器官的解剖研究 [J]. 江西农业大学学报, 21 (4): 488-494.

肖文一, 1989. 北方型优良草坪植物–偃麦草 [J]. 中国草地 (4): 78-80, 30.

谢建治, 张书廷, 赵新华, 等, 2008. 潮褐土镉锌复合污染对小白菜生长的影响 [J]. 天津大学学报, 38 (5): 426-431.

谢宗铭, 陈福隆, 1999. 生化指纹在向日葵育种上的应用: I. 同工酶的研究及应用 [J]. 作物杂志 (2): 1-4.

新疆八一农学院, 1982. 新疆植物检索表: 第一册 [M]. 乌鲁木齐: 新疆人民出版社: 161-169.

徐春波，米福贵，王勇，2006. 转基因冰草植株耐盐性研究 [J]. 草地学报，14（1）：20-23.

徐倩倩，2015. 玉米 CCCH 型锌指蛋白基因 ZmC3H54 的抗逆功能分析 [D]. 合肥：安徽农业大学.

徐勤松，施国新，周红卫，等，2003. Cd、Zn 复合污染对水车前叶绿素含量和活性氧清除系统的影响 [J]. 生态学杂志，22（1）：5-8.

徐琼芳，马有志，辛志勇，等，1999. 应用原位杂交及 RAPD 技术标记抗黄矮病小麦—中间偃麦草染色体异附加系 [J]. 遗传学报，26（1）：49-53.

徐鑫，2016. 小麦分子标记在长穗偃麦草的通用性 [J]. 分子植物育种，14（10）：2696-2699.

许大全，1990. 光合作用"午睡"现象的生态、生理与生化 [J]. 植物生理学通讯（6）：5-10.

闫红飞，杨文香，陈云芳，等，2009. 偃麦草属 E 染色体组特异 SCAR 标记对 Lr19 的特异性和稳定性研究 [J]. 植物病理学报，39（1）：76-81.

闫素丽，安玉麟，孙瑞芬，等，2008. 染色体核型分析及染色体显微分离技术研究进展 [J]. 生物技术通报（4）：70-74.

闫小丹，李集临，张延明，2010. 偃麦草属遗传资源的应用研究 [J]. 生物技术通报（6）：18-21.

阎贵兴，2001. 中国草地饲用植物染色体研究 [M]. 呼和浩特：内蒙古人民出版社：22-23.

杨居荣，鲍子平，张素芹，1993. 镉、铅在植物细胞内的分布及其可溶性结合形态 [J]. 中国环境科学，13（4）：263-268.

杨艳，吴宗萍，张敏，2010. 头花蓼对重金属 Cd 的吸收特性与累积规律初探 [J]. 农业环境科学学报，29（11）：2094-2099.

杨艳，2016. 广义偃麦草属植物的核型与分子系统发育研究 [D]. 成都：四川农业大学.

尤明山，李保云，唐朝晖，等，2002. 偃麦草 E 染色体组特异 RAPD 和 SCAR 标记的建立 [J]. 中国农业大学学报，7（5）：1-6.

尤明山，李保云，田志会，等，2003. 利用小麦微卫星引物建立偃麦草 E^e 染色体组特异 SSR 标记 [J]. 农业生物技术学报，11（6）：577-581.

于方明，仇荣亮，胡鹏杰，等，2007. 不同 Cd 水平对小白菜叶片抗氧化酶系统的影响 [J]. 农业环境科学学报，26（3）：950-954.

云锦凤，2001. 牧草及饲料作物育种学 [M]. 北京：中国农业出版社.

曾兵，张新全，彭燕，等，2006. 优良牧草鸭茅的温室抗旱性研究 [J]. 湖北农业科学，45（1）：103-106.

张超，2009. 长穗偃麦草 E 组染色体特异 PCR 标记开发 [D]. 扬州：扬州大学.

张晨，云岚，白亚利，等，2017. 新麦草种质资源的 SSR 遗传多样性分析 [J]. 中国草地学报，39（5）：24-30.

张大勇，蒋新华. 1999. 遗传多样性与濒危植物保护生物学研究进展 [J]. 生物多样性，7（1）：31-37.

张耿，高洪文，王赞，等，2007. 偃麦草属植物苗期耐盐性指标筛选及综合评价 [J]. 草业学报，16（4）：55-61.

张耿，王赞，高洪文，等，2008. 21 份偃麦草属牧草苗期耐盐性评价 [J]. 草业科学，25（1）：51-54.

张耿，王赞，关宁，等，2007. 中间偃麦草 Na^+/H^+ 逆向转运蛋白的分子克隆及生物信息学分析 [J]. 遗传，29（10）：1263-1270.

张国芳，孟林，毛培春，2007. 偃麦草和中间偃麦草种质材料苗期抗旱性鉴定研究 [J]. 华北农学报，22（3）：54-59.

张国芳，王北洪，孟林，等，2005. 四种偃麦草光合特性日变化分析 [J]. 草地学报，13（4）：344-348.

张海娜，李小娟，李存东，等，2008. 过量表达小麦超氧化物歧化酶（SOD）基因对烟草耐盐能力的影响 [J]. 作物学报，34（8）：1403-1408.

张竞，2006. 偃麦草属植物耐盐性评价及耐盐补偿生理学研究 [D]. 呼和浩特：内蒙古农业大学.

张力君，易津，于颖杰，等，1995. 偃麦草属 4 种牧草种子萌发的基本特性 [J]. 内蒙古农牧学报，16（2）：68-73.

张丽，颜泽洪，郑有良，等，2008. 小麦中国春背景下长穗偃麦草 E^e 染色体组特异 AFLP 及 STS 标记的建立 [J]. 农业生物技术学报，16（3）：465-473.

张利平，王新平，刘立超，等，1998. 沙坡头主要建群植物油蒿和柠条的气体交换特征研究 [J]. 生态学报，18（2）：133-137.

张琳，郭强，毛培春，等，2014. 长穗偃麦草 $HKT1;4$ 基因片段的克隆及序列分析 [J]. 基因组学与应用生物学，33（4）：869-874.

张璐璐，陈士强，李海凤，等，2016. 小麦-长穗偃麦草 7E 抗赤霉病易位系培育 [J]. 中国农业科学，49（18）：3477-3488.

张同林，蔡联炳，2005. 国产画眉草亚族叶表皮微形态特征及其在属间关系上的意义 [J]. 西北植物学报，25（3）：448-453.

张微，王良群，刘勇，等，2017. 玉米不同部位愈伤组织诱导及植株再生的比较研究 [J]. 核农学报，31（11）：2135-2144.

张文君，杨春华，刘帆，等，2010. 不同激素配比对草地早熟禾愈伤组织形成的影响 [J]. 四川农业大学学报，28（2）：187-190.

张晓燕，毛培春，孟林，等，2011a. 毛稃偃麦草染色体核型分析 [J]. 草原与草坪，31（5）：34-36.

张晓燕，毛培春，孟林，等，2011b. 三份偃麦草种质的染色体核型分析 [J]. 草业学报，20（4）：194-201.

张晓燕，毛培春，孟林，等，2011c. 中间偃麦草和长穗偃麦草染色体核型分析 [J]. 草业科学，28（7）：1315-1319.

张晓燕，2011. 偃麦草染色体核型与遗传多样性分析 [D]. 兰州：甘肃农业大学.

张云，龙云星，奎丽梅，等，2017. 我国水稻两用核不育系 SSR 遗传多样性分析 [J]. 分子植物育种，15（7）：2836-2846.

赵可夫，1993. 植物抗盐生理 [M]. 北京：中国科学技术出版社.

赵世杰，邹琦，郑国生，1993. 调制后的烟叶中叶绿体色素测定方法的研究 [J]. 中国烟草（3）：17-19.

赵彦，陈雪英，云锦凤，等，2016. 蒙古冰草茎尖愈伤组织及其再生植株诱导 [J]. 北方农业学报, 44 (2): 18-22.

中国土壤学会农业化学专业委员会, 1983. 土壤农业化学常规分析法 [M]. 北京: 科学出版社.

仲干远, 1984. 新疆小麦近缘植物的考察和研究 [D]. 北京: 中国农业科学院.

周海燕, 张景光, 龙利群, 等, 2001. 脆弱生态带典型区域几种锦鸡儿属优势灌木的光合特征 [J]. 中国沙漠, 21 (3): 227-231.

周妍彤, 张琳, 郭强, 等, 2018. 长穗偃麦草幼穗离体培养高频再生体系的建立 [J]. 植物生理学报, 54 (9): 1475-1480.

周妍彤, 郭强, 毛培春, 等, 2019. 长穗偃麦草成熟种胚高频再生体系 [J]. 草业科学, 36 (5): 1317-1322.

周玉琴, 2003. 小麦属远缘杂交育种研究新进展 [J]. 小麦研究, (4): 4-6.

朱昊, 2008. 新疆野生偃麦草遗传多样性研究 [D]. 乌鲁木齐: 新疆农业大学.

朱艳, 畅志坚, 张晓军, 等, 2017. 偃麦草属分子标记开发研究进展 [J]. 山西农业科学, 45 (4): 659-662.

庄家骏, 贾旭, 陈国庆, 等, 1988. 诱导小麦-天兰偃麦草-黑麦三属杂种花粉植株的研究 [J]. 遗传学报, 15 (3): 161-164.

邹琦, 2000. 植物生理学实验指导 [M]. 北京: 中国农业出版社.

ALEMÁN F, NIEVES-CORDONES M, MARTÍNEZ V, et al., 2009. Potassium/sodium steady-state homeostasis in *Thellungiella halophila* and *Arabidopsis thaliana* under long-term salinity conditions [J]. Plant Science, 176 (6): 768-774.

AMTMANN A, 2009. Learning from evolution: *Thellungiella* generates new knowledge on essential and critical components of abiotic stress tolerance in plants [J]. Molecular Plant, 2: 3-12.

ANDERS S, HUBER W, 2010. Differential expression analysis for sequence count data [J]. Genome Biology, 11: R106.

APPELS R, EVERSOLE K, FEUILLET C, et al., 2018. Shifting the limits in wheat research and breeding using a fully annotated reference genome [J]. Science, 361 (6403). DOI: 10.1126/science. aar7191.

ARANO H, 1963. Cytological studies in subfamily Carduoideae (Compositae) of Japan. IX. The karyotype analysis and phytogenic consideration on Pertya and Ainsliaea (2) [J]. The Botanical Magazine Tokyo, 76: 32-39.

ASHLEY M K, GRANT M, GRABOV A, 2006. Plant responses to potassium deficiencies: a role for potassium transport proteins [J]. Journal of Experimental Botany, 57 (2): 425-436.

PALEG L G, ASPINALL D, 1981. The physiology and biochemistry of drought resistant in plants [M]. Sydney: Academic Press.

ASSADI M, RUNEMARK H, 1995. Hybridisation, genomic constitution and generic delimitation in *Elymus*. S. 1. (Poaceae: Triticeae) [J]. Plant Systematics and Evolution, 194: 189-205.

BABITHA K C, RAMU S V, PRUTHVI V, et al., 2013. Co-expression of At*bHLH17* and At*WRKY28* confers resistance to abiotic stress in *Arabidopsis* [J]. Transgenic Research, 22: 327-341.

BAO A K, DU B Q, TOUIL L, et al., 2016. Co-expression of tonoplast Cation/H$^+$ antiporter and H$^+$-pyrophosphatase from xerophyte *Zygophyllum xanthoxylum* improves alfalfa plant growth under salinity, drought and field conditions [J]. Plant Biotechnology Journal, 14 (3): 964-975.

BARKWORTH M E, ANDERTON L K, CAPELS K M, et al., 2007. Manual of Grasses for North America [M]. Logan, Utah: University Press of Colorado.

BARKWORTH M E, 1992. Toxonomy of the Triticeae: a historical perspective [J]. Hereditas, 116: 1-14.

BERNARD A, JOUBÈS J, 2013. Arabidopsis cuticular waxes: advances in synthesis, export and regulation [J]. Progress in Lipid Research, 52: 110-129.

BERTHOMIEU P, CONÉJÉRO G, NUBLAT A, et al., 2003. Functional analysis of *AtHKT1* in *Arabidopsis* shows that Na$^+$ recirculation by the phloem is crucial for salt tolerance [J]. The EMBO Journal, 22 (9): 2004-2014.

BHATIA R, SINGH K P, JHANG T, et al., 2009. Assessment of clonal fidelity of micropropagated gerbera plants by ISSR markers [J]. Scientia Horticulturae, 119 (2): 208-211.

BORNET B, ANTOINE E, BARDOUIL M, et al., 2004. ISSR as new markers for genetic characterization and evaluation of relationships among phytoplankton [J]. Journal of Applied Phycology, 16 (4): 285-290.

BORNET B, BRANCHARD M, 2001. Nonanchored Inter Simple Sequence Repeat (ISSR) markers: Reproducible and specific tools for genome fingerprinting [J]. Plant Molecular Biology Reporter, 19: 209-215.

BOSE J, RODRIGO-MORENO A, SHABALA S, 2014. ROS homeostasis in halophytes in the context of salinity stress tolerance [J]. Journal of Experimental Botany, 65 (5): 1241-1257.

BYRT C S, PLATTEN J D, SPIELMEYER W, et al., 2007. HKT1;5-like cation transporters linked to Na$^+$ exclusion loci in wheat, *Nax2* and *Kna1* [J]. Plant Physiology, 143 (4): 1918-1928.

CASLER M D, GOODWIN W H, 1989. Genetic variation for rhizome growth traits in *Elytrigia repens* (L) Nevski [C] //Jarrige, et al., Proceedings of the XVI International Grassland Congress. The French Grasslands Society, Lusignan, France, 339-340.

CEOLONI C, KUZMANOVI C L, GENNARO A, et al., 2014. Genomes, chromosomes and genes of the wheatgrass Genus *Thinopyrum*: the value of their transfer into wheat for gains in cytogenomic knowledge and sustainable breeding [J]. Genomics of Plant Genetic Resources, 333-358.

CHEN L, FAN J B, HU L X, et al., 2015. A transcriptomic analysis of bermudagrass (*Cynodon dactylon*) provides novel insights into the basis of low temperature tolerance [J]. BMC Plant Biology, 15: 216.

CHEN Q, CONNER R L, LAROCHE A, et al., 1998. Genome analysis of *Thonopyrum intermedium* and *Thinopyrum ponticum* using genomic in situ hybridization [J]. Genome, 41 (4): 580-586.

CLARKSON D T, HANSON J B, 1980. The mineral nutrition of higher plants [J]. Annual Review Plant Physiology, 31: 239-298.

GORHAM J, HARDY C, JONES R G W, et al., 1987. Chromosomal location of a K/Na discrimination character in the D genome of wheat [J]. Theoretical and Applied Genetics, 74: 584-588.

COSTA G, SPITZ E, 1997. Influence of cadmium on soluble carbohydrates, free amino acids, protein content of in vitro cultured *Lupinus albus* [J].Plant Science, 128 (2): 131-140.

PLETT D C, MØLLER I S, 2010. Na$^+$transport in glycophytic plants: what we know and would like to know [J]. Plant Cell and Environment, 33: 612-626.

CRISTINA M, DINIS A, SALES F, 2008. Testing the reliability of anatomical and epidermical characters in grass taxonomy [J]. Microscopy and Microanalysis, 14 (supp3): 156-157.

DAVENPORT R J, MUNOZ-MAYOR A, JHA D, et al., 2007. The Na$^+$ transporter AtHKT1;1 controls retrieval of Na$^+$ from the xylem in *Arabidopsis* [J]. Plant Cell and Environment, 30 (4): 497-507.

DEMIDCHIK V, MAATHUIS F J M, 2007. Physiological roles of nonselective cation channels in plants: from salt stress to signaling and development [J]. New Phytologist, 175: 387-405.

DEWEY D R, 1962. The genome structure of intermediate wheatgrass [J]. Journal of Heredity, 53 (6): 282-290.

DEWEY D R, 1984. The genomic system of classification as a guide to intergenetic hybridization with the perennial Triticeae [M]// GUSTAFSON J P, et al., Gene Manipulation in Plant Improvement. Boston: Springer.

DUAN X G, SONG Y J, YANG A F, et al., 2009. The transgene pyramiding tobacco with betaine synthesis and heterologous expression of *AtNHX1* is more tolerant to salt stress than either of the tobacco line with betaine synthesis or *AtNHX1* [J]. Physiologia Plantarum, 135 (3): 281-295.

DVORAK J, 1981. Genome relationships among *Elytrigia* (=*Agropyron*)*elongata*, *E.stipifolia*, "*E.elongata* 4 X*", *E. caespitosa*, *E. intermedia* and "*E. elongata* 10X" [J].Canadian Journalof Genetics and Cytology, 23 (3): 481-492.

ERLICH Y, MITRA P P, DELABASTIDE M, et al., 2008. Alta-Cyclic: A self-optimizing base caller for next-generation sequencing [J]. Nature Methods, 5 (8): 679-682.

FAIRBAIRN D J, LIU W, SCHACHTMAN D P, et al., 2000. Characterisation of two distinct HKT1-like potassium transporters from *Eucalyptus camaldulensis* [J]. Plant Molecular Biology, 43 (4): 515-525.

FARQUHAR G D, SCHULZE E D, KUPPERS M, 1980. Responses to humidity by stomata of *Nicotiana glauca* L. and *Corylus avellana* L. are consistent with the optimisation of carbon dioxide uptake with respect to water loss [J]. Australian Journal of Plant physiology (7): 315-327.

FERNÁNDEZ M, FIGUEIRAS A, BENITO C, 2002. The use of ISSR and RAPD markers for detecting DNA polymorphism, genotype identification and genetic diversity among barley cultivars with known origin [J]. Theoretical and Applied Genetics, 104 (5): 845-851.

GALVÁN M Z, BORNET B, BALATTI P A, et al., 2003. Inter simple sequence repeat (ISSR) markers as a tool for the assessment of both genetic diversity and gene pool origin in common bean (*Phaseolus vulgaris* L.) [J]. Euphytica, 132 (3): 297-301.

GAMBALE F, UOZUMI N, 2006. Properties of Shaker-type potassium channels in higher plants [J]. The Journal of Membrane Biology, 210 (1): 1-19.

GARCIA-MATA C, WANG J, GAJDANOWICZ P, et al., 2010. A minimal cysteine motif required to activate the SKOR K$^+$ channel of *Arabidopsis* by the reactive oxygen species H$_2$O$_2$ [J]. The Journal of Biological Chemistry, 285 (38): 29286-29294.

GARCIA P, MONTE J V, CASANOVA C, et al., 2002. Genetic similarities among Spanisch populations of *Agropyron*, *Elymus* and *Thinopyrum*, using PCR-based markers [J]. Genetic Resources and Crop Evolution, 49: 103-109.

GAYMARD F, PILOT G, LACOMBE B, et al., 1998. Identification and disruption of a plant shaker-like outward channel involved in K^+ release into the xylem sap [J]. Cell, 94 (5): 647-655.

GIERTH M, MÄSER P, 2007. Potassium transporters in plants-involvement in K^+ acquisition, redistribution and homeostasis [J]. FEBS Letters, 581 (12): 2348-2356.

GRABHERR M G, HAAS B J, YASSOUR M, et al., 2011. Full-length transcriptome assembly from RNA-Seq data without a reference genome [J]. Nature Biotechnology, 29 (7): 644-652.

GUO Q, MENG L, MAO P C, et al., 2013. Role of silicon in alleviating salt-induced toxicity in white clover [J]. Bulletin Environmental Contamination and Toxicology, 91 (2): 213-216.

GUO Q, MENG L, MAO P C, et al., 2014. Salt tolerance in two tall wheatgrass species is associated with selective capacity for K^+ over Na^+ [J]. Acta Physiologiae Plantarum, 37: 1708.

GUO Q, TIAN X X, MAO P C, et al., 2019. Functional characterization of IlHMA2, a P_{1B2}-ATPase in *Iris lactea* response to Cd [J]. Environmental and Experimental Botany, 157: 131-139.

GUO Q, WANG P, MA Q, et al., 2012. Selective transport capacity for K^+ over Na^+ is linked to the expression levels of PtSOS1 in halophyte *Puccinellia tenuiflora* [J]. Functional Plant Biology, 39: 1047-1057.

GUO Y H, YU Y P, WANG D, et al., 2009. GhZFP1, a novel CCCH-type zinc finger protein from cotton, enhances salt stress tolerance and fungal disease resistance in transgenic tobacco by interacting with GZIRD21A and GZIPR5 [J]. New Phytologist, 183 (1): 62-75.

HARE P D, CRESS W A, 1997, Metabolic implications of stess-induced proline accumulation in plants [J]. Plant Growth Regulation, 21 (2): 79-102.

HAUSER F, HORIE T, 2010. A conserved primary salt tolerance mechanism mediated by HKT transporters: a mechanism for sodium exclusion and maintenance of high K^+/Na^+ ratio in leaves during salinity stress [J]. Plant Cell and Environment, 33 (4): 552-565.

HE X J, MU R L, CAO W H, et al., 2005. AtNAC2, a transcription factor downstream of ethylene and auxin signaling pathways, is involved in salt stress response and lateral root development [J]. The Plant Journal, 44 (6): 903-916.

HORIE T, HAUSER F, SCHROEDER J I, 2009. HKT transporter-mediated salinity resistance mechanisms in *Arabidopsis* and monocot crop plants [J]. Trends in Plant Science, 14 (12): 660-668.

HORIE T, HORIE R, CHAN W Y, et al., 2006. Calcium regulation of sodium hypersensitivities of *sos3* and *athkt1* mutants [J]. Plant and Cell Physiology, 47 (5): 622-633.

HORSCH R B, FRY J E, HOFFMAN N L, et al., 1985. A simple and general method for transferring genes into plants [J]. Science, 227 (4691): 1229-1231.

HU J, MA Q, KUMAR T, et al., 2016. *ZxSKOR* is important for salinity and drought tolerance of *Zygophyllum xanthoxylum* by maintaining K^+ homeostasis [J]. Plant Growth Regulation, 80: 195-205.

HUANG B R, FRY J D. 1998. Root anatomical, physiological and morphological responses to drought stress for tall fescue cultivars [J]. Crop Science, 38 (4): 1017-1022.

HUANG F, WANG M, Li Z, 2017. Caucasian clover (*Trifolium ambiguum* Bieb.) × white clover (*T. repens* L.)-interspecific hybrids developed through tissue culture [J]. Legume Research, 40 (5): 830-835.

HUANG S B, SPIELMEYER W, LAGUDAII E S, et al., 2006. A sodium transporter (HKT7) is a candidate for *Nax1*, a gene for salt tolerance in durum wheat [J]. Plant Physiology, 142: 1718-1727.

JAMES R A, BLAKE C, BYRT C S, et al., 2011. Major genes for Na$^+$ exclusion, *Nax1* and *Nax2* (wheat *HKT1;4* and *HKT1;5*), decrease Na$^+$ accumulation in bread wheat leaves under saline and waterlogged conditions [J]. Journal of Experimental Botany, 62 (8): 2939-2947.

JAMES R A, DAVENPORT R J, MUNNS R, 2006. Physiological characterization of two genes for Na$^+$ exclusion in durum wheat, *Nax1* and *Nax2* [J]. Plant Physiology, 142: 1537-1547.

JIANG Y Q, DYHOLOS M K, 2009. Functional characterization of *Arabidopsis* NaCl-inducible *WRKY25* and *WRKY33* transcription factors in abiotic stresses [J]. Plant Molecular Biology, 69 (1): 91-105.

JOSHI S P, GUPTA V S, AGGARWAL R K, et al., 2000. Genetic diversity and phylogenetic relationship as revealed by inter simple sequence repeat ISSR polymorphism in the genus *Oryza* [J]. Theoretical & Applied Genetics, 100: 1311-1320.

KANTETY R V, ZENG X P, BENNETZEN J L, et al., 1995. Assessment of genetic diversity in dent and popcorn (*Zea mays* L.) inbred lines using inter-simple sequence repeat (ISSR) amplification [J]. Molecular Breeding, 1 (4): 365-373.

KITAOKA N, KAWAIDE H, AMANO N, et al., 2014. CYP94B3 activity against jasmonic acid amino acid conjugates and the elucidation of 12-O-β-glucopyranosyl-jasmonoyl-l-isoleucine as an additional metabolite [J]. Phytochemistry, 99: 6-13.

KNOTT D R, 1961. The inheritance of rust resistance. VI. The transfer of stem rust resistance from *Agropyron elongatum* to common wheat [J]. Canadian Journal of Plant Science, 41 (1): 109-123.

KOJIMA T, NAGAOKA T, NODA K, et al., 1998. Genetic linkage map of ISSR and RAPD markers in Einkorn wheat in relation to that of RFLP markers [J]. Theoretical and Applied Genetics, 96 (1): 37-45.

KONCALOVA H, 1990. Anatomical adaptations to waterlogging in roots of wetland graminoids: limitations and drawbacks [J]. Aquatic Botany, 38 (1): 127-134.

KOO A J, COOKE T F, HOWE G A, 2011. Cytochrome P450 CYP94B3 mediates catabolism and inactivation of the plant hormone jasmonoyl-L-isoleucine [J]. Proceedings of the National Academy of Sciences of the United States of America, 108 (22): 9298-9303.

KUBEŠ M, YANG H, RICHTER G L, et al., 2012. The *Arabidopsis* concentration-dependent influx/efflux transporter ABCB4 regulates cellular auxin levels in the root epidermis [J]. The Plant Journal, 69 (4): 640-654.

KUMAR V, SHARMA S, KERO S, et al., 2008. Assessment of genetic diversity in common bean (*Phaseolus vulgaris* L.) germplasm using amplified fragment length polymorphism (AFLP) [J]. Scientia Horticulturae, 116 (2): 138-143.

KUO S R, WANG T T, HUANG T C, 1972. Karyotype analysis of some *Formosan gymnosperms* [J]. Taiwania, 17 (1): 66-80.

LACAN D, DURAND M, 1996. Na$^+$-K$^+$ exchange at the xylem/symplast boundary. Its significance in the salt sensitivity of soybean [J]. Plant Physiology, 110 (2): 705-711.

LEIGH R A, WYN-JONES R G, 1984. A hypothesis relating critical potassium concentrations for growth to the distribution and functions of this ion in the plant cell [J]. New Phytologist, 97 (1): 1-13.

LEVAN A, FREDGA K, SANDBERG A A, 1964. Nomenclacture for centromeric position on chromosomes [J]. Hereditas, 52 (2): 201-220.

JACKSON R C, 1971. The karyotype in systematics [J]. Annual Review of Ecology and Systematics, 2: 327-368.

LEWIS D R, MILLER N D, SPLITT B L, et al., 2007. Separating the roles of acropetal and basipetal auxin transport on gravitropism with mutations in two *Arabidopsis* multidrug resistance-like ABC transporter genes [J]. The Plant Cell, 19: 1838-1850.

LI S J, FU Q T, CHEN L G, et al., 2011. *Arabidopsis thaliana* WRKY25, WRKY26, and WRKY33 coordinate induction of plant thermotolerance [J]. Planta, 233 (6): 1237-1252.

LIDIJIA H A, 2003. Identification of indole-3-acetic acid producing freshwater wetland rhizosphere bacteria associated with *Juncus effusu* L. [J].Canadian Journal of Microbiology, 49 (12): 781-787.

LIM S, SUBRAMANIAM S, ZAMZURI I, et al., 2016. Biotization of in vitro calli and embryogenic calli of oil palm (*Elaeis guineensis* Jacq.) with diazotrophic bacteria *Herbaspirillum seropedicae* (Z78) [J]. Plant Cell, Tissue and Organ Culture. 127 (1): 251-262.

LIU L Q, LUO Q L, LI H W, et al., 2018. Physical mapping of the blue-grained gene from *Thinopyrum ponticum* chromosome 4Ag and development of blue-grain-related molecular markers and a FISH probe based on SLAF-seq technology [J]. Theoretical and Applied Genetics, 131: 2359-2370.

LIU Z W, WANG R R C, 1993a. Genome analysis of *Elytrigia caespitosa, Lophopyrum nodosum, Pseudoroegneria geniculata* ssp. *scythica*, and *Thinopyrum intermedium* (Triticeae: Gramineae) [J]. Genome, 36 (1): 102-111.

LIU Z W, WANG R R C, 1993b. Genome constitutions of *Thinopyrum curvifolium, T. scirpeum, T. distichum*, and *T. junceum* (Triticeae: Gramineae) [J]. Genome, 36 (4): 641-651.

LÖVE A, 1984. Conspectus of the Triticeae [J]. Feddes Repertorium, 95 (7-8): 425-521.

MA L F, LI Y, CHEN Y, et al., 2016. Improved drought and salt tolerance of *Arabidopsis thaliana* by ectopic expression of a cotton (*Gossypium hirsutum*) CBF gene [J]. Plant Cell, Tissue and Organ Culture, 124 (3): 583-598.

MAATHUIS F J, AMTMANN A, 1999. K^+ nutrition and Na^+ toxicity: the basis of cellular K^+/Na^+ ratios [J]. Annuals of Botany, 84: 123-133.

MAATHUIS F J. 2006. The role of monovalent cation transporters in plant responses to salinity [J]. Journal of Experimental Botany, 57: 1137-1147.

MAHELKA V, FEHRER J, KRAHULEC F, 2007. Recent natural hybridization between two allopolyploid wheatgrasses (*Elytrigia*, Poaceae): ecological and evolutionary implications [J]. Annals of Botany, 100 (2): 249-260.

DREW MC, HE C J, MORGAN P W, 1989. Decreased ethylene biosynthesis, and induction of aerenchyma, by nitrogen-or phosphate-starvation in adventitious roots of *Zea mays* L. [J].Plant

Physiology, 91 (1): 266-271.

MANTEL N, 1967. The detection of disease clustering and a generalized regression approach [J]. Cancer Research, 27 (2): 209-220.

MAO P S, HUANG Y, WANG X G, et al., 2010. Cytological evaluation and karyotype analysis in plant germplasms of *Elytrigia* Desv [J]. Agricultural Sciences in China, 9 (11): 1553-1560.

MARTÍNEZ J P, KINET J M, BAJJI M, et al., 2005. NaCl alleviates polyethylene glycol-induced water stress in the halophyte species *Atriplex halimus* L. [J]. Journal of Experimental Botany, 56 (419): 2421-2431.

MELDERIS A, 1980. *Elymus* [M]// TUTIN T G. et al., Flora Eueopaea vol.5. Cambridge: Cambridge University Press.

MENG L, MAO P C, 2013. Micromorphological and anatomical features of four species of *Elytrigia* Desv. (Poaceae) [J]. Bangladesh Journal of Plant Taxonomy, 20 (2): 135-144.

MENG L, YANG H X, MAO P C, et al., 2011. Analysis of genetic diversity in *Arrhenatherum elatius* germplasm using inter-simple sequence repeat (ISSR) markers [J]. African Journal of Biotechnology, 10 (38): 7342-7348.

MENG L, ZHANG L, GUO Q, et al., 2016. Cloning and transformation of *EeHKT1;4* gene from *Elytrigia elongata* [J]. Protein and Peptide Letters, 23 (5): 488-494.

MICHALSKI S G, DURKA W, JENTSCH A, et al., 2010. Evidence for genetic differentiation and divergent selection in an autotetraploid forage grass (*Arrhenatherum elatius*) [J]. Theoretical and Applied Genetics, 120 (6): 1151-1162.

MØLLER I S, GILLIHAM M, JHA D, et al., 2009. Shoot Na^+ exclusion and increased salinity tolerance engineered by cell type-specific alteration of Na^+ transport in *Arabidopsis* [J].The Plant Cell, 21: 2163-2178.

MOORE D M, 1978. The chromosomes and plant taxonomy [M]. London: Academic Press: 39-56.

MORTAZAVI A, WILLIAMS B A, MCCUE K, et al., 2008. Mapping and quantifying mammalian transcriptomes by RNA-Seq [J]. Nature Methods, 5 (7): 621-628.

MUJIB A, TONK D, ALI M., 2014. Plant regeneration from protoplasts in Indian local *Coriandrum sativum* L.: scanning electron microscopy and histological evidences for somatic embryogenesis [J]. Plant Cell, Tissue and Organ Culture, 117 (3): 323-334.

MUNNS R, JAMES R A, XU B, et al., 2012. Wheat grain yield on saline soils is improved by an ancestral Na^+ transporter gene [J]. Nature Biotechnology, 30: 360-364.

MUNNS R, REBETZKE G J, HUSAIN S, et al., 2003. Genetic control of sodium exclusion in durum wheat [J]. Australian Journal of Agricultural Research, 54 (7): 627-635.

MUNNS R, TESTER M, 2008. Mechanisms of salinity tolerance [J]. Annual Review of Plant Biology, 59: 651-681.

NEUTEBOOM J H, 1980. Variability of couch [*Elytrigia repens* (L.) Desv.] in grasslands and arable fields in two localities in the Netherlands [J]. Acta Botanica Neerlandica, 29: 407-417.

NEVSKI S A, 1933. Uber das system der tribe Hordeae Benth. Flora et Systematica Plantae Vaeculares [M]. Ser 1, Fasc 1, Leningrad, 9-32.

PARDO J M, CUBERO B, LEIDI E O, et al., 2006. Alkali cation exchangers: roles in cellular homeostasis and stress tolerance [J]. Journal of Experimental Botany, 57 (5): 1181-1199.

PARDO J M, 2010. Biotechnology of water and salinity stress tolerance [J]. Current Opinion in Biotechnology, 21 (2): 185-196.

PETROVA O A, 1975. The polymorphism of *Elytrigia repens* (L.) Desv. and its chromosome number [J]. Tsitologiya I Genetika, 9: 126-128.

PRASAD M N V, 1995, Cadmium toxicity and tolerance in vascular plants [J]. Environmental and Experimental Botany, 35 (4): 525-545.

REN Z H, GAO J P, LI L G, et al., 2005. A rice quantitative trait locus for salt tolerance encodes a sodium transporter [J]. Nature Genetics, 37: 1141-1146.

ROBERTS S K, TESTER M, 1995. Inward and outward K^+-selective currents in the plasma membrane of protoplasts from maize root cortex and stele [J]. The Plant Journal, 8 (6): 811-825.

RUS A, BAXTER I, MUTHUKUMAR B, et al., 2006. Natural Variants of *AtHKT1*enhance Na^+ accumulation in two wild populations of *Arabidopsis* [J]. PLOS Genetics, 2 (12): 1964-1973.

SAHRAWAT A K, CHAND S, 2004. High frequency plant regeneration from coleoptile tissue of barley (*Hordeum vulgare* L.) [J]. Plant Science, 167 (1): 27-34.

SAMUELS L, KUNST L, JETTER R, 2008. Sealing plant surfaces: cuticular wax formation by epidermal cells [J]. Annual Review of Plant Biology, 59: 683-707.

SCHACHTMAN D P, LIU W H, 1999. Molecular pieces to the puzzle of the interaction between potassium and sodium uptake in plants [J]. Trends in Plant Science, 4 (7): 281-287.

SCHAT H, SHARMA S S, VOOIJS R, 1997. Heavy metal-induced accumulation of free proline in a metal-tolerant and a nontolerant ecotype of *Silene vulgaris* [J]. Physiologa Plantarum, 101 (3): 477-482.

SHABALA L, CUIN T A, NEWMAN I A, et al., 2005. Salinity-induced ion flux patterns from the excised roots of *Arabidopsis sos* mutants [J]. Planta, 222 (6): 1041-1050.

SHABALA SE, SHABALA SV, CUIN T A, et al., 2010. Xylem ionic relations and salinity tolerance in barley [J]. The Plant Journal, 61 (5): 839-853.

SHABALA S, DEMIDCHIK V, SHABALA L, et al., 2006. Extracellular Ca^{2+} ameliorates NaCl-induced K^+ loss from *Arabidopsis* root and leaf cells by controlling plasma membrane K^+-permeable channels [J]. Plant Physiology, 141 (4): 1653-1665.

SINGH T N, ASPINALL D, PALEG L G, 1972. Proline accumulation and varietal adaptability to drought in barley: a potential metabolic measure of drought resistance [J]. Nature New Biology, 236: 188-190.

STEBBINS G L, 1971. Chromosome Evolution in Higher Plants [M]. London: University Park Press.

SU H, BALDERAS E, VERA-ESTRELLA R, et al., 2003. Expression of the cation transporter *McHKT1* in a halophyte [J]. Plant Molecular Biology, 52 (5): 967-980.

SUGIYAMA S, 2003, Geographical distribution and phenotypic differentiation in populations of *Dactylis glomerata* L. in Japan [J]. Plant Ecology, 169 (2): 295-305.

SUN J, JIANG H, XU Y, et al., 2007. The CCCH-type zinc finger proteins AtSZF1 and AtSZF2 regulate salt stress responses in *Arabidopsis* [J]. Plant and Cell Physiology, 48 (8): 1148-1158.

SUNARPI, HORIE T, MOTODA J, et al., 2005. Enhanced salt tolerance mediated by AtHKT1 transporter-induced Na^+ unloading from xylem vessels to xylem parenchyma cells [J]. The Plant Journal, 44 (6): 928-938.

TANG Z C, 1989. The accumulation of free proline and its roles in water-stressed sorghum seedings [J]. Acta Phytophysiologica Sinica, 15 (1): 105-110.

TERZOPOULOS P J, BEBELI P J, 2008. Genetic diversity analysis of Mediterranean faba bean (*Vicia faba* L.) with ISSR markers [J]. Field Crops Research, 108 (1): 39-44.

TESTER M, DAVENPORT R, 2003. Na^+ tolerance and Na^+ transport in higher plants [J]. Annuals of Botany, 91 (5): 503-527.

ULKER B, SOMSSICH I E, 2004. WRKY transcription factors: from DNA binding towards biological function [J]. Current Opinion in Plant Biology, 7 (5): 491-498.

VERA-ESTRELLA R, HIGGINS V J, BLUMWALD E, 1994. Plant defense response to fungal pathogens (II. G-protein-mediated changes in host plasma membrane redox reactions) [J]. Plant Physiology, 106 (1): 97-102.

VERSHININ A, SVITASHEV S, GUMMESSON P O, et al., 1994. Characterization of a family of tandemly repeated DNA sequences in Triticeae [J]. Theoretical and Applied Genetics, 89 (2-3): 217-225.

VOGEL J P, GARVIN D F, MOCKLER T C, et al., 2010. Genome sequencing and analysis of the model grass *Brachypodium distachyon* [J]. Nature, 463: 763-768.

WANG C M, ZHANG J L, LIU X S, et al., 2009. *Puccinellia tenuiflora* maintains a low Na^+ level under salinity by limiting unidirectional Na^+ influx resulting in a high selectivity for K^+ over Na^+ [J]. Plant, Cell and Environment, 32: 486-496.

WANG K, KANG J, ZHOU H, et al., 2009. Genetic diversity of *Iris lactea* var. chinensis germplasm detected by inter-simple sequence repeat (ISSR) [J]. African Journal of Biotechnology, 8 (19): 4856-4863.

WANG P, SHEN L, GUO J, et al., 2019. Phosphatidic acid directly regulates PINOID-dependent phosphorylation and activation of the PIN-FORMED2 auxin efflux transporter in response to salt stress [J]. Plant Cell, 31 (1): 250-271.

WANG Q, GUAN C, WANG P, et al., 2015. AtHKT1;1 and AtHAK5 mediate low-affinity Na^+ uptake in *Arabidopsis thaliana* under mild salt stress [J]. Plant Growth Regulation, 75 (3): 615-623.

WANG R R C, von BOTHMER R, DVORAK J, et al., 1994. Genome symbols in the Triticeae (Poaceae) [C]// WANG R R C, JENSEN K B, JAUSSI C, et al., Proceedings of the 2nd International Triticeae Symposium. Utah: Utah State University: 29-34.

WANG S M, ZHANG J L, FLOWERS T J, 2007. Low-affinity Na^+ uptake in the halophyte *Suaeda maritima* [J]. Plant Physiology, 145 (2): 559-571.

WANG T B, GASSMANN W, RUBIO F, et al., 1998. Rapid up-regulation of *HKT1*, a high-affinity potassium transporter gene, in roots of barley and wheat following withdrawal of potassium [J]. Plant Physiology, 118 (2): 651-659.

WANG Z, GERSTEIN M, SNYDER M, 2009. RNA-Seq: A revolutionary tool for transcriptomics [J]. Nature Reviews Genetics, 10 (1): 57-63.

WEBB M E, ALMEIDA M T, 2008. Micromorphology of the leaf epidermis in the taxa of the *Agropyron—Elymus* complex (Poaceae) [J]. Botanical Journal of the Linnean Society, 103 (2): 153-158.

WEGNER L H, DE BOER A H, 1997. Properties of two outward-rectifying channels in root xylem parenchyma cells suggest a role in K$^+$ homeostasis and long-distance signaling [J]. Plant Physiology, 115 (4): 1707-1719.

WEGNER L H, RASCHKE K, 1994. Ion channels in the xylem parenchyma of barley roots a procedure to isolate protoplasts from this tissue and a patch-clamp exploration of salt passageways into xylem vessels [J]. Plant Physiology, 105: 799-813.

WEI C, YANG H, WANG S, et al., 2018. Draft genome sequence of *Camellia sinensis* var. *sinensis* provides insights into the evolution of the tea genome and tea quality [J]. Proceedings of the National Academy of Sciences of the United States of America, 115 (18): E4151-E4158.

WIENHUS A, 1966. Transfer of rust resistance of *Agropyron* to wheat by addition, substitution and translocation [J]. Hereditas, 2: 328-341.

WU G Q, FENG R J, WANG S M, et al., 2015. Co-expression of xerophyte *Zygophyllum xanthoxylum* *ZxNHX* and *ZxVP1-1* confers enhanced salinity tolerance in chimeric sugar beet (*Beta vulgaris* L.) [J]. Frontiers in Plant Science, 6: 581.

XU J, WANG X Y, GUO W Z, 2015. The cytochrome P450 superfamily: key players in plant development and defense [J]. Journal of Integrative Agriculture, 14 (9): 1673-1686.

YANG J, QIAN Z Q, LIU Z L, et al., 2007. Genetic diversity and geographical differentiation of *Dipteronia* Oliv. (Aceraceae) endemic to China as revealed by AFLP analysis [J]. Biochemical Systematics & Ecology, 35 (9): 593-599.

YANG R, DENG C, OUYANG B, et al., 2011. Molecular analysis of two salt-responsive NAC-family genes and their expression analysis in tomato [J]. Molecular Biology Reporter, 38: 857-863.

YEO A R, FLOWERS T J, 1983. Varietal differences in the toxicity of sodium ions in rice leaves [J]. Physiologia Plantarum, 59 (2): 189-195.

YOKOTANI N, ICHIKAWA T, KONDOU Y, et al., 2009. Tolerance to various environmental stresses conferred by the salt-responsive rice gene *ONAC063* in transgenic *Arabidopsis* [J]. Planta, 229 (5): 1065-1075.

YOSHII M, YAMAZAKI M, RAKWAL R, et al., 2010. The NAC transcription factor RIM1 of rice is a new regulator of jasmonate signaling [J]. The Plant Journal, 61 (5): 804-815.

ZENG B, ZHANG X Q, FAN Y, et al., 2006. Genetic diversity of *Dactylis glomerata* germplasm resources detected by Inter-simple Sequence Repeats (ISSR$_s$) molecular markers [J]. Hereditas, 28 (9): 1093-1100.

ZENG X, LONG H, WANG Z, et al., 2015. The draft genome of *Tibetan hulless* barley reveals adaptive patterns to the high stressful Tibetan Plateau [J]. Proceedings of the National Academy of Sciences of the United States of America, 112 (4): 1095-1100.

ZHANG J L, FLOWERS T J, WANG S M, 2010. Mechanisms of sodium uptake by roots of higher plants [J]. Plant and Soil, 326 (1): 45-60.

ZHANG X D, ZHAO K X, YANG Z M, 2018. Identification of genomic ATP binding cassette (ABC) transporter genes and Cd-responsive ABCs in *Brassica napus* [J]. Gene, 664: 139-151.

ZHU J K, 2001. Plant salt tolerance [J]. Trends in Plant Science, 6 (2): 66-71.

ZHU J K, 2003. Regulation of ion homeostasis under salt stress. Current Opinion in Plant Biology [J]. 6 (5): 441-445.

ZIETKIEWICZ E, RAFALSKI A, LABUDA D, 1994. Genome fingerprinting by simple sequence repeat (SSR)-anchored polymerase chain reaction amplification [J]. Genomics, 20 (2): 176-183